甘肃瓜菜育种实践

王兰兰　侯　栋　邵景成 等　编著

科学出版社
北　京

内 容 简 介

本书介绍了甘肃省辣椒、番茄、茄子、黄瓜、西瓜、甜瓜、南瓜、花椰菜等的生产现状，主要包括分布区域、栽培方式、存在问题，提出了今后的发展思路；根据多年的蔬菜瓜类育种研究工作，提出蔬菜瓜类的育种目标、存在问题及今后育种的工作思路；阐述了甘肃蔬菜瓜类种质资源创制、育种技术研究及应用、新品种选育推广等情况；集成了良种繁育技术及高产高效栽培技术。本书中提到的各项技术较新颖、实用性强，注重理论性、科学性和先进性，力求深入浅出，通俗易懂。

本书适合广大蔬菜科研人员、技术推广人员、基层领导干部、蔬菜企业管理者及蔬菜种植者阅读。

图书在版编目（CIP）数据

甘肃瓜菜育种实践/王兰兰等编著. —北京：科学出版社，2018. 4

ISBN 978-7-03-055737-7

Ⅰ. ①甘… Ⅱ. ①王… Ⅲ. ①蔬菜园艺 Ⅳ. ①S63

中国版本图书馆 CIP 数据核字（2017）第 293280 号

责任编辑：李秀伟 白 雪 侯彩霞/责任校对：郑金红

责任印制：张 伟/封面设计：刘新新

科学出版社出版

北京东黄城根北街16号

邮政编码：100717

http://www.sciencep.com

北京京华虎彩印刷有限公司印刷

科学出版社发行 各地新华书店经销

*

2018 年 4 月第 一 版 开本：720 × 1000 B5

2018 年 4 月第一次印刷 印张：20 5/8

字数：414 000

定价：168.00 元

（如有印装质量问题，我社负责调换）

编著者名单

（按姓氏汉语拼音排序）

陈灵芝	程　鸿	侯　栋	胡立敏
胡志峰	孔维萍	李晓芳	李亚莉
刘明霞	邵景成	苏永全	陶兴林
王兰兰	魏兵强	杨永岗	岳宏忠
张　茹	张东琴	张化生	朱惠霞

前　言

甘肃光照资源丰富，昼夜温差大，总体污染程度轻，有利于发展优质瓜菜生产，已形成河西走廊灌区、沿黄灌区、泾河流域、渭河流域和“两江一水”流域五大蔬菜优势产区。2016年全省蔬菜播种面积820.5万亩，产量1951.48万t。其中设施蔬菜面积158.25万亩，占蔬菜总面积的19.29%，产量560.49万t；西甜瓜播种面积 73.5 万亩，其中西瓜 51 万亩、甜瓜 22.5 万亩，产量分别为西瓜153.93万t、甜瓜55.36万t。甘肃瓜菜产品畅销全国，外销中亚、日本、韩国、东盟等市场，甘肃已成为我国“西菜东调”“北菜南运”的五大商品蔬菜基地之一，被农业部列入西北内陆出口蔬菜重点生产区域、西北温带干旱及青藏高寒区设施蔬菜重点区域，瓜菜产业已是甘肃种植业中最具竞争力的优势产业之一。

甘肃的蔬菜育种研究经过几代科技工作者的不懈努力，通过多种途径引进、鉴定、筛选优异的种质资源，利用分子标记、基因工程、细胞和组织培养等技术创新优异材料，以及对瓜菜作物的主要农艺性状、抗病性、高品质等遗传规律进行深入研究，在杂种优势利用、抗病育种、品质育种、航天育种理论及实践等方面都取得了显著的成绩。“十二五”期间育成了黄瓜、番茄、辣椒、西甜瓜等新品种400余个，为本省及周边省区瓜菜产业发展提供了品种支撑。

本书主要介绍了甘肃辣椒、番茄、茄子、黄瓜、西瓜、甜瓜、南瓜、花椰菜的生产现状、栽培方式及存在问题；阐述了甘肃蔬菜瓜类种质资源的创制、育种技术研究及应用、新品种选育推广等情况；集成了良种繁育技术及高产高效栽培技术；探讨了蔬菜产业发展中存在的主要问题，提出了发展建议。本书提到的各项技术较新颖、实用性强，注重了理论性、科学性和先进性，力求深入浅出，通俗易懂。

由于编著者水平有限，书中难免存在不足之处，敬请读者批评指正。

编著者

2017年10月

目　录

第一章 辣　　椒

第一节　甘肃辣椒生产现状

辣椒是一种重要蔬菜和调味品，富含胡萝卜素和维生素 C（V_C），具有很高的营养价值，深受消费者喜爱。甘肃大部分地区光热资源丰富，昼夜温差大，污染程度低，有利于优质辣椒的生产。随着甘肃农业产业结构的调整、集约化生产水平的提高及种植辣椒的比较效益较高，辣椒栽培面积不断扩大，现已成为甘肃重要蔬菜栽培作物之一，同时辣椒也成为增加农民收入、促进农村经济发展的优势作物之一（王兰兰，2015）。

一、分布区域

（一）我国辣椒播种面积及主产区

据农业部大宗蔬菜体系统计，近年来，我国辣椒年播种面积 150 万～200 万 hm^2，占全国蔬菜总播种面积的 8%～10%，其播种面积居蔬菜作物首位。20 世纪 80 年代至今，我国生产上的辣椒品种已完成了 3～4 代的更新，90%以上是一代杂种，品种的抗病性、产量及专用性水平不断提高（王立浩等，2016）。辣椒生产格局已从分散性生产向规模化发展转变，形成了六大重点主产区：南方冬季辣椒北运主产区，北京、山西、内蒙古及东北露地夏秋辣椒主产区，甘肃、新疆、山西、湖北等夏延时辣椒主产区，湖南、贵州、四川和重庆嗜辣地区的小辣椒、高辣度辣椒主产区，北方保护地辣椒生产区，河南、安徽、河北南部、陕西等主产区，呈现出专业化、精品化和高端化的发展态势（耿三省等，2015）。

（二）甘肃辣椒播种面积及分布情况

1. 播种面积

目前，甘肃辣椒播种面积为 3.33 万 hm^2 左右；且由于甘肃省地理位置狭长，气候条件复杂，栽培辣椒种类较多。

2. 分布情况

（1）鲜食辣椒分布情况：播种面积 2.19 万 hm^2 左右，包括羊角椒、牛角椒，主要分布在酒泉市、张掖市、武威市、白银市、兰州市、天水市、平凉市、庆阳市等地。

（2）干制辣椒分布情况：播种面积 0.87 万 hm^2 左右，天水市、庆阳市、陇南市徽县、张掖市高台县以线椒为主。线椒干椒产品主要有辣椒面、辣椒丝、辣椒丁、辣椒片、辣椒酱等产品，销往甘肃省各市（州）及全国二十几个省（自治区、直辖市），主要出口到东南亚的一些国家和地区（王兰兰，2015）。金昌市永昌县、武威市民勤县和酒泉市金塔县以种植加工类型的羊角椒为主，品种主要是美国红，主要用于生产辣椒酱和提取辣椒红素。

（3）甜椒分布情况：播种面积 0.27 万 hm^2 左右，主要作脱水菜用，品种为茄门，脱水甜椒产品主要是红椒片和青椒片。

二、栽培方式

栽培方式有日光温室栽培、塑料大棚和中棚栽培及露地栽培等，通过这些设施栽培方式，在早春提早或深秋延迟进行辣椒的生产，这样延长了辣椒的采收期和供应期，基本上一年四季都可以生产和供应鲜食辣椒，从而大大提高了辣椒的生产效益。

（一）日光温室栽培

日光温室辣椒栽培，茬口以越冬茬和早春茬为主，栽培品种以陇椒系列辣椒品种为主，河西地区有瑞克斯旺（中国）种子有限公司的牛角椒、白银市有日本长剑等类型的品种栽培。

（二）塑料大棚和中棚栽培

塑料大棚和中棚早春栽培，酒泉市、张掖市、定西市以陇椒系列品种为主；白银市以长剑类型品种为主；兰州市以航椒 5 号为主；天水市以航椒 5 号、天椒 5 号、七寸红等品种为主；平凉市以航椒 3 号、航椒 5 号为主；庆阳市以亨椒 3 号、超级 2313、陇椒 5 号等为主。武威市、定西市有一定的秋延后栽培面积，主要栽培品种为陇椒 2 号和陇椒 5 号。

（三）露地栽培

露地栽培，张掖市以脱水甜椒、陇椒 5 号及天线 3 号为主；武威市民勤县以干制辣椒美国红为主；定西市以陇椒 5 号、航椒 5 号为主；天水市以天椒 5 号、七寸红、甘谷线椒为主；陇南市以线椒品种长虹为主；平凉市以尖椒 22 号为主；庆阳市主要以干制辣椒七寸红、九寸红为主。

三、生产中存在的问题

（一）栽培技术落后

目前，除了保护地辣椒栽培采用育苗移栽外，露地栽培仍然以直播为主，如干制辣椒大部分采用直播，种子是农户自留或者辣椒产品加工后的“副产品”，品种退化，病害严重。栽培密度过大，需用种量也大（每亩[①]用种量达 1.5～2.0kg），管理粗放：① 栽培密度大，造成田间通风透光不良，品种的增产潜力不能充分发挥，且容易引发病害。② 施肥不科学，大多数农户只重视氮肥的使用，没有考虑磷肥、钾肥的合理搭配，生产上缺乏辣椒专用肥，造成施肥没有按辣椒的需肥规律进行。③ 病虫害防治不及时，特别是辣椒白粉病缺乏有效的防治方法，中后期造成大量落叶，严重影响辣椒产量和品质。

（二）品种单一、杂种化水平低

总体上来看，甘肃辣椒栽培品种比较单一、杂交种应用率比较低。日光温室及塑料大棚辣椒生产以杂交种为主。而露地栽培的干制辣椒和脱水甜椒生产上基本使用的是常规品种，适宜于甘肃栽培的优良品种缺乏。干制辣椒品种在河西以美国红为主，天水以天线 3 号、甘谷线椒和七寸红为主；脱水甜椒品种以茄门为主。而这些常规品种抗病性差，产量低，影响加工品质。

（三）加工企业不足

加工体系不健全，受市场波动大。甘肃天水地区干制辣椒发展较早，现有大小加工企业几十家，有一定规模和知名度的企业有近 10 家，产品主要是辣椒面、辣椒丝、辣椒丁、辣椒片、辣椒酱、辣椒油等，产品销往甘肃省各市（州）及全国二十几个省（自治区、直辖市），主要出口到东南亚的一些国家和地区。河西地区干制辣椒发展较晚，但发展速度较快，加工企业较少，加工产品也仅限于粗加工，产品附加值低。产品有辣椒干（多为自然晾晒）、辣椒粉、粗制辣椒酱（将辣椒和盐混合粉碎）、辣椒红素等，产品主要销往山东、四川。销售的辣椒干和辣椒粉产品，客商主要用来提取辣椒红素。

四、发展思路

（一）加大科研经费投入和新品种的选育推广力度

进一步拓宽经费来源渠道，积极争取科研项目，改善科研条件，提高育种手

① 1 亩≈666.7m^2。

段，同时，充分发挥科研院所的人才优势，从生产实际出发，加大科技创新力度，培育优质、抗病、高产的辣椒新品种，也要兼顾干制辣椒和脱水甜椒新品种选育。品种的推广方面必须树立品牌形象，实施品牌战略，扩大品牌知名度和市场空间，加大宣传力度，逐步将甘肃辣椒打造成全国名牌。以市场为导向，分析辣椒市场的形势和发展趋势，不断扩大种植规模，增加市场占有份额。

（二）加快栽培技术的研究与应用

1. 推广育苗移栽技术

目前，甘肃除塑料大棚及日光温室采用育苗移栽外，露地大部分进行直播栽培。直播栽培用种量大，如民勤县露地直播栽培，每亩用种量 1.5～2.0kg，而杂交种子价格贵，直播栽培不利于优良杂交品种的推广，难以提高产量和品质。因此，应大力推广育苗移栽技术，提高产品质量和产值。

2. 推广高垄栽培技术

甘肃干制辣椒栽培大多数采用平畦栽培，栽培密度大，单株产量低，田间病害严重。在河西露地栽培中，辣椒白粉病发生非常严重，中后期辣椒叶片变黄，造成大量落叶，每株上仅 3～4 个果，部分辣椒疫病发生较重地区，已严重影响了辣椒的产量和加工品质。因此，应大力推广辣椒高垄栽培技术，合理密植，以减少病害发生（王兰兰，2015）。

3. 研究和推广平衡施肥技术

根据田间土壤营养成分测定分析及辣椒的需肥规律，制定出适宜各地合理的氮、磷、钾及微量元素平衡施肥技术方案，同时培训农民掌握平衡施肥技术，施用辣椒专用肥，提高辣椒的产量和质量，以增加市场的占有率。

4. 加强病虫害防治技术

控制病虫害的发生是提高辣椒产量和品质的重要措施。病害的防治要以防为主，综合防治。目前甘肃辣椒生产中的主要病害有辣椒疫病、根腐病、白粉病和病毒病。可采取与十字花科、豆科蔬菜轮作，避免同茄果类蔬菜连作，采用嫁接栽培、高垄栽培、土壤消毒，发现辣椒疫病、根腐病后，采用及时拔除病株并清洁田园等措施进行防治。

5. 建立健全市场运行机制，完善产后销售渠道

（1）进一步开拓和规范生产销售市场，增强辣椒生产基地农户的法律意识，

推广绿色无公害生产，完善产业链，保护农民和销售商的权益，充分发挥“订单农业”的积极作用。

（2）制定相关优惠政策，吸引外地客商投资，特别在干制辣椒生产区武威市民勤县和金昌市建立深加工企业，在当地形成“基地＋农户＋加工企业（收购商）”的生产链条，创建干制辣椒品牌，提高产品附加值，增加农民收入（王兰兰，2015）。

（3）加强网络信息建设，建立健全信息服务机构，掌握市场动向，以市场为导向安排生产，让农户、企业得到更多利润。

第二节　甘肃辣椒育种

一、育种现状

（一）育种目标

长期以来，甘肃鲜食辣椒栽培品种以地方品种猪大肠和兰州大羊角为主，品种的主要特点是：羊角形，果面有皱折，果皮较薄，品质好。但随着保护地辣椒生产的发展及人民生活水平的提高，这些符合当地消费习惯的地方品种抗病性差、产量低，已经不能满足生产发展的需要，甚至成为限制保护地生产发展的主要因素。

甘肃线椒分布的地区，尤其是甘谷线椒虽然在国内外享有盛誉，但长期以来，主要栽培品种仍以地方品种为主，而这些品种大多是农户自己留种，品种退化混杂严重，抗病性差。

甘肃省农业科学院蔬菜研究所正是在这种背景下，于 1990 年成立了辣椒研究室，开展辣椒种质资源研究及新品种选育工作。前期在进行大量市场调研的基础上，紧紧抓住西北地区的消费习惯，结合甘肃的资源优势，扬长避短，面对市场需求开展了新品种选育工作。确定的辣椒育种目标是：皱皮羊角形，品质好，连续坐果性强，产量高，抗病性强，鲜食型杂交种。并随着辣椒市场需求的不断变化和栽培设施、区域气候、自然条件、消费习惯等的改变，从品质、抗病、耐低温、寡照等方面开展了新品种选育工作（王兰兰，2015）。另外，为降低辣椒杂交种制种成本，提高杂交种种子纯度，进一步开展辣椒三系配套品种选育工作。

线椒作为天水市的主要蔬菜之一，栽培面积较大，长期以来主要以地方常规品种为主。1986 年，甘肃省天水市农业科学研究所针对天水地区线椒市场需求及生产中存在的问题，主要开展了线椒新品种的选育工作。育种目标是：抗病、优质、味辣，果形符合当地消费习惯的线椒品种。另外，也开展羊角或牛角形辣椒新品种的选育工作。

天水神舟绿鹏农业科技有限公司 2000 年初通过神舟三号搭载地方品种，利用太空诱变创制育种材料，开展了辣椒新品种的选育工作。育种目标是：优质、高产、抗病等的羊角形、牛角形及线椒新品种。

（二）存在问题

1. 种质资源的搜集引进及创新研究不够

甘肃生产的主要辣椒类型是皱皮羊角形，其他类型的品种较少。皱皮羊角形品种的主要优点是皮薄、纤维少、品质好，符合当地的消费习惯，但主要缺点是抗病性较差。由于种质资源匮乏，遗传背景较窄，抗病基因比较单一。目前，甘肃辣椒的主要病害是辣椒疫病、根腐病、白粉病和病毒病，广泛搜集引进抗病种质资源，通过抗病性鉴定，筛选抗病育种材料，选育抗病品种是亟待解决的问题。

2. 科研经费投入不足，育种手段落后

育种工作是一项长期的连续性工作，需要稳定的科研队伍和经费支持。目前育种项目普遍存在立项困难，育种手段落后，只能维持田间的工作，对于种质资源的品质、耐低温、耐弱光、抗病性等方面的研究较少，生物技术在新品种选育及种质资源的创新研究利用等方面所做的工作，还不足以支持育种工作，且育种效率不高。

3. 育种目标单一

目前，甘肃省内各育种机构的育种目标，还主要集中在产量高、皱皮羊角形品种上，对其他抗逆性品种等关注的较少，育种手段、效率和水平不高，品种类型比较单一，不能满足诸如外调的高原夏菜、干制等专业生产基地的需求。

（三）发展对策

1. 根据市场调整育种目标

从目前甘肃辣椒市场的需求来看，保护地仍以鲜食羊角椒为主，品种选育要突出抗病性、耐低温弱光性、品质、商品性及产量等。线椒品种以露地栽培为主，要突出品种的抗病性、产量及耐旱性等，同时要开展专用干制辣椒品种的选育，如辣椒红素、辣椒素、制酱等专用品种的选育。育种工作者要深入生产一线，及时了解辣椒生产中存在的问题和市场的需求，开展不同类型的品种选育工作，密切关注国内辣椒市场动态，根据市场及时调整育种目标，满足不同区域生产和消费的需求。

2. 广泛搜集种质资源

种质资源是育种工作的基础，没有突破性的种质资源就没有突破性的品种。甘肃辣椒种质资源类型单一，存量不足，遗传背景狭窄，很大程度上限制了辣椒育种水平的提高及品种的更新换代。因此，广泛搜集、引进国内外种质资源，对其进行鉴定、评价和利用。同时，对现有资源通过杂交选育、单倍体育种、辐射育种、航天育种等方法进行种植资源的创新。

3. 加强育种技术研究

目前，甘肃辣椒育种以常规杂交育种为主，育种周期长、效率低。要加强生物技术在辣椒育种上的应用研究，提高育种工作效率。加强分子标记辅助育种、雄性不育利用技术、抗病性鉴定新方法等的研究应用，在提高育种效率的同时，节省生产成本，保护生态环境。例如，利用雄性不育系制种，既省去了传统的人工去雄、授粉，节省了劳动力成本，又保证了杂交种的纯度，同时亲本也不易流失，保护了知识产权。目前，甘肃辣椒的主要病害是辣椒疫病、根腐病、白粉病和病毒病等，化学防治成本高，对生态环境为害大，食品安全问题社会关注度高，如果改变传统的育种技术路线，从发病重的地区采样，分离鉴定病原菌，再经过人工接种鉴定筛选出高抗材料，利用这些高抗材料作亲本，培育抗病品种就会事半功倍。

4. 加大科研经费投入

在我国目前的科技体制下，育种工作是一项公益事业，需要政府持续稳定的经费支持和人员投入，没有长期的工作积累就不会有突破性的品种。在有政府持续稳定经费支持的同时，育种工作也要积极走进生产，走向市场，进一步拓宽经费来源渠道，改善育种科研条件和手段。要从市场需求和生产实际确定育种目标，充分发挥科研院所的人才、资源优势和种子企业的市场、资金优势，加大合作创新力度，让市场反哺育种，使育种工作走向良性循环。

二、种质资源创新

种质资源是基因库，没有突破性的种质资源，就不会选育出突破性的品种，只有拥有丰富、多样性的种质资源，同时结合大量的育种工作，才能选育出符合育种目标的品种。甘肃东西狭长，地理位置决定了气候条件多样，各地不同的消费习惯，一方面造就了特殊的辣椒种质资源，但另一方面也造成了辣椒种质资源的相对单一、匮乏。在种质资源搜集、保存和创新利用研究方面，通过国家“六五”“七五”“八五”国家科技攻关计划，在甘肃共搜集到辣椒地方品种资源 40

余份，开展了抗性鉴定、辐射育种、太空诱变、雄性不育系转育及辣椒三系配套新品种选育工作等。1990 年，甘肃省农业科学院蔬菜研究所成立了辣椒研究室，广泛开展了辣椒种质资源的搜集、保存和创新利用研究工作。目前已搜集整理到国内外辣椒种质资源 600 多份，筛选出辣椒优良自交系 400 多份。在种质资源创新研究方面，发现并选育出辣椒雄性不育系 8A 和保持系 8B，现已将不育性状转育到皱皮羊角形种质资源中，获得了 4 份不育系及相应的保持系（王兰兰，2015），有望尽快选育出三系配套品种应用于生产。辣椒三系配套品种的应用无论对知识产权的保护，还是提高杂交种子纯度，降低制种成本都将起到积极的推动作用。目前，甘肃在辣椒种质资源研究利用方面主要开展了以下几方面的工作。

1. 辣椒抗疫病鉴定

在温室中采用灌根接种法，在 6 叶期对辣椒幼苗进行苗期人工接种鉴定，接种体浓度为 2.6×10^3 个游动孢子/ml（每株 5ml 菌液），温室温度控制在 24℃，接种后保湿 24 小时。接种后第 2～14 天调查、记载发病株数，测定辣椒叶片中易溶性蛋白质含量及过氧化物酶和多酚氧化酶活性。结果表明：一些品种叶片中易溶性蛋白质含量与抗病性有显著正相关，一些品种与抗病性之间规律性不明显；过氧化物酶活性与抗病性呈负相关，而多酚氧化酶活性与抗病性呈正相关。过氧化物酶活性的高低，可以作为品种抗病性强弱鉴定的一个间接的参考指标。王兰兰和程鸿（1996）选用 16 份材料在苗期进行人工接种抗疫病鉴定，选出两份较抗疫病材料。

2. 辣椒耐寒性鉴定

通过在温箱中对辣椒种子进行低温（18℃±1℃）发芽、在冰箱中对胚根进行低温（0～3℃）处理 24 小时后播种、在冰箱中将幼苗（3～4 叶期）进行低温（0～3℃）冷害处理，研究发现，辣椒品种间表现出了不同的耐寒性。低温发芽和幼苗低温试验对 7 个辣椒品种进行耐寒性鉴定，4 个品种耐寒性较强，3 个品种耐寒性较差，同时杂种一代品种的耐寒性比常规品种强。植物的抗逆性生理是多基因控制的数量性状，为错综复杂和多因素影响的结果，不能用某一个指标衡量，应用多个指标进行综合评价，并且品种间有差异，常规品种耐寒性较弱。在耐寒性选择过程中，可通过多个耐寒性指标进行选择，累加耐寒性状（王兰兰，1998）。

3. 辐射与太空诱变育种

用 3 个剂量（5.16C/kg、7.74C/kg、10.32C/kg）的钴 60 γ 射线处理辣椒品种兰州大羊角干种子，将辐射当代先在温室育苗，再定植大田。辐射当代不选择，混合留种，以后各代连续单株自交留种、系统选择（王兰兰，1999a）。钴 60 γ 射线能够使辣椒干种子发生突变，经过多代选择可以获得新的辣椒种质资源（王兰兰等，2008）。2002 年，神舟三号搭载地方品种天水羊角和甘农线椒品种的种子，经过太空诱变，对变异单株经过多代自交选择，获得了一批优良自交系，通过这些优良自交系作为亲本材料选育出了优良品种，如航椒 3 号、航椒 4 号等（张廷纲等，2006；霍建泰等，2008）。

4. 辣椒胞质雄性不育系 8A 恢复系的筛选

对辣椒胞质雄性不育系 8A 与 7 个优良自交系共 56 个单株的测交 F_1，通过花粉 TTC 染色和育性观察筛选恢复系。7 个自交系中，有 4 个自交系具有一定的恢复率，其中自交系 R2 中有 1 个单株的恢复率为 100%，R8 中有两个单株的恢复率为 100%（王兰兰等，2010）。

三、育种技术研究

（一）分子标记辅助育种

1. 辣椒胞质雄性不育基因的分子标记

利用近等基因系原理和随机扩增多态性 DNA（randomly amplified polymorphic DNA，RAPD）标记技术，对辣椒胞质雄性不育基因组 DNA 及其保持系基因组 DNA 进行比较分析，通过 200 条随机引物的 RAPD 扩增，获得了与不育基因连锁的 RAPD 标记 BH19-S_{900}。测序结果表明，不育标记 BH19-S_{900} 序列全长 864bp。根据 RAPD 标记序列分别设计并合成双引物，将与不育基因连锁的标记 BH19-S_{900} 转化为更为简单稳定的序列特异性扩增区（sequence characterized amplified region，SCAR）标记 SS_{730}。可以用该 SCAR 进行不育植株的快速筛选（魏兵强等，2010a）。

2. 辣椒胞质雄性不育保持基因的分子标记

利用 RAPD 标记技术，以辣椒胞质雄性不育系 8A 及其保持系 8B 为材料，研究辣椒胞质雄性不育基因和保持基因。结果表明：引物 H_7 只在保持基因池有 1 条稳定的特异条带，在不育基因池没有此条带，该标记可能与辣椒胞质雄性不育保持基因连锁，命名为 H_7-F_{850}。序列分析表明，标记 H_7-F_{850} 序列全 857bp，GenBank 登录号为 GU208822.1。核酸序列比对结果显示，H_7-F_{850} 与其具有部分同源性的片段大小均小于 340bp，未发现与其具有较高同源性的 DNA 序列。该 RAPD 标记 H_7-F_{850} 已成功转化为 SCAR 标记 SF_{640}（魏兵强等，2010b）。

（二）雄性不育的利用

1. 辣椒雄性不育系与保持系小孢子发育的细胞学研究

利用石蜡切片法对不育系8A与保持系8B不同发育时期的小孢子进行细胞形态学观察。不育系 8A 小孢子发生在四分体时期，花蕾的外部形态是花冠与花萼齐平，败育原因是绒毡层细胞径向异常膨大并高度液泡化，挤压形成不规则的四分体，皱缩凹陷，有的小孢子四分体还出现粘连现象，不能产生正常小孢子（王兰兰等，2015）。

2. 辣椒胞质雄性不育系与保持系生理生化特性研究

通过对辣椒胞质雄性不育系 8A 与保持系 8B 不同发育时期花蕾的脯氨酸、可溶性蛋白含量，以及超氧化物歧化酶、过氧化物酶、过氧化氢酶活性的研究，发现保持系 8B 花蕾脯氨酸、可溶性蛋白含量均显著高于不育系 8A，随着花蕾的发育，保持系 8B 脯氨酸和可溶性蛋白的含量增加而不育系 8A 含量减少；不育系 8A 花蕾中的过氧化物酶活性高于保持系 8B，而过氧化氢酶活性不育系 8A 低于保持系 8B（王晓林等，2013）。

3. 辣椒胞质雄性不育恢复性的主基因+多基因混合遗传分析

以辣椒胞质雄性不育系 8A 及其恢复系 F_{19} 为原始材料，利用主基因+多基因混合分析方法对辣椒胞质雄性不育恢复性进行遗传分析。结果表明，辣椒胞质雄性不育恢复性的遗传受两对加性-显性上位性主基因+加性-显性多基因控制。第 1 对主基因的加性效应与显性效应分别为 0.9314 和 1.1549，均使恢复性增加。第 2 对主基因的加性效应与显性效应分别为–0.5276 和–0.1930，均使恢复性降低。多基因的加性效应与显性效应分别为–2.4038 和 0.1036。主基因的遗传率高达 97.57%，表现出很高的遗传力，说明在早期世代就可对恢复性进行有效选择（魏兵强等，2013）。

4. 辣椒胞质雄性不育主效恢复性的 QTL 定位

辣椒（*Capsicum annuum*）胞质雄性不育可以被核内恢复基因恢复，然而对这些核内恢复基因的数量和作用方式仍然知之甚少。利用 QTL IciMapping 作图软件构建辣椒种内分子遗传图谱，利用分子遗传图谱，共鉴定到与辣椒胞质雄性不育恢复性相关的 2 个主效 QTL 和 7 个微效 QTL，2 个主效 QTL 的遗传率高达 92.58%。第 1 个主效 QTL（qIF-3-1）可解释表型变异的 46.68%，显性效应和加性效应分别为 1.28 和 0.84。第 2 个主效 QTL（qIF-5-1）可解释表型变异的 47.10%，显性效应高达 1.76。7 个微效 QTL 中，3 个主要起加性效应，4 个起显性效应。辣椒胞质雄性不育主效恢复性的 QTL 定位不仅可以指导开发辣椒胞质雄性不育恢复性的分子标记，而且还有助于深入了解辣椒胞质雄性不育育性恢复的调控机制（魏兵强等，2017）。

（三）性状遗传研究

1. 辣椒苗期杂种优势预测

辣椒杂交种苗期的茎粗、株高、生长率、叶数、每周叶产量、侧根数、地上部鲜重、地上部干重、根鲜重、根干重和单株产量等 11 个性状，均有一定程度的杂种优势，以地上部干重和根干重的超亲优势较高，与单株产量间的相关性也较大。地上部干重和根干重这两个性状可作为辣椒苗期杂种优势预测的参考指标（侯金珠和王兰兰，2009）。

2. 性状遗传

始花节位、始花期、果实发育速度、早期单果重、单株早期结果数、单株早期产量、单株总产量等辣椒主要早熟性状间相关及遗传研究表明，辣椒开花期和早期单果重与早期产量的相关遗传进度高，可以用作早期产量选择的间接指标（王兰兰和徐真，1995）。用灰色关联分析法分析始花节位、始花期、果长、果宽、平均单果重、单株结果数、果实发育速度、株高、株幅、早期产量及总产量关联度表明：平均单果重和果实发育速度对辣椒早期产量影响大，这两个性状可作为早期产量选择的参考指标；平均单果重、早期产量和单株结果数对辣椒总产量影响大，这 3 个性状可作为总产量早期选择的参考指标（王兰兰，1999b）。

（四）辣椒组培外植体及不定芽诱导培养基的筛选

对辣椒杂交种陇椒 3 号和陇椒 5 号在不同培养基、不同激素水平下不定芽分化情况研究表明：B_5 培养基优于 MS 培养基，更有利于外植体的分化及再生；子叶的分化能力高于下胚轴，是辣椒组培的优良外植体；在 B_5 培养基中加入激素配比组合 6-BA 5.0mg/L+NAA 1.0mg/L 时，有利于陇椒 3 号和陇椒 5 号的分化及再生，最早形成丛生芽（张茹等，2012）。

（五）耐寒耐弱光鉴定

1. 耐寒性鉴定

辣椒幼苗在 5℃、8℃和 15℃的低温下处理 3 天，随着温度的降低，幼苗叶片叶绿素含量降低，丙二醛含量增加，超氧化物歧化酶活性总体上呈先下降后上升的趋势；在 5℃的低温下，幼苗叶片的过氧化物酶活性呈上升趋势，但在 8℃和 15℃的低温下，过氧化物酶活性品种间有差异（徐伟慧等，2006）。

2. 耐弱光鉴定

弱光处理后，辣椒的叶面积变大，植株增高，茎粗变细，叶干重和产量降低，叶绿素 a/b 值下降。植株形态的变化是植株对环境适应的表现，弱光下植株通过扩大叶面积和增加株高以获得更多的光照，从而提高光合能力，制造营养满足生长发育的需求。产量降低是植株利用光的能力减弱，叶绿素 a/b 值下降，叶片光合作用能力下降，合成有机物减少。叶绿素 a/b 值的变化幅度与产量的变化趋势一致，因此，叶绿素 a/b 值可作为品种耐弱光能力的鉴定指标（王兰兰，2004）。

（六）制种技术研究

辣椒杂交制种重复授粉与一次授粉相比，重复授粉可显著提高坐果率和单果种子数，因此，在劳动力允许的情况下，提倡重复授粉；与小花蕾授粉相比，大花蕾授粉在坐果率和单果种子数方面优于小花蕾授粉，主要是花蕾越大，柱头生理成熟度越高，越容易接受花粉完成受精过程，从而提高种子产量（徐真和王兰兰，1994）。

（七）辣椒种质资源平台的构建

甘肃辣椒种质资源数据库平台是采用动态 Web 数据库策略，执行浏览器/服务器（B/S）建立基于 Internet 的数据库平台，应用数据库可以查询辣椒种质及相关性状，有利于辣椒种质资源综合评价和利用（陈灵芝等，2009）。

第三节　甘肃辣椒育种取得的成就与应用

甘肃辣椒杂交育种工作起始于 20 世纪 90 年代，1980～2016 年主要推广应用的有以下辣椒品种。

一、陇椒 1 号

（一）品种来源

甘肃省农业科学院蔬菜研究所以 91-36-15-15′-8-8′为母本、92-37-37′-23-23′为父本选育的一代杂种（王兰兰，1998）。1997 年通过甘肃省农作物品种审定委员会审定。1998 年获甘肃省科学技术进步奖二等奖。

（二）特征特性

中晚熟一代杂种，生长势强，株高87cm，株幅76cm，单株结果数33个，果实羊角形，果长23cm，果宽2.8cm，肉厚0.27cm，平均单果重45g，果色绿，果面光，味辣，果实商品性好。播种至始花期109天，播种至青果始收期138天，V_C含量0.73g/kg，品质优良。苗期人工接种抗疫病性鉴定，陇椒1号病情指数40.0，属耐疫病品种。抗病毒病，丰产性好，亩产量3600kg。

（三）适宜地区

适应性广，适宜在全国范围内露地栽培。

（四）推广应用情况

陇椒1号是甘肃选育的第一个辣椒杂交品种，产量高、抗病性强、果实商品性好、综合性状优良。1995～1996年参加全国辣椒第二轮区域试验，表现优异，在甘肃、广东、陕西、新疆、海南等省区大面积推广，产生了较大的经济效益和社会效益。陇椒1号的选育与推广，对促进甘肃辣椒生产水平、育种水平及推进甘肃的辣椒杂种化进程，起到了较大的推动作用。

二、陇椒2号

（一）品种来源

甘肃省农业科学院蔬菜研究所以92165为母本、93260为父本选育的一代杂种（王兰兰等，2001）。2000年通过甘肃省农作物品种审定委员会审定。2003年获甘肃省科学技术进步奖三等奖。

（二）特征特性

早熟一代杂种，生长势强，株高80cm，株幅72cm，单株结果数25个，果实羊角形，果长23cm，果宽2.6cm，肉厚0.23cm，平均单果重40g，果色绿，果面皱，味辣，果实商品性好。播种至始花期101.5天，播种至青果始收期127.8天，V_C含量1.58g/kg，可溶性糖含量23.0g/kg，品质优良。苗期人工接种抗疫病性鉴定，陇椒2号发病率45.8%，病情指数18.2，属抗病毒病、耐疫病品种。丰产性好，亩产量4000kg。

（三）适宜地区

适宜在我国北方地区保护地和露地栽培。

（四）推广应用情况

陇椒2号的主要特点是果实长羊角形、果面皱、果形美观、商品性好、品质优、产量高、抗病性强。已在甘肃、陕西、宁夏、新疆、山西、内蒙古、云南、西藏等省区大面积推广，产生了显著的经济效益和社会效益。

为了加快成果转化，使品种尽快转化为生产力，1999年将陇椒2号的生产销售权转让给甘肃省农业科学院科技开发公司，通过企业运作加快了品种的推广速度，也为甘肃省农业科学院科技成果转化探索出了一条新途径。随着陇椒2号在省内外的大面积推广应用，“陇椒”成了甘肃辣椒的代名词和知名品牌，也为陇椒系列辣椒品种走向全国奠定了基础。

陇椒2号的育成与推广结束了甘肃辣椒主栽品种沿用常规种兰州大羊角、猪大肠的历史，使甘肃辣椒品种进行了一次更新换代，有力地推动了辣椒品种的杂种化进程，也带动了日光温室辣椒生产的发展。

三、陇椒3号

（一）品种来源

甘肃省农业科学院蔬菜研究所以95C24为母本、96C83为父本选育的一代杂种（王兰兰等，2005）。2008年通过甘肃省农作物品种审定委员会认定。2015年获植物新品种权保护。2010年获甘肃省科学技术进步奖二等奖。

（二）特征特性

早熟一代杂种，生长势中等，株高78cm，株幅67cm，单株结果数28个，果实羊角形，果长25cm，果宽2.7cm，肉厚0.23cm，平均单果重40g，果色绿，果面皱，味辣，果实商品性好。播种至始花期93天，播种至青果始收期132天，V_C含量1.23g/kg，干物质含量74g/kg，可溶性糖含量28.7g/kg，品质优良。在越冬一大茬日光温室栽培中，生长正常，不落花落果，坐果性好，果实发育正常，耐低温寡照。苗期人工接种抗疫病性鉴定，陇椒3号死株率26.0%，属耐疫病品种。丰产性好，亩产量4000kg。

（三）适宜地区

适合在我国北方地区及气候类型相似地区的日光温室及塑料大棚栽培。

（四）推广应用情况

陇椒3号的突出特点是熟性早、丰产性好、抗病性强、耐低温寡照，果实羊角形，果长，果面皱，商品性好。在露地和保护地条件下均可栽培，在日光温室栽培表现尤为突出，特别在日光温室12月、1月低温寡照的情况下，果面皱，果实商品性好，已成为甘肃日光温室辣椒的主栽品种。在甘肃酒泉、张掖、金昌市、武威市、兰州市、白银市等大面积推广栽培，解决了甘肃辣椒栽培品种单一、产量低、抗病性差的问题，显著提高了甘肃辣椒生产水平，推动了甘肃日光温室辣椒生产持续、稳定发展，在农民增收中发挥了重要作用。同时在宁夏、新疆、陕西、云南、内蒙古等地大面积栽培，推动了西北地区日光温室辣椒产业的稳定快速发展。

四、陇椒4号

（一）品种来源

甘肃省农业科学院蔬菜研究所以99A15为母本、99A45为父本选育的一代杂种（王兰兰等，2009）。2009年通过甘肃省农作物品种审定委员会认定。

（二）特征特性

早熟一代杂种，生长势中等，株高73cm，株幅70cm，单株结果数29个，果实羊角形，果长22cm，果宽3.0cm，肉厚0.23cm，平均单果重40～45g，果色淡绿，果面光，味辣，果实商品性好。播种至始花期99天，播种至青果始收期136.5天，V_C含量1.17g/kg，干物质含量69.0g/kg，可溶性糖含量24.8g/kg，品质优良。苗期人工接种抗疫病性鉴定，陇椒4号病株率40.5%，病情指数23.0，属抗疫病品种。耐低温寡照，抗病毒病，丰产性好，亩产量4300kg。

（三）适宜地区

适宜在我国北方地区及气候类型相似地区的保护地及露地栽培。

（四）推广应用情况

陇椒4号在2003～2005年参加全国辣椒区试，表现早熟、丰产、抗病。在甘肃省武威市、永昌县、兰州市、白银市、定西市等地大面积推广，产生了较大的经济效益和社会效益。同时在广东、海南等省种植表现好。

五、陇椒5号

（一）品种来源

甘肃省农业科学院蔬菜研究所以2002A14为母本、2002A45为父本杂交选育的一代杂种（王兰兰等，2011）。陇椒5号亲本经过连续多代抗逆性选择，杂种一代的适应性大大增强，在丰产、早熟、抗病等方面突破了皱皮辣椒局限于甘肃本省的缺陷，为陇椒系列品种走向全国打下了坚实基础。2011年通过甘肃省农作物品种审定委员会认定。2014年获甘肃省科学技术进步奖二等奖，2016年获植物新品种权保护。

（二）特征特性

早熟一代杂种，生长势强，株高77cm，株幅71cm，单株结果数21个，果实羊角形，果长25cm，果宽3.0cm，肉厚0.30cm，平均单果重46g，果色绿，果面皱，味辣，果实商品性好。播种至始花期98.5天，播种至青果始收期141天，V_C含量1.07g/kg，干物质含量101.3g/kg，可溶性糖含量30.9g/kg，品质优良。苗期人工接种抗疫病性鉴定，陇椒5号病株率21.62%，病情指数9.91，属抗疫病品种。耐低温寡照，抗病毒病，丰产性好，亩产量4000kg。

（三）适宜地区

适宜在我国北方地区及气候类型相似地区的保护地及露地栽培，是我国北方地区螺丝椒主栽品种之一。

（四）推广应用情况

陇椒5号的特点是连续坐果能力强、抗病性强，适应性广，果实长羊角形，果面皱，果实商品性好。在我国大部分地区均可种植，特别适宜在海南冬季南菜北调基地种植。陇椒5号的推广对提高北方地区辣椒生产水平，推动了辣椒产业的稳定快速发展，增加农民收入发挥了积极作用，产生了显著的经济效益和社会效益。

陇椒5号示范推广过程中，在甘肃的辣椒主产区武威、张掖、定西建立了3个高效安全生产技术核心示范区。在新疆石河子、陕西定边、山东潍坊等地建立了3个辐射带动区。示范区统一采用了穴盘育苗技术，强化了病虫害综合防控技术，总结出了适宜于不同地区和栽培设施的高产高效栽培技术规程，实现了良种与良法相配套。自2008年开始在甘肃的酒泉、张掖、金昌、武威、兰州、白银、定西等市大面积示范推广以来，已辐射到陕西、宁夏、新疆、内蒙古、山东等省区，示范推广面积逐年扩大。

六、陇椒6号

（一）品种来源

甘肃省农业科学院蔬菜研究所以国外引进的 12 号椒经多代连续自交选育的优良自交系9112为母本、以地方品种牛角椒的突变单株育成的自交系9265为父本选育的一代杂种（王兰兰等，2003）。2008 年通过甘肃省农作物品种审定委员会认定。

（二）特征特性

早熟一代杂种，生长势中等，株高70cm，株幅75cm，单株结果数32个，果实羊角形，果长22cm，果宽2.8cm，肉厚0.30cm，平均单果重35g，果色绿，果面微皱，味辣，果实商品性好。播种至始花期92天，播种至青果始收期128天，V_C含量1.04g/kg，干物质含量105g/kg，可溶性糖含量24.3g/kg，品质优良。苗期人工接种抗疫病性鉴定，陇椒6号发病率49.8%，病情指数20.3，属中抗类型品种。耐低温寡照，抗病毒病，丰产性好，亩产量4000kg。

（三）适宜地区

适宜在我国北方地区及气候类型相似地区的塑料大棚、日光温室及露地栽培。

（四）推广应用情况

随着甘肃省节能日光温室的快速发展，陇椒6号以耐低温寡照、产量高、抗病性强，果实绿色，羊角形，果面微皱，味辣，商品性好等特点，迅速占领了缺乏耐低温寡照品种的甘肃日光温室市场，在甘肃省张掖市、武威市、白银市、定西市、天水市等的日光温室生产中发挥了较大作用。

七、陇椒8号

（一）品种来源

甘肃省农业科学院蔬菜研究所以2005A31为母本、2005A7为父本选育的一代杂种（王兰兰等，2014）。2014年通过甘肃省农作物品种审定委员会认定。

（二）特征特性

早熟一代杂种，生长势强，株高79cm，株幅75cm，单株结果数27个，果实羊角形，果长25cm，果宽3.0cm，肉厚0.22cm，平均单果重47g，果色绿，果面皱，味辣，果实商品性好。播种至始花期 98 天，播种至青果始收期 133.5 天，V_C 含量 1.19g/kg，干物质含量 101.7g/kg，可溶性糖含量 27.3g/kg，品质优良。苗期人工接种抗疫病性鉴定，陇椒 8 号病株率 4.16%，病情指数 3.75，属抗病类型品种。耐低温寡照，抗病毒病，丰产性好，亩产量 4200kg。

（三）适宜地区

适宜在我国北方地区及气候类型相似地区的保护地和露地栽培。

（四）推广应用情况

主要特点是果大、果色绿、果实商品性好，在甘肃省张掖市、金昌市、永昌县、武威市等地日光温室种植表现连续坐果性强，抗病性强，商品性好，产量高，在甘肃省日光温室生产中发挥了较大作用。

八、陇椒 9 号

（一）品种来源

甘肃省农业科学院蔬菜研究所以 2009A27 为母本、2009A15 为父本选育的一代杂种（王兰兰等，2016）。2015 年通过甘肃省农作物品种审定委员会认定。

（二）特征特性

早熟一代杂种，生长势强，株高 81cm，株幅 74cm，单株结果数 21 个，果实羊角形，果长 28cm，果宽 3.5cm，肉厚 0.26cm，平均单果重 69g，果色绿，果面皱，味辣，果实商品性好。播种至始花期 96 天，播种至青果始收期 135 天，V_C 含量 0.72g/kg，干物质含量 63g/kg，可溶性糖含量 31.8g/kg，品质优良。苗期人工接种抗疫病性鉴定，陇椒 9 号病株率 12.3%，病情指数 5.8，属抗病类型品种。耐低温寡照，抗病毒病，耐疫病，丰产性好，日光温室栽培亩产量 4900kg。

（三）适宜地区

适宜在我国北方地区及气候类型相似地区的日光温室、塑料大棚及露地栽培。

（四）推广应用情况

具有果大商品性好、品质好、产量高、综合抗病性强等特点，在甘肃省酒泉市、张掖市、金昌市、永昌县、武威市等，以及山东、新疆等省区示范推广反映良好，为当地农民增收发挥了积极作用。

九、陇椒10号

（一）品种来源

甘肃省农业科学院蔬菜研究所以自交系935为母本、自交系927为父本选育的一代杂种。2015年通过甘肃省农作物品种审定委员会认定。

（二）特征特性

早熟一代杂种，生长势强，株高84cm，株幅77cm，单株结果数24个，果实羊角形，果长28cm，果宽3.1cm，肉厚0.25cm，平均单果重62g，果色绿，果面皱，味辣，果实商品性好。播种至始花期98天，播种至青果始收期135.5天，V_C含量0.85g/kg，干物质含量104.7g/kg，可溶性糖含量32.8g/kg，品质优良。苗期人工接种抗疫病性鉴定，陇椒10号病株率11.0%，病情指数5.0，属抗病类型品种。耐低温寡照，抗病毒病，耐疫病，丰产性好，日光温室栽培亩产量5000kg。

（三）适宜地区

适宜在我国北方地区及气候类型相似地区的塑料大棚、日光温室和露地栽培。

（四）推广应用情况

随着非耕地设施蔬菜栽培面积的不断扩大，辣椒已成为非耕地设施栽培的主要蔬菜品种之一。陇椒10号具有果大商品性好、产量高、品质好、耐低温寡照、综合抗病性强等特点，已成为非耕地日光温室辣椒栽培专用的理想品种，在甘肃省酒泉市、张掖市、临泽县、武威市、金昌市、永昌县等，以及宁夏、内蒙古、新疆等自治区生产示范表现良好。

十、天椒1号

（一）品种来源

甘肃省天水市农业科学研究所用望都辣椒为母本、甘谷线椒为父本进行杂交，F_2代种子经钴60 γ射线处理，经多代自交分离选育而成的线椒常规品种（牛尔卓和瞿淑勤，1995）。1993年通过甘肃省农作物品种审定委员会审定。

（二）特征特性

线椒常规品种，株高69.9cm，株幅64.3cm，果实细羊角形，果长22.3cm、果宽1.72cm，红熟果深红色，果面皱，味辣。从定植到果实红熟期83.3天，V_C

含量 0.97g/kg，干物质含量 123g/kg，粗脂肪含量 14.7g/kg，品质优良。田间调查疫病自然发病率 3.7%～23.0%，抗病毒病。丰产性好，露地栽培亩产量 2500kg。

（三）适宜地区

适宜在我国北方地区及气候类型相似地区的露地栽培。

（四）推广应用情况

具有老熟果深红色、品质好、产量高、综合抗病性强等特点，在甘肃省天水市、平凉市、张掖市等地进行示范推广，特别是在天水市线椒生产中发挥了积极作用。

十一、天椒 2 号

（一）品种来源

甘肃省天水市农业科学研究所用自选的牛 773-4-1-1-1-1 为母本、墩 81-2-1-3 为父本进行杂交，经多代自交分离选育而成的羊角椒常规品种（牛尔卓和瞿淑勤，1994）。1993 年通过甘肃省农作物品种审定委员会审定。

（二）特征特性

常规品种，株高 68.1cm，株幅 67.3cm，果实细羊角形，果长 21.5cm，果宽 2.01cm，肉厚 0.2cm，果色绿，果面皱，味辣。从定植到青果始收期 56.3 天，V_C 含量 1.15g/kg，干物质含量 123g/kg，粗脂肪含量 12.8g/kg，品质优良。田间调查疫病自然发病率平均 12.23%。丰产性好，露地栽培亩产量 2800kg。

（三）适宜地区

适宜在我国北方地区及气候类型相似地区露地栽培。

（四）推广应用情况

具有品质好、产量高、综合抗病性强等特点，在甘肃省天水市、平凉市等地进行示范推广，特别是在天水市辣椒生产发挥了积极作用。

十二、天线 3 号

（一）品种来源

甘肃省天水市农业科学研究所以七寸红为母本、定边牛角为父本进行杂交，F_1 选优良单株自交留种，后代连续自交 5 代，选育而成的鲜干兼用型辣椒常规品种（牛尔卓和瞿淑勤，1989）。1987年通过甘肃省农作物品种审定委员会审定。

（二）特征特性

鲜干兼用型辣椒常规品种，生长势强，株高79cm，株幅62cm，单株结果数37个以上，果长22.4cm，果宽1.4cm，平均单果重17.7g，青果绿色，红熟果深红色，果面稍皱，味辣浓。V_C含量1.98g/kg，品质优良。病毒病田间发病率0.65%，兼抗炭疽病。丰产性好，鲜红椒亩产量3000kg。

（三）适宜地区

适宜在甘肃省天水市、陇南市、张掖市，以及云南、新疆等地露地栽培。

（四）推广应用情况

具有品质好、产量高、综合抗病性强等特点，在甘肃省天水市、陇南市、张掖市，以及云南、新疆等省区推广面积大，并在甘肃、云南、新疆等省区露地线椒生产中发挥了较大作用。

十三、天椒4号

（一）品种来源

甘肃省天水市农业科学研究所以自交系123为母本、自交系49为父本选育的一代杂种（梁更生等，2005）。2008年通过甘肃省农作物品种审定委员会认定。

（二）特征特性

早熟一代杂种，生长势中等，株高70cm，株幅50cm，果实羊角形，果长26～33cm，果宽3.0cm，平均单果重30～40g，果色绿，果基部皱，味辣，果实商品性好。定植到青果采收40天，V_C含量0.84g/kg，粗脂肪含量6.2g/kg，品质优良。苗期人工接种抗疫病性鉴定，天椒4号病情指数18.6，属耐病类型品种；苗期人工接种抗炭疽病鉴定，病情指数7.9，属抗病类型品种。丰产性好，亩产量2800～4000kg。

（三）适宜地区

适宜在我国北方地区及气候类型相似地区的保护地和露地栽培。

（四）推广应用情况

具有品质好、产量高、综合抗病性强等特点，在甘肃省天水市、白银市、陇南市等地进行示范推广，特别是在天水地区保护地辣椒生产中发挥了积极作用。

十四、天椒 5 号

（一）品种来源

甘肃省天水市农业科学研究所对地方品种甘谷线椒优良变异单株进行连续 6 年定向选择，选育成的鲜干兼用型线椒品种（梁更生等，2011）。2009 年通过甘肃省农作物品种审定委员会认定。

（二）特征特性

鲜干兼用型线椒常规品种，生长势强，株高 57cm，株幅 45cm，单株结果数 30 个以上，果长 25cm，果宽 1.62cm，平均单果重 16.5g，青果绿色，红熟果深红色，果面皱，味辣浓。V_C 含量 0.41g/kg，粗脂肪含量 106.4g/kg，干物质含量 166.8g/kg，品质优良。苗期人工接种抗疫病性鉴定，天椒 5 号病株率 13.3%，病情指数 10.7，属抗病类型品种。丰产性好，鲜红椒亩产量 2500kg。

（三）适宜地区

适宜在甘肃省天水市、陇南市等地露地栽培。

（四）推广应用情况

具有品质好、产量高、综合抗病性强等特点，在甘肃省天水市、陇南市等地进行示范推广种植，特别是在天水地区露地线椒生产中发挥了积极作用。

十五、天椒 6 号

（一）品种来源

甘肃省天水市农业科学研究所以自交系 126 为母本、自交系 91 为父本选育的一代杂种（梁更生等，2012）。2012 年通过甘肃省农作物品种审定委员会认定。

（二）特征特性

中早熟一代杂种，生长势中等，株高 60～80cm，株幅 65cm，果实粗牛角形，果长 20～25cm，果宽 4～5cm，肉厚 0.33cm，平均单果重 90～110g，果色绿，味辣中等，果实商品性好。V_C 含量 0.80g/kg，干物质含量 83.0g/kg，可溶性糖含量 52.0g/kg，品质优良。苗期人工接种抗疫病性鉴定，天椒 6 号疫病病株率 34.6%，病情指数 29.24，属抗病类型品种。亩产量 4000kg。

（三）适宜地区

适宜在我国北方地区及气候类型相似地区的保护地和露地栽培。

（四）推广应用情况

具有品质好、产量高、综合抗病性强等特点，在甘肃省天水市、陇南市、平凉市等地进行示范推广，并在这些地区保护地辣椒生产中发挥了积极作用。

十六、天椒 10 号

（一）品种来源

甘肃省天水市农业科学研究所以自交系 114 为母本、自交系 67 为父本选育的一代杂种（程凤林等，2015）。2014 年通过甘肃省农作物品种审定委员会认定。

（二）特征特性

中早熟一代杂种，生长势中等，株高 83.7cm，株幅 73.3cm，果实大羊角形，果长 28.7cm，果宽 3.1cm，肉厚 0.33cm，平均单果重 59g，果色浅绿，果面光滑，味辣中等，果实商品性好。播种至始花期 118 天，播种至青果始收期 148 天。田间调查疫病自然发病率 15.8%，病情指数 16.4，属抗病类型品种。亩产量 4000kg。

（三）适宜地区

适宜在我国北方地区及气候类型相似地区的保护地和露地栽培。

（四）推广应用情况

具有品质好、产量高、综合抗病性强等特点，在甘肃省天水市、陇南市、定西市等地进行示范推广，并在这些地区辣椒生产中发挥了积极作用。

十七、天椒 12 号

（一）品种来源

甘肃省天水市农业科学研究所以自交系 138 为母本、自交系 67 为父本选育的一代杂种（梁更生等，2015）。2014 年通过甘肃省农作物品种审定委员会认定。

（二）特征特性

中早熟一代杂种，生长势中等，株高 85cm，株幅 89cm，果实长羊角形，果长 29～35cm，果宽 3.0～3.5cm，肉厚 0.32cm，平均单果重 50～70g，果色绿，果面皱，味辣中等，果实商品性好。V_C含量0.67g/kg，干物质含量94.7g/kg，可溶性糖含量29.4g/kg，品质优良。苗期人工接种抗疫病性鉴定，天椒12号疫病病株率10.8%，病情指数6.2，属抗病类型品种。亩产量4000kg。

（三）适宜地区

适宜在甘肃及气候类型相似地区的保护地和露地栽培。

（四）推广应用情况

在甘肃省天水市、陇南市、定西市等地进行示范推广，具有品质好、产量高、综合抗病性强等特点，在甘肃省天水市、陇南市、定西市辣椒生产中发挥了积极作用。

十八、天椒13号

（一）品种来源

甘肃省天水市农业科学研究所以自交系10-37为母本、自交系10-178为父本选育的一代杂种（霍建泰等，2015）。2015年通过甘肃省农作物品种审定委员会认定。

（二）特征特性

中熟一代杂种，生长势中等，果实羊角形，果长17.5cm，果宽3.2cm，肉厚0.29cm，平均单果重35.4g，青果绿色，红熟果深红色，果面光滑、色价高，适宜提取辣椒红色素。干辣椒V_C含量0.54g/kg，粗脂肪含量98.3g/kg，辣椒红色素的色价为15.8，优于美国红（14.8）。田间自然发病调查，天椒13号病毒病、疫病、炭疽病和白粉病的病情指数分别为9.56、10.11、6.00和12.1，抗病性均强于美国红。亩产干椒400kg。

（三）适宜地区

适宜在甘肃省内露地栽培。

（四）推广应用情况

具有产量高、综合抗病性强等特点，可作为提取辣椒红色素的品种在露地栽培，在甘肃省天水市、武威市、张掖市等地进行示范推广。

十九、天椒 14 号

（一）品种来源

甘肃省天水市农业科学研究所以自交系 81 为母本、自交系 145 为父本选育的一代杂种（梁更生等，2016）。2016 年通过甘肃省农作物品种审定委员会认定。

（二）特征特性

中早熟一代杂种，生长势强，株高 97cm，株幅 73cm，果实羊角形，果长 26cm，果宽 3.2cm，肉厚 0.3cm，平均单果重 52g，果色深绿，果实基部有皱褶，味辣中等，果实商品性好。V_C 含量 0.84g/kg，干物质含量 79.2g/kg，品质优良。田间自然发病调查，天椒 14 号疫病、炭疽病和病毒病发病率分别为 9.0%、11.0%和 10.0%，抗病性较强。亩产量 4000kg。

（三）适宜地区

适宜在甘肃及气候类型相似地区的保护地和露地栽培。

（四）推广应用情况

在甘肃省天水市、陇南市、定西市等地进行示范推广，具有品质好、产量高、综合抗病性强等特点，在甘肃省天水市、陇南市、定西市辣椒生产中发挥了积极作用。

二十、航椒 3 号

（一）品种来源

天水神舟绿鹏农业科技有限公司以自交系 022-2-2 为母本、自交系 021-1-5 为父本选育的一代杂种（张廷纲等，2006）。2008 年通过甘肃省农作物品种审定委员会认定。

（二）特征特性

早熟一代杂种，生长势强，株高 60～70cm，株幅 50～60cm，果实羊角形，单株结果数 26 个，果长 26～33cm，果宽 2.2～2.5cm，肉厚 0.22～0.25cm，平均单果重 30～40g，果色绿，果面光滑，基部有皱褶，味辣，果实商品性好。V_C 含量 1.62g/kg，可溶性固形物含量 53g/kg，粗脂肪含量 5g/kg，品质优良。田间自然发病调查，航椒 3 号疫病、病毒病和白粉病病情指数分别为 12.4、6.2 和 18.3，属抗疫病和病毒病、耐白粉病类型品种。亩产量3000kg。

（三）适宜地区

适宜在甘肃及气候类型相似地区的保护地和露地栽培。

（四）推广应用情况

具有品质好、产量高、综合抗病性强等特点，在甘肃、云南和贵州等省进行推广，特别是在甘肃省天水市辣椒生产中发挥了积极作用。

二十一、航椒4号

（一）品种来源

天水神舟绿鹏农业科技有限公司以自交系021-7-3为母本、自交系022-3-1为父本选育的线椒一代杂种（霍建泰等，2008）。2008年通过甘肃省农作物品种审定委员会认定。

（二）特征特性

鲜干兼用型线椒一代杂种，生长势强，株高121cm，株幅65cm，果实线形，单株结果数32个，果长31.5cm，果宽1.66cm，肉厚0.19cm，平均单果重28.6g，青熟果深绿色，红熟果深红色，果面皱，味辣，果实商品性好。V_C含量1.16g/kg，品质优良。干椒亩产量400kg。

（三）适宜地区

适宜在甘肃及气候类型相似地区的露地栽培。

（四）推广应用情况

具有产量高、综合抗病性强等特点，在甘肃、新疆、云南和贵州等省区大面积推广，并在这些地区线椒生产中发挥了较大作用。

二十二、航椒5号

（一）品种来源

天水神舟绿鹏农业科技有限公司以自交系021-7-1为母本、自交系025-2-2为父本选育的一代杂种（罗爱玉等，2008）。2008年通过甘肃省农作物品种审定委员会认定。

（二）特征特性

早熟一代杂种，生长势强，株高126cm，株幅68cm，果实羊角形，单株结果数21个，果长29.6cm，果宽3.1cm，肉厚0.28cm，单果重41g，青熟果深绿色，红熟果深红色，果面皱，味辣，果实商品性好。V_C含量1.58g/kg，可溶性糖含量74g/kg，粗脂肪含量4g/kg，品质优良。保护地栽培亩产量4000kg。

（三）适宜地区

适宜在甘肃及气候类型相似地区的保护地栽培。

（四）推广应用情况

具有产量高、综合抗病性强等特点，在甘肃、青海、宁夏等省区大面积推广，并在这些地区保护地辣椒生产中发挥了较大作用。

二十三、航椒6号

（一）品种来源

天水神舟绿鹏农业科技有限公司以自交系021-7-1为母本、自交系024-3-1为父本选育的一代杂种（鹿金颖等，2008）。2008年通过甘肃省农作物品种审定委员会认定。

（二）特征特性

早熟一代杂种，生长势强，株高71cm，株幅54cm，果实羊角形，单株结果数16个，果长26cm，果宽3.7cm，肉厚0.32cm，平均单果重51g，青熟果绿色，果面微皱，味辣，果实商品性好。V_C含量1.56g/kg，可溶性糖含量65g/kg，粗脂肪含量2g/kg，品质优良。亩产量4000kg。

（三）适宜地区

适宜在甘肃及气候类型相似地区露地栽培。

（四）推广应用情况

具有产量高、综合抗病性强等特点，在甘肃、青海、宁夏等省区大面积推广，并在甘肃、青海辣椒生产中发挥了较大作用。

二十四、航椒 11 号

（一）品种来源

天水神舟绿鹏农业科技有限公司以自交系 048-3-2-H-H-H-H 为母本、自交系 052-1-1-H-H-H-H 为父本选育的一代杂种（张建东等，2013）。2012 年通过甘肃省农作物品种审定委员会认定。

（二）特征特性

早熟一代杂种，生长势强，株高 72cm，株幅 49cm，果实牛角形，单株结果数 15 个，果长 26cm，果宽 4.1cm，肉厚 0.32cm，平均单果重 110g，青熟果浅绿色，果面微皱，味辣，果实商品性好。V_C 含量 1.36g/kg，可溶性固形物含量 50g/kg，品质优良。田间自然发病调查，航椒 11 号疫病和炭疽病病株率分别为 14.4%和 17.2%，病情指数分别为 10.1 和 12.1，属抗疫病和炭疽病类型品种。亩产量 4500kg。

（三）适宜地区

适宜在甘肃省天水市、陇南市、白银市及气候类型相似地区的保护地栽培。

（四）推广应用情况

具有产量高、综合抗病性强等特点，在甘肃、青海、宁夏等省区示范推广，特别是在甘肃省天水市、陇南市保护地辣椒生产中发挥了较大积极作用。

二十五、航椒 18 号

（一）品种来源

天水神舟绿鹏农业科技有限公司以自交系 051-3-2-2-H-H-H 为母本、自交系 035-1-2-2-H-H 为父本选育的一代杂种（高彦辉等，2016）。2015 年通过甘肃省农作物品种审定委员会认定。

（二）特征特性

中早熟一代杂种，生长势强，株高 109cm，株幅 54cm，果实羊角形，单株结果数 20 个，果长 23cm，果宽 4.2cm，肉厚 0.25cm，平均单果重 50g，青熟果浅绿色，果面微皱，味辣，果实商品性好。V_C 含量 0.62g/kg，可溶性固形物含量 59g/kg，品质优良。田间自然发病调查，航椒 18 号病毒病、炭疽病和疫病病情指数分别为 7.5、8.5 和 11.5，属抗病毒病、炭疽病和疫病类型品种。亩产量 4200kg。

（三）适宜地区

适宜在甘肃、青海、宁夏及气候类型相似地区的保护地栽培。

（四）推广应用情况

具有产量高、综合抗病性强等特点，在甘肃、青海、宁夏等省区示范推广，特别是在甘肃省天水市、陇南市保护地辣椒生产中发挥了积极作用。

第四节 甘肃辣椒良种繁育

辣椒一代杂种繁殖技术主要包括亲本原原种繁育、原种繁育和杂交一代种子的生产。亲本原原种是指育成父母本的原始种子，一般指经过审定的辣椒新品种育成者最初使用的父母本原始种子，或经过其选择生产的与原始种子性状完全一致的种子。亲本原种是利用亲本原原种经过扩繁生产的、性状与亲本原原种一致的种子，也就是用于生产一代杂交种的亲本。

一、亲本种子生产技术

（一）亲本原原种生产

1. 选地

生产地块应当平坦、地力均匀、土层深厚、土质肥沃、排灌方便，pH 6.2～7.2 的中性或微酸性土壤尤为适宜辣椒生长。另外，与茄科作物轮作 5 年以上。

2. 隔离

亲本原原种生产田与其他辣（青）椒隔离距离不少于 500m，小面积采种也可以采用 60 目防虫网隔离，防止与其他辣（青）椒品种的花粉串粉。

3. 育苗

（1）温室消毒：选用日光温室或智能温室育苗，清除温室内所有作物和杂草及其残留物，然后用硫磺粉或百菌清烟雾剂进行熏蒸消毒，棚内土壤用多菌灵和五氯硝基苯混合进行消毒。

（2）基质消毒：使用商品化的专业辣椒育苗基质。将育苗基质用 50%多菌灵可湿性粉剂 800 倍液拌湿后加入适量水搅拌，使基质含水量在 50%～60%，以手握成团、落地即散为宜。将配好的基质用薄膜密封，48 小时后即可使用。

（3）穴盘消毒：采用 72 孔或 50 孔聚苯乙烯（PS）穴盘，穴盘用 0.3%高锰酸钾溶液浸泡 15～20 分钟，取出后晾干。

（4）种子浸种消毒：把亲本原原种种子浸入 50～55℃的温水中，水量以浸没种子为宜，不停搅拌至水温降至 30℃左右，再浸泡 8～12 小时后捞出。然后用 10%磷酸三钠溶液或 2%氢氧化钠溶液浸种 15～20 分钟，再用清水多次冲洗，洗净后催芽。催芽一般在 28～30℃恒温条件下进行，待 70%的种子发芽时即可播种。

（5）播种：将配好的基质装满穴盘。在每个穴格正中点播 1～2 粒亲本种子。播种深度为 1.0cm，播种后覆盖 1.0cm 厚的基质。将播好的育苗盘平放在苗床上。种子没有出苗前要适当补水，便于出苗。

（6）苗期管理：出苗前温度宜高，才能提升地温有利快速出苗，出苗后温度控制在白天 25℃左右，夜间不低于 15℃，以防出现高脚苗。待苗长出两片真叶后白天温度控制在 25～30℃，夜间不低于 18℃，并且苗出齐后要严格控制室内湿度，以防幼苗发病。在定植前 10 天左右，逐步加大通风量，进行炼苗，提高移栽成活率。

4. 定植

一般 5 月中旬在露地定植。采用地膜覆盖栽培，宽窄行定植，一般宽行 60cm，窄行 40cm，一垄栽两行，单苗定植，株距 33～35cm，每亩留苗 3000～3200 株。采用按株距打孔，将苗坨放入孔内埋土，使苗坨与周围密合，浇足底水。

5. 去杂去劣

亲本原原种生产要进行单株选择，混合留种。选择一般可分 3 次进行。第 1 次在开花期，着重对辣椒的株型、叶、花和抗病性等性状进行选择，淘汰不符合品种亲本标准的杂株；第 2 次选择在结果盛期，在第 1 次入选的植株内淘汰果形、果色、挂果数等性状不符合标准的单株；第 3 次在种果采收前，在第 2 次入选的植株内进一步淘汰丰产性、品质和抗病性、抗逆性较差的单株。经过 3 次选择后入选的单株，可以采取混合留种法留种。

（二）亲本原种生产

用亲本原原种生产亲本原种。其他生产过程同亲本原原种生产。

二、杂交一代制种技术

（一）选地及隔离

选用土壤肥力好、地势高、井水排灌顺畅、光照充足通风、交通便利，5 年以上未种过茄科作物的地块。繁种田与其他辣椒留种田和生产田隔离距离不小于500m。

（二）育苗

温室消毒、种子处理及催芽播种与亲本原原种生产相同。

（三）起垄覆膜

起垄前亩施优质腐熟农家肥 5000kg，过磷酸钙 50kg，深翻耙平。划好起垄线后，每亩集中沟施复合肥 20kg。垄宽 60cm，沟宽 60cm，垄高 20～25cm。垄要平、直，用 1.0m 地膜覆垄，覆膜前用多菌灵或五氯硝基苯在垄上喷雾，覆膜后要压好膜以防风害。

（四）定植

父本一般在 5 月上旬定植，母本在 5 月中旬定植，父母本定植错期 10～15 天。父母本定植比例为 1∶4，父本株距 25～30cm，母本株距 40cm。定植后在沟内灌水 1 次，以刚灌到定植穴为宜，灌水上垄仅此一次，以后严禁灌水上垄。灌水 3 天后及时封穴培土，培土时在苗坨近根部每穴施疫病灵 2g，培土不宜过高，以在叶片以下为宜。

（五）杂交授粉

1. 授粉前的准备

（1）亲本去杂：亲本去杂是授粉工作开始前一项非常重要的工作，要按照亲本特征特性严格去除父母本的杂株。特别是授粉前父本的杂株一定要清理干净，以确保花粉的纯度。

（2）整枝打杈：父本不整枝，但要及时清理自交果实，以确保植株健康生长，为杂交授粉提供充足的花粉；母本要提早进行整枝打杈，将门椒及其门椒以下侧枝摘除干净，及时打开植株内膛，一方面控制营养生长提高坐果率，另一方面便于检查摘除自交果。授粉工作开始前，彻底清除母本植株上的果实和已经开放的花朵。

（3）清除自交果：去掉门椒和对椒，选用四母斗、八面风等进行杂交授粉，每株人工授粉 15～20 朵花。

2. 父本花粉的采集

选择含苞待放的大花蕾，取出花药，避免太阳直射下暴晒，在干燥的室内自然风干，待花药开裂七八成时，放入带盖的玻璃杯内，并加几枚硬币振荡摇粉，然后用毛笔或鸡毛扫下花粉备用。

3. 母本去雄

选择花瓣颜色泛白，将于第 2 天开放的大花蕾，一手捏花柄，一手握镊子轻压花冠使其松动，再用镊子将花瓣与雄蕊一并去除，并装入袋集中存放带出田块深埋，不可碰伤柱头和子房，去雄后用毛线或摘掉萼片做标记。去雄要做到及时、彻底、干净。

4. 授粉

将采集好的花粉装入授粉管，一手轻握去过雄的雌花，一手拿授粉管将柱头伸入管内授粉，授粉要充分均匀，可以多次重复授粉。

5. 清蕾清果

杂交授粉结束后，及时清除未人工授粉的花蕾和没有授粉标记的自交果，清蕾必须干净彻底，植株一般不打顶，以防感染病害或发生日灼病。杂交授粉结束 15～20 天后，再清理一次花蕾和自交果，以减少养分消耗，同时避免自交果成熟后混入影响杂交率。

（六）田间管理

1. 浇水施肥

开始杂交授粉前，结合灌水每亩追施复合肥 10kg，硝酸铵 5kg，磷酸二氢钾 10kg；杂交授粉工作结束后，重施膨果肥，每亩追施复合肥 20kg，硝酸铵 15kg，磷酸二氢钾 15kg；以后视植株长势追肥 1 次。果实成熟前 1 个月，每半月浇水 1 次，以促进种子成熟。

2. 搭架

杂交授粉前必须搭好搭架，立杆长 1.5m，每隔 1.5m 栽 1 根，用铁丝沿着行向拉到满天星的位置，搭架要牢固。

3. 除草

在整个生产过程中要及时清理田间杂草。

4. 病害防治

（1）疫病：定植后，用疫病灵拌沙子穴施，每株 3～5g。

（2）茎基腐病及根腐病：要确保田间清洁，减少初侵染来源，预防病害扩大蔓延。田间发现病株要及时拔除，并带出田间深埋或焚烧。为预防高温烧苗，缓苗后在地膜表面覆土可有效降低地温，减少根部病害发生。浇过缓苗水后，防治茎基腐病，每亩可用五氯硝基苯 1.0kg+福美霜 1.0kg 配成药撒于茎基部，每株不少于 8～10g，或用甲霜铜配成 600～800 倍药液灌根；根腐病可用根腐灵、生根灵穴施或灌根后用土封口。茎基腐病及根腐病防治也可用普力克或金雷多米尔 600 倍液进行叶面喷施。

（七）采收

最后一次授粉工作结束 30～40 天后，果实充分成熟时即可采收。采收前应再次清除杂株和标记不清的种果；采收时注意看清标记，只采收有标记的果实；采收后的果实应放在阴凉干燥处堆放后熟 3～4 天，然后用小刀剖开果实取出种子，拨出的种子放在阴凉干燥处晾干。也可用专用的取籽机器将种果打碎，再用清水冲洗，取出的种子要及时摊开晾晒，以免发黏霉变影响种子发芽率。

第五节　甘肃辣椒高产高效栽培技术

一、日光温室辣椒高产高效栽培技术

辣椒属茄科辣椒属植物，别名辣子、番椒、海椒。原产于南美洲，墨西哥栽培广泛。在我国栽培已有 300 余年的历史。辣椒富含胡萝卜素和 V_C，具有很高的营养价值，果实中含有的辣椒素具有增进食欲、帮助消化等作用。辣椒在我国南北普遍栽培，深受消费者喜欢，可以生食、炒食，还可加工成辣椒酱、辣椒油、辣椒丝、辣椒颗粒、辣椒粉，也可提取辣椒素、辣椒红素等。近年来，随着甘肃日光温室蔬菜生产的迅猛发展，日光温室辣椒以产量高，价格相对稳定，菜农收入高，风险小，经济效益和社会效益显著，而倍受菜农的欢迎，栽培面积不断增加，基本上实现了周年生产周年供应。

（一）生物学特性

1. 植物学特征

辣椒根系分布较浅，主要根群分布在 10～20cm 土层中。辣椒的侧根在主根两侧，与子叶方向一致，排列整齐。根系发育弱，再生能力差，根量少，栽培中最好护根育苗。根系对氧要求严格，不耐旱，又不耐涝，必须选择疏松、透气性良好的土壤。辣椒的茎直立，木质部发达。具有一定的分枝习性。主茎长到一定叶片数后，顶端形成花蕾，花蕾以下的节长出侧枝，第一侧枝与茎同时生长以二叉或三叉继续向上生长，果实生长在分叉处。辣椒叶片卵圆形或长卵圆形，可食用。辣椒的花为完全花，花较小，花冠白色，属常异交作物，自然杂交率15%左右。果实为浆果，形状有灯笼形、羊角形、牛角形、线形、圆锥形、樱桃形等。辣椒的胎座不发达，种子腔大，种室2～4个。种子主要着生在胎座上，少数种子着生在种室隔膜上。种子短肾形，扁平，略具光泽，色淡黄色。种子千粒重6～7g。

2. 对环境条件的要求

（1）温度：辣椒种子发芽适温为25～28℃，高于35℃或低于15℃不易发芽。幼苗对温度要求严格，育苗期必须满足适宜温度，以白天25～28℃，夜间18～20℃为宜。随着植株生长，对温度的适应性逐渐加强，能忍耐一定程度的较高温度和较低温度。开花结果期适温为白天25～28℃，夜间15～20℃，温度低于10℃不能开花，已坐住的幼果也不易肥大，还容易出现畸形果。温度低于15℃受精不良，容易落花；高于35℃，花器官发育不全或柱头干枯不能受精而落花。

（2）光照：辣椒对光照要求不严格，光饱和点约为30 000lx，补偿点为1500lx。辣椒为中光性植物，只要温度适宜、营养条件良好，光照时间的长或短，都能进行花芽分化和开花，10～12小时短日照和适度的光照强度，能促进花芽分化和发育。黑暗条件有利于辣椒种子发芽。

（3）水分：辣椒既不耐旱也不耐涝，单株需水量并不太多，但辣椒根系不发达，必须经常供给水分，并保持土壤有较好的通透性。在气温和地温适宜的条件下，辣椒花芽分化和坐果对土壤水分的要求，以土壤含水量相当于田间持水量的55%最好。干旱易诱发病毒病，淹水数小时，植株就会萎蔫死亡。对空气湿度的要求以80%为宜，湿度过大会诱发病害，湿度过低，又严重影响坐果率。

（4）土壤营养：辣椒根系对氧要求严格，因此，要求土壤疏松、通透性好，忌在低洼地栽培。对土壤酸碱度要求不严，pH 6.2～8.5都能适应。辣椒需肥量大，不耐贫瘠，但耐肥力又较差，因此，在温室栽培中，一次性施肥量不宜过大，否则，易发生各种生理障碍。

（二）茬次安排

甘肃日光温室辣椒的栽培茬次、播种期、定植期和产品供应期见表1-1。

表 1-1 甘肃日光温室辣椒栽培茬次表

茬次	播种期	定植期	产品供应期
日光温室越冬茬	8月上旬至9月上旬	10月中旬至11月上旬	12月下旬至次年7月上旬
日光温室早春茬	11月中旬至11月下旬	2月上旬至2月下旬	4月上中旬至7月末
日光温室秋冬茬	7月上中旬	8月中下旬	11月下旬至春节后

（三）品种选择

日光温室栽培辣椒品种选择既要考虑生产环境特点，又要考虑销售区的市场需求。日光温室栽培要选择生育期长、耐低温、耐弱光、连续坐果能力强、抗病、产量高的品种。甘肃辣椒消费多以羊角椒和牛角椒为主。

1. 陇椒2号

甘肃省农业科学院蔬菜研究所选育的一代杂种。果实羊角形，果面皱，果形美观，果长23cm，果宽2.6cm，平均单果重40g，果大肉厚，味辣，色绿、品质好。耐低温寡照、抗病毒病、耐疫病。日光温室栽培亩产量可达4000kg。

2. 陇椒3号

甘肃省农业科学院蔬菜研究所选育的一代杂种。熟性早，生长势中等，结果集中，果实羊角形，果长25cm，果宽2.7cm，肉厚0.23cm，平均单果重40g，果色绿，果面皱，味辣，果实商品性好，品质优良。耐低温寡照、抗病毒病、耐疫病，丰产性好。日光温室栽培亩产量可达4000kg。

3. 陇椒5号

甘肃省农业科学院蔬菜研究所选育的一代杂种。熟性早，果实羊角形，果长25cm，果宽3.0cm，平均单果重46g，果色绿，果面皱、味辣，果实商品性好，品质优良。耐低温寡照、抗病毒病、耐疫病。日光温室栽培亩产量可达4000kg。

4. 陇椒10号

甘肃省农业科学院蔬菜研究所选育的一代杂种。果实羊角形，果面皱，果长28cm，果宽3.1cm，平均单果重62g，果大肉厚、味辣，色绿，品质好。耐低温寡照、抗病毒病、耐疫病。日光温室栽培亩产量可达5000kg。

5. 航椒5号

天水神舟绿鹏农业科技有限公司选育的一代杂种。早熟，果实羊角形，果长

29.6cm，果宽 3.1cm，平均单果重 41g，青熟果深绿色，成熟果深红色，味辣，品质优良。耐低温寡照、抗病毒病、耐疫病。日光温室栽培亩产量可达 4000kg。

（四）栽培技术

现以日光温室越冬茬为例，简述甘肃日光温室辣椒栽培技术。

1. 育苗

1）营养土育苗

（1）苗床：根据季节不同选用温室、大棚等设施育苗。7～8 月育苗温度高、光照强、雨多，容易发生病虫害，应配有防虫、遮阳设施。育苗容器有塑料钵和纸钵。

（2）营养土配制：选用近 3～5 年内未种过茄科作物的田园土，加入 20%充分腐熟并过筛的厩肥混合均匀。

（3）营养土消毒：用 50%多菌灵或 75%百菌清的可湿性粉剂 500 倍液，喷洒营养土，喷后充分混匀，用塑料薄膜严密覆盖，进行土壤消毒。2～3 天后揭去塑料薄膜，装入营养钵备用。

（4）种子处理：预防辣椒病毒病可将种子放入 10%的磷酸三钠溶液中浸种 20 分钟。预防疫病和炭疽病用 50%多菌灵可湿性粉剂 500 倍液浸种 1 小时，或用 55℃温水浸种 15 分钟。

（5）催芽：种子用药剂处理完后，淘洗干净，放入清水中浸种 8～12 小时。浸种结束后，将种子淘洗干净，用湿毛巾包好放于 25～30℃温箱中催芽，每天淘洗 1～2 次，4～5 天即可发芽，待 70%种子露白后即可播种。

（6）播种：每亩用种量 100～150g。先将苗床浇透水，然后把已发芽的种子点播于塑料钵或纸钵内，每穴 3～5 粒，播后覆土约 1cm，再覆盖地膜保湿。

（7）苗期管理：根据幼苗生长不同阶段采取不同的温度管理。温度管理指标见表 1-2。在定植前 5～7 天在 8～10℃进行低温锻炼，培育壮苗。

表 1-2　苗期温度管理指标

时期	昼温/℃	夜温/℃
播种至齐苗	25～30	18～20
齐苗至顶心	20～25	12～15
顶心至分苗	20～30	17～20
定植前	18～20	10～15

辣椒营养土育苗，苗期一般不需要灌水，管理中可根据苗床的具体情况灌水

1～2 次，灌水要选择在晴天进行，防止灌水后苗床湿度增大诱发病害，同时灌水后地温下降，不利于根系正常生长，因此，苗期要少浇水，多覆土。

2）穴盘育苗

（1）穴盘选用与消毒：选用规格为 72 穴或 50 穴的穴盘育苗，以保证苗期有足够的营养面积，利于根系生长。用 40%的福尔马林 100 倍液，或 0.3%的高锰酸钾溶液浸泡穴盘进行消毒。

（2）基质消毒：将育苗基质用 50%多菌灵可湿性粉剂 500 倍液拌湿（相对含水量 50%～60%，用手捏可成团，并有少量水滴下），再用棚膜覆盖基质，48 小时后即可装盘。

（3）浸种催芽：同营养土育苗。

（4）装盘：在育苗盘内装满基质，用刮板刮平，每穴都要装满，并轻度镇压后，刮掉育苗盘上面多余的基质。

（5）播种：用竹棍在盘穴正中打直径 2～3cm、深 1.5cm 的播种孔，将露白的种子播入孔内，每孔 1～2 粒。播完后再在盘面上覆少许基质，刮平并覆盖地膜，然后摆放入苗床。

（6）苗期管理：温度管理同营养土育苗。出苗后及时揭去地膜，一般每天洒水 1 次，随着气温升高、幼苗逐渐长大，每天洒水 1～2 次。保持基质含水量 70%～80%，避免基质忽干忽湿，穴盘的边缘容易失水，洒水时注意洒透。一般苗期不施肥，如果幼苗叶色淡或发黄，可叶面喷施 0.3%磷酸二氢钾 2～3 次。定植前 10 天适当加大通风量，降低温度，控水炼苗。

2. 定植

（1）温室消毒：定植前对温室进行消毒，消毒方法主要有药剂消毒和土壤高温消毒两种。药剂消毒每亩用 80%的敌敌畏乳油 250g 拌锯末，与 2～3kg 硫磺粉混合，分 10 处点燃，密闭一昼夜，然后放风至温室没有药味时就可以定植。土壤高温消毒一般在 7～8 月高温时进行。前茬收获后，将铡碎的麦草按每亩 200kg 均匀撒于地面，翻入土中，浇水后覆膜暴晒 15 天进行高温消毒（土壤表面温度达 50℃以上）。既利于杀灭土传病虫害，又可增加土壤养分。

（2）扣棚整地：扣棚一般在定植前 10～15 天进行，冬春季提前扣棚有利于提高地温。每亩施腐熟农家肥 5000～10 000kg，油渣 200kg，磷酸二铵 20kg，深翻细耙，使肥料和土壤充分混合。按照垄宽 80cm，沟宽 40cm，沟深 20～25cm 起垄，垄中央开深 15cm 的灌水沟。

（3）定植：定植选晴天上午进行，先在宽畦上开深 5～6cm 的双行定植穴，穴距 30～35cm，然后给定植穴内点水，栽苗封穴，每穴 1 株。封穴后在垄上的小沟内浇足水，4～5 天后覆盖地膜。

3. 定植后的管理

（1）温度管理：定植后为促进缓苗，必须保持高温高湿环境，白天 25～30℃，夜间 18～20℃。长出新叶时表明已经发出新根，标志缓苗期已结束，此后白天气温应控制在 30℃以下，防止幼苗徒长。结果期中午前室温保持在 26～28℃，以促进光合作用；午后尽量延长 28℃左右的时间，当温度降至 17～18℃时，及时覆盖草帘蓄热，以促进光合产物的转化。春季随着外界气温的逐渐升高，应注意通风，通风量要逐渐加大。当室内夜间温度高于 15℃时不再覆盖草帘。当外界最低温度稳定在 15℃以上时，可揭开温室底脚棚膜昼夜通风。

（2）水肥管理：定植后 3～4 天在垄沟浇缓苗水，之后进行蹲苗。当门椒长到 3cm 左右时开始浇水，结合浇水每亩施磷酸二铵 15kg，尿素 10kg。进入盛果期每 10～15 天浇水 1 次，结合浇水进行追肥，每浇水两次追肥 1 次，每亩追施磷酸二铵 15kg，尿素 10kg。植株生长后期，气温升高，生长加快，适当疏剪过密的枝条，改善下部通风透光条件。同时加强水肥管理，防止植株早衰。除追肥外，可叶面喷施磷酸二氢钾，提高后期产量。

（3）光照管理：定植后如果幼苗发生萎蔫可适当遮花荫，以后要经常保持棚膜清洁，保证透光良好。在温室温度允许的前提下，草帘尽量早揭晚盖，在阴雨、雪天也要揭帘 3～5 小时。同时要及时打杈，摘老叶、病叶，保证植株间通风透光良好。温室后墙也可张挂反光幕增加光照。

（4）植株调整：门椒以下发生的叶芽要尽早抹去，老叶、黄叶、病叶要及时摘除。中后期长出的徒长枝、弱枝应及时摘掉，改善通风透光条件。

为防止植株倒伏，可牵引植株。在定植穴上方南北向拉铁丝 2 道，高度 1.5～1.8m。用尼龙绳分别系于两主枝第 3～4 分枝点处，上面系到铁丝上。

4. 采收

门椒应适当早采，以免发生坠秧影响植株生长。门椒以上果实原则上是果实充分膨大，果肉变硬、果皮发亮后采收。也可根据市场行情灵活掌握。采收时用剪刀或小刀从果柄与植株连结处剪断，不可强扭，以免损伤植株和感染病害。摘下后轻拿轻放，按大小分类包装出售。

5. 主要病虫害防治

病虫害防治要贯彻“预防为主，综合防治”的方针。在选用抗病品种、种子消毒、轮作倒茬、加强栽培管理（配方施肥，合理密植，培育壮苗，增强植株抗病性；膜下暗灌，通风排湿，控制室内温湿度；清洁田园，及时防蚜虫）等农业防治措施的基础上，有条件的地区尽量把引进天敌、生物农药等生物防治技术放在首位，把化学防治作为补救措施，要加强环境保护意识，确保农产品安全。

1）疫病

症状：辣椒疫病多在成株期开始发病，植株的各部位均可受害，以根、茎部受害较多。根部受害后变成褐色，整株枯萎死亡；茎部多在分杈处发病，初为暗绿色水渍状，后缢缩成黑褐色，茎枯萎死亡；果实发病时，初为暗绿色水渍状，后软化而腐烂；叶片发病，初为暗绿色水渍状，后病斑成椭圆形黑斑；湿度高时，各发病处都可见到稀疏灰白色的霉状物，以果实最明显。

病原真菌以卵孢子在地表病残体上或土壤中越冬，病菌在土壤中存活时间很长。疫病在温室内表现明显的发病中心，发病中心多在温室低洼积水、土壤黏重或棚膜漏雨处。大水漫灌易诱发疫病发生。

农业防治：避免同茄果类蔬菜连作，可与十字花科、豆科蔬菜轮作；采用高垄栽培；注意通风透光，防止湿度过大；选择晴天浇水，浇水后注意提温降湿，要避免高温高湿；及时拔除病株并清除出温室。也可通过嫁接栽培防治疫病。

化学防治：发病初期可在根茎部喷撒50%烯酰马林可湿性粉剂或10%烯酰马林水乳剂。中后期发病，用50%甲霜铜可湿性粉剂800倍液在根茎部喷撒或灌根。灌水前在每株根茎部放疫病灵2g。结合灌水每亩用硫酸铜1.0～1.5kg拌适量沙土，均匀撒施在地面，然后轻灌。

2）白粉病

症状：白粉病发生初期，叶片正面产生褪绿的小黄斑点，逐渐成为边缘不明显的较大淡黄色斑块，叶背面出现白色霉层。严重时整个辣椒叶片变黄、脱落。白粉病主要发生在中后期，在气温25～28℃和稍干燥条件下容易发生。

化学防治：由于辣椒白粉病主要在中后期发病，发病前要提早预防，防治结合，发病时病菌在叶背面，打药时要仔细彻底，连防2～3次可以控制。发病后用50%多硫悬浮剂300～400倍液，或15%粉锈宁800～1000倍液，或5%腈菌唑乳油3000倍液，或25%金力士（丙环唑）乳油5000倍液，每隔7～10天喷1次，连喷2～3次，能够取得较好的防治效果。

3）灰霉病

症状：日光温室辣椒栽培灰霉病发生普遍，为害比较严重，从幼苗到结果均能受害，茎上发病，变褐色至灰白色，潮湿时表面长有灰色霉状物。后期在被害的果、花托、果柄上也长出灰色霉状物。灰霉病适宜的发病温度为23℃，相对湿度为95%。

化学防治：用10%速克灵（腐霉利）烟剂，或45%百菌清烟剂，按每亩200～250g，分4～5处点燃，密闭棚室熏蒸。用50%农利灵可湿性粉剂1000倍液，或65%甲霜灵可湿性粉剂800～1000倍液，或2%武夷霉素水剂100倍液喷雾，每隔5～7天喷1次，连喷2～3次。

4）病毒病

症状：辣椒病毒病引起的症状常见的有花叶、黄化、畸形、坏死。高温干旱天气，不仅利于蚜虫传毒，而且植株抗病性也降低。烟草花叶病毒靠整枝打杈、机械损伤、暴风雨等农事接触及机械损伤造成的伤口传播病毒。

农业防治：选用抗病品种，如辣椒比甜椒抗病毒；防止种子带毒，播种前将种子用 10%磷酸三钠溶液浸泡 20 分钟，清水淘洗干净后再催芽播种；在辣椒生长期间，要加强栽培期间的管理，及时防治各类虫害，如蚜虫、白粉虱等能够传播病毒病；及时拔除病株，摘掉病叶病果，带出田烧毁或深埋。

化学防治：发病初期喷施病毒 A 可湿性粉剂 500 倍液，或 1.5%植病灵乳剂 1000 倍液，每隔 7～10 天喷 1 次，连喷 2～3 次。

5）根腐病

症状：根腐病多发生于定植后。发病初期，白天植株萎蔫，傍晚至第 2 天早晨恢复正常，反复几日后整株枯死。病株的根茎部及根部皮层呈褐色腐烂，横切茎断面观察，可见维管束变褐色，后期潮湿时可见病部长出白色至粉红色霉层。高温、高湿，连作地、低洼地均利于发病。发病最适温度 22～26℃。湿度越大，发病越重。大水漫灌发病重，小水勤浇发病轻。在温室内低洼积水处、水口处多发病。

农业防治：避免同茄果类蔬菜连作，可与十字花科、豆科蔬菜轮作；采用高垄栽培；注意通风透光，防止湿度过大，选择晴天浇水，防止田间积水；发现田间病株，立即拔除带出室外销毁，然后用石灰对病株周围消毒。

化学防治：发病初期用药剂进行喷洒或浇灌，可用 50%多菌灵可湿性粉剂 500 倍液，或 50%甲基托布津（甲基硫菌灵）可湿性粉剂 500 倍液，或 75%敌克松可湿性粉剂 800 倍液等，每隔 10 天喷 1 次，连续喷 2～3 次。结合灌水每亩施用硫酸铜 1.0～1.5kg 灌根防治，即将硫酸铜拌沙土均匀撒施地面，然后轻浇水。

6）蚜虫

物理防治：使用黄板诱杀，即在行间或株间悬挂黄板，黄板要高出植株顶部，每亩悬挂 30～40 块。

化学防治：用 2.5%溴氰菊酯乳油 2000～3000 倍液，或 10%吡虫啉（艾美乐）可湿性粉剂 2000～3000 倍液，或 25%阿克泰（噻虫嗪）可湿性粉剂 5000 倍液喷雾防治。

7）斑潜蝇

物理防治：使用黄板诱杀，即在行间或株间悬挂黄板，黄板要高出植株顶部，每亩悬挂 30～40 块。

化学防治：用 1.8%阿维菌素乳油 3000 倍液，或 10%吡虫啉可湿性粉剂 1000～1500 倍液，或 25%阿克泰水分散颗粒剂 5000 倍液喷雾防治。

8）白粉虱

化学防治：用 1.8%阿维菌素乳油 1500 倍液，或 10%吡虫啉可湿性粉剂 1500～2000 倍液，或 25%阿克泰水分散颗粒剂 2500 倍液，或 2.5%联苯菊酯乳油 3000 倍液喷雾防治。

9）蓟马

物理防治：蓝板诱杀，具体方法同蚜虫的黄板防治方法。

化学防治：用 10%吡虫啉可湿性粉剂 2000 倍液，或 2%甲维盐乳油 2000 倍液，或 1.8%阿维菌素乳油 2000～3000 倍液，或 3%啶虫脒（莫比朗）乳油 2000～3000 倍液交替喷雾防治，效果较好。

二、塑料大棚辣椒高产高效栽培技术

（一）品种选择

品种选择主要考虑甘肃辣椒市场对果实形状的要求及消费习惯，同时考虑品种熟性、抗病性及丰产性等。陇椒 2 号、陇椒 3 号、陇椒 5 号、陇椒 10 号及航椒 5 号均适宜塑料大棚栽培。品种的具体性状详见本节“一、日光温室辣椒高产高效栽培技术”中的“（三）品种选择”。

（二）育苗

1. 育苗设施

选用智能温室或日光温室。

2. 育苗时间

甘肃大部分地区育苗时间在 2 月上旬至中旬。

3. 育苗方法

详见本节“一、日光温室辣椒高产高效栽培技术”中的“1. 育苗”。

（三）定植

1. 定植期的确定

确定定植期的原则是：既要保证辣椒在幼苗期茁壮生长，又要早熟、丰产。因此，安全定植期是在能承受的最低温度界限内提早定植。一般要求大棚内最低气温 5℃以上，10cm 地温 12℃，并稳定 1 周左右时便可定植。甘肃大部分地区一般在 3 月下旬定植。定植过早不但有受冻害的危险，而且地温太低根系生长缓慢，缓苗时间拉长，不利于植株生长。

2. 扣棚

提早扣棚可以提高地温，促进缓苗，一般在定植前 10～15 天扣棚。

3. 整地施肥

每亩施入腐熟农家肥 5000kg，油渣 200kg，磷酸二铵 20kg，深翻 20cm 后，使肥料和土壤充分混合。按垄高 15～20cm，垄宽 60cm，沟宽 40cm 起垄覆膜，覆膜前在垄面喷洒 48%地乐胺（仲丁灵）乳油防除杂草。

4. 合理密植

在起好的垄面上，按每垄 2 行，穴距 40cm 开十字形口挖穴，浇透稳苗水，每穴定植 2 株，再用土封好穴口。

（四）田间管理

1. 温度管理

温度是春季塑料大棚管理的重点，关键是防止早春低温冻害及冷害。除了选择好品种，确定适宜育苗期、定植期、培育壮苗、提前扣棚等主要措施外，温度过低时可在棚内进行多重覆盖，同时注意掌握放风时间和放风量，尽量使棚内多蓄积热量。辣椒植株生长前期在管理上适当给予高温，促使根系和茎叶旺盛生长，达到促秧不徒长的目的。随着幼苗生长，外界气温回升，要适当增加通风量，保证辣椒正常生长和开花结果。

定植后应密闭大棚，缓苗期不放风，尽量提高温度，昼温可控制在 25～30℃，夜温可控制在 18～20℃。经过 1 周缓苗后，适当通风，昼温保持在 25～28℃，夜温不低于 15℃，地温维持在 18～20℃。当外界气温稳定在 15℃以上时可昼夜通风。

2. 水肥管理

施肥的原则是：重施基肥，多施有机肥，增施磷钾肥，前期侧重氮肥，盛果期保证氮磷钾的供应。

定植水要浇足，一般坐果前不需要再浇水。如缓苗后发现土壤水分不足，可浇小水。进入蹲苗期，当门椒长到 3cm 左右时，可结合浇水进行第 1 次追肥，每亩施磷酸二铵 25kg，尿素 10kg。进入盛果期每隔 10～15 天浇水 1 次，每浇水 2 次结合浇水追肥 1 次，每亩追施磷酸二铵 15kg 或硫酸钾 10kg。辣椒浇水次数和浇水量视土壤墒情和植株长势情况而定，由于辣椒根系浅，根量较少，吸水能力差，在生长的中后期，灌水必须谨慎，最好在清晨或傍晚进行，要求浅灌，切忌大水漫灌。

3. 植株调整

当株高 30～49cm 时，将大杈以下的侧枝全部摘除，以利通风透光。植株生长中期由促秧转向促果，及时打去底部老叶、黄叶、病叶和细弱的侧枝，改善通风透光，减少病害发生。塑料大棚辣椒生长旺盛，植株高大，一般根据情况用绳子或竹竿进行支架。绳子或竹竿位置拉到满天星的位置为宜，支架要牢固。

（五）主要病虫害防治

详见本节“一、日光温室辣椒高产高效栽培技术”中的“5. 主要病虫害防治”。

（六）采收

门椒应适当早采，以免发生坠秧影响植株生长。此后原则上是果实充分膨大，果肉变硬、果皮发亮后采收。果实成熟后要及时采收，以延缓辣椒植株老化，促进后续开花结果，提高产量。

三、露地辣椒高产高效栽培技术

（一）品种选择

品种选择主要考虑市场对果实形状的要求及目标市场的消费习惯，同时考虑品种抗病性及丰产性等综合性状。适宜甘肃露地栽培的辣椒品种有陇椒 2 号、陇椒 5 号、陇椒 10 号等，详见本节“一、日光温室辣椒高产高效栽培技术”中的“（三）品种选择”。

（二）育苗

1. 育苗时间

甘肃大部分地区的露地辣椒育苗时间在 2 月下旬至 3 月上旬。

2. 育苗

详见本节“一、日光温室辣椒高产高效栽培技术”中的“1. 育苗”。

（三）定植

1. 定植期的确定

甘肃露地辣椒栽培的主要问题是定植过早，容易发生早春低温为害，定植过迟秧苗没有长起来，遇到高温易发生病毒病。一般要求晚霜过后，气温稳定在 15℃时尽早定植，甘肃大部分地区一般在 4 月中下旬定植。

2. 整地施肥

定植前要精细整地施肥，每亩施入腐熟农家肥 3000～5000kg，油渣 200kg，磷酸二铵 20kg，深翻细耙，使肥料和土壤充分混合。按垄宽 60cm，沟宽 40cm，沟深 20～25cm 起垄覆膜，每垄定植 2 行，穴距 30～35cm，每穴 2 株。即每亩定植 7000～8000 株。

3. 定植后的管理

露地辣椒的田间管理主要是水肥管理及病虫害防治，水肥管理主要以促为主，促进秧苗生长，增强植株抗病性。

定植后 5～7 天浇定植水，浇水后沟内中耕保墒，中耕深度 8～10cm。结合中耕沟内，取土培于植株基部，压实地膜保墒。植株生长前期，控水蹲苗，门椒长到 3cm 时浇水，结合浇水每亩追施磷酸二铵 15kg，以后随水追肥，每次每亩追施尿素或埋施磷酸二铵 20～25kg。

4. 植株调整

及早摘除第一分枝下的侧枝，中后期摘除下部老叶、黄叶、病叶，剪去下部发出的侧枝，培育壮秧。

5. 主要病虫害防治

详见本节“一、日光温室辣椒高产高效栽培技术”中的“5. 主要病虫害防治”。

四、线椒高产高效栽培技术

线椒既是一种鲜美蔬菜，又是烹饪中不可或缺的调料。线椒作为我国的名优特产，是相当重要的出口创汇商品，其产量和贸易量位居国际之首。甘肃线椒栽培面积大，特别是甘谷出产的线椒是国内线椒中的名牌产品，其色艳味辣，肉厚，脂肪含量高，并富含 V_C，畅销国内市场，并远销印度、斯里兰卡、东南亚等国家和地区。

（一）品种选择

品种选择可根据产品的用途确定，以鲜食为主，可考虑市场要求及消费习惯；以加工为主，可考虑红椒果色、辣味等，同时必须兼顾品种抗病性及丰产性。甘肃线椒的主要栽培品种如下。

1. 天线 3 号

甘肃省天水市农业科学研究所选育的常规品种。生长势强，果长 22. 4cm，果宽 1.4cm，平均单果重 17.7g，青果绿色，红熟果深红色，果面稍皱，味辣浓，品质优良。抗病毒病，兼抗炭疽病。丰产性好，鲜红椒亩产量 3000kg。

2. 天椒 5 号

甘肃省天水市农业科学研究所选育的常规品种。生长势强，果长 25cm，果宽 1.62cm，平均单果重 16.5g，青果绿色，红熟果深红色，果面皱，味辣浓。耐疫病，丰产性好，鲜红椒亩产量 2500kg。

3. 航椒 4 号

天水神舟绿鹏农业科技有限公司选育的一代杂种。生长势强，果实线形，果长 31.5cm，果宽 1.66cm，平均单果重 28.6g，青熟果深绿色，红熟果深红色，果面皱，味辣，果实商品性好，品质优良。干椒亩产量 400kg。

4. 九寸红

甘肃地方品种。生长势中等，果实细长，果长 30cm，果宽 1.6cm，平均单果鲜重 20g。果面有皱褶，青熟果绿色，老熟果鲜红色，商品性好，辣味浓，出干率高。适应性强，抗病毒病，耐疫病。干椒亩产量 300kg。

（二）育苗

1. 育苗时间

甘肃大部分地区，线椒露地栽培的育苗时间一般在 2 月下旬至 3 月上旬。

2. 育苗

线椒的育苗同辣椒，详见本节“一、日光温室辣椒高产高效栽培技术”中的“1. 育苗”。

（三）定植

1. 定植期

定植期在 4 月下旬至 5 月上旬。

2. 整地施肥

定植前要精细整地施肥，一般亩施腐熟农家肥 3000～5000kg，过磷酸钙 50kg，磷酸二铵 20kg，施后深翻细耙，使肥料和土壤充分混合。按垄宽 50cm，沟宽 35cm，沟深 20～25cm 起垄覆膜，每垄定植 2 行，穴距 30～35m，每穴 2 株。即每亩定植 7000～8000 株。

3. 定植后的管理

定植初期水肥管理以促为主，及时浇水促进发秧，提早封行。结果初期适当控水防止徒长，结果盛期加大水肥供给，每次浇水可随水施肥，每亩追施尿素 10kg，磷酸二铵 10kg。

4. 主要病虫害防治

线椒的病虫害防治同辣椒，详见本节“一、日光温室辣椒高产高效栽培技术”中的“5. 主要病虫害防治”。

5. 采收

一般 8 月底 9 月初果实开始红熟，即可根据果实红熟的情况，分次陆续采收，分次采收既可提高产品的品质和商品性，又可提高产量。采收一般在下午进行，下午辣椒红熟果含水量较低，枝叶、果柄和果皮的脆度下降，可减少采收和运输过程中给植株和果实造成的损伤。

主要参考文献

陈灵芝, 王兰兰, 魏兵强. 2009. 基于 Internet 的辣椒种质资源数据库平台的构建. 中国蔬菜, (2): 55-57.

程凤林, 尹艳兰, 梁更生, 等. 2015. 辣椒新品种天椒 10 号的选育. 中国蔬菜, (7): 63-65.

高彦辉, 罗爱玉, 张建东, 等. 2016. 辣椒新品种航椒 18 号的选育. 中国蔬菜, (4): 81-83.

耿三省, 陈斌, 张晓芬, 等. 2015. 我国辣椒品种市场需求变化趋势及育种对策. 中国蔬菜, (3): 1-5.

侯金珠, 王兰兰. 2009. 辣椒苗期性状杂种优势的预测及相关性和配合力分析. 北方园艺, (8): 12-15.

霍建泰, 逯建平, 唐瑞永, 等. 2015. 干椒新品种天椒 13 号的选育. 中国蔬菜, (11): 77-78.
霍建泰, 危金彬, 李想荣, 等. 2008. 鲜干兼用型辣椒航椒 4 号. 中国蔬菜, (6): 62.
梁更生, 程凤林, 尹艳兰, 等. 2016. 辣椒新品种天椒 14 号的选育. 中国蔬菜, (5): 68-70.
梁更生, 尹艳兰, 程凤林, 等. 2015. 中早熟辣椒新品种天椒 12 号的选育. 中国蔬菜, (9): 64-66.
梁更生, 尹艳兰, 雷荣深, 等. 2012. 中早熟辣椒新品种天椒 6 号的选育. 中国蔬菜, (22): 97-99.
梁更生, 尹艳兰, 张忠平, 等. 2011. 线椒新品种天椒 5 号选育报告. 甘肃农业科技, (3): 5-6.
梁更生, 尹艳兰, 赵国珍, 等. 2005. 早熟长羊角椒新品种天椒 4 号的选育. 中国蔬菜, (3): 27-28.
鹿金颖, 韩新运, 梁芳, 等. 2008. 空间诱变育成辣椒新杂交种航椒 6 号及其 RAPD 分析. 核农学报, 22 (3): 265-270.
罗爱玉, 包文生, 徐宏伟, 等. 2008. 辣椒新品种'航椒 5 号'保护地高产栽培技术. 农业工程技术(温室园艺), (12): 36-37.
牛尔卓, 瞿淑勤. 1989. 鲜干兼用的辣椒新品种——天线 3 号. 中国蔬菜, (6): 43-44.
牛尔卓, 瞿淑勤. 1994. 天椒 2 号辣椒的选育. 中国蔬菜, (6): 6-7.
牛尔卓, 瞿淑勤. 1995. 天椒 1 号辣椒的选育. 中国蔬菜, (1): 15-16.
王兰兰. 1998. 辣椒不同品种耐寒性鉴定. 北方园艺, (5): 5-6.
王兰兰. 1999a. 辣椒钴 60γ 辐射的当代效应. 陕西农业科学, (8): 23-24.
王兰兰. 1999b. 构成辣椒产量几个数量性状的灰色关联分析. 甘肃农业科技, (1): 23-24.
王兰兰. 2004. 弱光处理对辣椒植株形态及生理指标的影响. 甘肃农业科技, (5): 30-32.
王兰兰. 2015. 甘肃省辣椒生产与科研现状及发展对策. 辣椒杂志, (4): 1-3.
王兰兰, 陈灵芝, 程鸿. 2008. 辣椒钴 60γ 辐射突变体的筛选及利用研究. 北方园艺, (5): 45-46.
王兰兰, 陈灵芝, 程鸿, 等. 2009. 辣椒新品种陇椒 4 号的选育. 中国蔬菜, (6): 76-78.
王兰兰, 陈灵芝, 程鸿, 等. 2011. 辣椒新品种陇椒 5 号的选育. 中国蔬菜, (10): 92-93.
王兰兰, 陈灵芝, 魏兵强, 等. 2014. 辣椒新品种'陇椒 8 号'. 园艺学报, 41 (9): 1945-1946.
王兰兰, 陈灵芝, 魏兵强, 等. 2016. 辣椒新品种陇椒 9 号的选育. 中国蔬菜, (10): 71-72.
王兰兰, 程鸿. 1996. 辣椒苗期抗疫病鉴定及抗性机制的研究. 甘肃农业科技, (3): 37-39.
王兰兰, 程鸿, 陈灵芝. 2001. 辣椒新品种陇椒 2 号的选育. 中国蔬菜, (3): 26-27.
王兰兰, 程鸿, 陈灵芝. 2003. 辣椒新品种陇椒 6 号的选育. 中国蔬菜, (2): 32-33.
王兰兰, 程鸿, 陈灵芝. 2005. 辣椒新品种陇椒 3 号的选育. 中国蔬菜, (10): 49-50.
王兰兰, 程鸿, 徐真, 等. 1998. 辣椒新品种陇椒 1 号. 中国蔬菜, (1): 17-18.
王兰兰, 王晓林, 魏兵强, 等. 2015. 辣椒雄性不育系及保持系小孢子发育的细胞学比较. 西北农业学报, 24 (1): 115-118.
王兰兰, 魏兵强, 陈灵芝. 2010. 辣椒胞质雄性不育系 8A 恢复系的筛选. 中国蔬菜, (6): 77-79.
王兰兰, 徐真. 1995. 辣椒主要早熟性状间相关及遗传分析. 甘肃农业科技, (6): 16-17.
王立浩, 张正海, 曹亚从, 等. 2016. "十二五"我国辣椒遗传育种研究进展及其展望. 中国蔬菜, (1): 1-7.
王晓林, 王兰兰, 陈灵芝, 等. 2013. 辣椒胞质雄性不育系与保持系的生理生化特性. 甘肃农业大学学报, 48 (6): 64-67.
魏兵强, 王兰兰, 陈灵芝. 2010a. 辣椒胞质雄性不育基因的分子标记. 西北农业学报, 19 (10): 166-168.
魏兵强, 王兰兰, 陈灵芝, 等. 2010b. 辣椒胞质雄性不育保持基因的分子标记. 西北植物学报,

30 (9): 1755-1759.
魏兵强, 王兰兰, 陈灵芝, 等. 2013. 辣椒胞质雄性不育恢复性的主基因+多基因混合遗传分析. 园艺学报, 40 (11): 2263-2268.
魏兵强, 王兰兰, 张茹, 等. 2017. 辣椒胞质雄性不育主效恢复性的 QTL 定位. 农业生物技术学报, 25 (1): 43-49.
徐伟慧, 王兰兰, 王志刚. 2006. 低温对辣椒幼苗生理生化特性的影响. 甘肃农业大学学报, 41 (3): 56-59.
徐真, 王兰兰. 1994. 辣椒杂交授粉时间和方式的选优. 甘肃农业科技, (9): 31, 35.
张建东, 罗爱玉, 张红宾, 等. 2013. 大牛角形辣椒新品种航椒 11 号的选育. 长江蔬菜, (4): 9-11.
张茹, 王兰兰, 陈灵芝, 等. 2012. 辣椒组培外植体及不定芽诱导培养基的筛选. 甘肃农业科技, (1): 11-14.
张廷纲, 霍建泰, 袁辉, 等. 2006. 辣椒新品种航椒 3 号的选育. 辣椒杂志, (2): 12-15.

第二章　番　　茄

第一节　甘肃番茄生产现状

一、分布区域

番茄是世界范围内栽培最广、消费量最大的蔬菜作物，世界年种植面积约500万hm^2，我国约180万hm^2。其品种类型丰富，既可鲜食作蔬菜，又可作水果，深受消费者喜爱。

甘肃省地处我国西部内陆，光热及劳动力资源丰富，是我国主要的保护地蔬菜产区之一，全省番茄种植面积约40万亩，其中保护地番茄栽培面积约30万亩，主要分布于河西走廊、沿黄灌区、渭河流域、泾河流域、徽成盆地；加工番茄及露地鲜食番茄种植面积约10万亩，其中加工番茄主要分布于酒泉市、张掖市、白银市等地区（胡志峰和邵景成，2008）；露地鲜食番茄各地均有栽培，分布零散，主要分布于城市近郊，面积较小。

二、栽培方式

加工番茄及露地鲜食番茄采取露地地膜覆盖栽培方式。保护地番茄的主要栽培方式有日光温室、塑料大棚、日光暖棚栽培等。目前生产中设施栽培主要的茬口有日光温室一大茬、日光温室秋冬茬、日光温室早春茬、塑料大棚春提早及秋延后、日光暖棚春提早及秋延后等栽培茬口。日光温室一大茬一般留8～10穗，生产时间长、产出较高，但甘肃省冬春季节温度低、光照弱，生产技术要求较高。早春茬、秋冬茬日光温室一般留4～6穗，生产周期较短，可通过上下茬搭配栽培，栽培茬口灵活，技术风险较低，经济效益较高。塑料大棚与日光暖棚春提早及秋延后栽培一般留4穗左右，其技术要求不高，成本低，经济效益较好。日光温室一大茬及冬春茬栽培一般以无限生长类型品种为主，日光暖棚与塑料大棚春提早及秋延后和日光温室早春茬栽培，可根据目的市场需求，种植自封顶或无限生长类型品种（邵景成和刘华，2014）。

三、生产中存在的问题

（一）设施水平较低

甘肃省塑料大棚及日光温室等设施栽培起步较早，但设施总体水平较低（胡志峰等，2014a）。主要表现为以下几个方面：① 一些地方设施建造的控制参数不科学，施工不规范；② 大部分老旧温室建筑强度较低，长年使用采光及保温性能变差，不能满足越冬茬番茄生产要求，且农事操作不便，抵御极端低温、连阴雪等极端天气能力差等问题突出。

（二）设施栽培技术不规范、经营管理水平落后

设施番茄生产中化肥、农药过量使用，灌水制度不科学，因而设施土壤次生盐渍化、产品不符合无公害蔬菜标准、水资源利用率不高等问题日益突出；设施生产劳动强度大、自动化水平低、生产效率低、设施生产成本较高；多年重茬栽培病虫害逐年加重；随着农村劳动力向城市转移，生产者以中老年人为主，对新技术的接受能力较弱，因此科技对生产的贡献率不高；经营管理方式比较落后，现存的个体经营方式已不能满足产业化的发展要求，制约了产业的进一步发展。

（三）设施专用番茄品种缺乏

目前设施生产中番茄品种有数十种之多，国外品种与国内品种竞争激烈。总体来看，现有品种大多数适应性不强，尤其是耐低温弱光性差、易早衰，持续结果能力不强，品质较差，商品性不完全符合目的市场消费习惯及市场要求，设施专用番茄品种比较缺乏。

四、发展思路

自 20 世纪 70 年代以来，荷兰、以色列、日本等国现代化温室番茄栽培发展迅速，由于采用规模化和专业化生产，实现了优质高产和低成本，产量最高达到 $60kg/m^2$，经济效益十分显著。同时还带动了设施建造、番茄育种、现代物流等相关产业的发展。总体来看，发达国家保护地番茄栽培呈现出设施大型化、现代化、智能化，生产专业化，产品优质化，环境无害化的发展趋势。

（一）提升设施建造水平、完善配套设施

根据甘肃省设施区域规划在各生态区采用科学规范的建造控制参数，建造设计要充分考虑各地历史风载及雪载极值，严把材料关、规范施工、确保施工质量；对老旧温室应根据实际需求，进行合理改造或重新建造；完善道路、水源、电力、防风林带等基础设施，提高抵御极端灾害的能力。推广应用温室小型旋耕机、电动卷帘机、新型轻质防雪保温覆盖材料、有机基质栽培等先进农机具及栽培方式。

（二）提高设施番茄生产与经营管理水平

采用测土配方施肥、化肥农药减量施用、水肥一体化、CO_2 增施、有机基质

栽培、无公害栽培等新技术。推广应用智能温湿度控制、新型保温被、电动卷帘，以及自动吊蔓设备、自动绑蔓器、电动授粉器等轻简化农机具，降低劳动强度，提高生产效率。在有条件的地区推动土地流转、专业合作社等生产经营方式，实现规模化、专业化生产。发展品牌化营销、订单农业、庄园农业、生态农业、现代物流等先进的生产与经营方式，实现产业化发展。通过对尾菜等垃圾的无害化处理，实现废物循环利用，维护产区生态安全。

（三）加强设施专用番茄新品种选育研究

甘肃省地理跨度大、气候及栽培类型复杂、目的市场需求多样，因此开展适宜不同区域、栽培类型及目标市场的设施专用番茄新品种选育研究，满足生产的迫切需求，推动区域设施番茄产业持续稳定发展具有重要意义。

第二节　甘肃番茄育种

一、育种现状

番茄是世界也是我国栽培面积最大的果菜之一，深受生产者和消费者喜爱，因而产量和栽培面积都在不断增加。近年来，发达国家投入大量人力、物力进行番茄遗传资源的搜集、保存、鉴定、评价及优异种质资源的创新研究。尽管番茄育种的总体目标仍然是抗病、抗逆、优质及高产，但与过去相比，越来越重视提高产品品质（包括外观品质、营养品质）；越来越重视满足不同用途的专用品种的选育；越来越重视对多种病害的复合抗性；越来越重视对逆境条件的抗性等研究。我国番茄育种工作虽然起步较晚，但通过多年的协作攻关，先后育成了一批优良番茄品种，在生物技术的应用方面已接近世界先进水平，为提高番茄生产水平及改善市场供应发挥了重要作用。然而，我国番茄育种与发达国家相比，无论在优异种质资源的创新、现代育种技术的成熟应用，还是在专用新品种的选育等方面，仍然存在较大的差距。

甘肃省处于我国欠发达的西部地区，长期从事番茄育种的研究机构很少。甘肃省农业科学院蔬菜研究所是主要的番茄新品种研究机构。甘肃省农业科学院蔬菜研究所于 1974 年开始番茄新品种选育研究（宋远佞和邵景成，1998），经过 40 余年的研究工作，培养出一支高素质的科技队伍，积累了丰富的种质资源，筛选出了 2000 余份优良材料，包括早中晚熟鲜食、加工、樱桃等番茄材料，通过基因工程方法创建的雄性不育材料，以及通过航天搭载手段获得的优良材料，这些种质资源将为今后的研究工作提供坚实的物质基础。无论理论上还是实践上都有明显进步，先后育成了早、中晚熟配套的系列番茄新品种 13 个，获得了显著的社会效益和经济效益。

甘肃省光热资源丰富，是我国设施蔬菜最佳种植区域之一，近年来设施蔬菜面积快速增长，成为西北内陆出口蔬菜重点生产区域，其中设施番茄年栽培面积30万亩左右，为设施蔬菜主要栽培种类之一。近年来随着设施番茄产业的发展，对设施番茄品种的适应性及商品性提出了更高的要求。为此，生产中迫切需求外观及内在品质优良、货架期较长、适宜甘肃省设施条件栽培的番茄新品种。

二、种质资源创新与育种技术研究

杂种优势利用技术是番茄育种中应用最广泛、技术熟化程度最高的一种常规育种方法。其核心内容是通过杂交、回交及多代自交选育优良自交系，根据育种目标选择父母本，通过配合力分析与测定，配制杂交新组合，其优点是技术熟化程度高，缺点是育种进程较慢、育种效率较低。针对 *nr*、$Tm\text{-}2^{nv}$ 等优良基因与劣质性状密切相关，一般不能直接利用的特点，通过常规育种方法聚合抗病、优质、耐贮运、丰产等优良性状于一体，育种难度高、花费时间长。充分利用拥有多年累积的不同类型优良自交系的优势，常规育种技术与分子标记辅助选择等技术相结合、露地试验与设施加代相结合、田间农艺性状考察与实验室鉴定相结合，将抗病、高品质、耐贮运、抗逆等优异基因有效地加以整合、重组，创制目标性状突出的番茄新种质，加快优异性状在材料间的转育与聚合，培育优良骨干亲本。

经过数十年的努力工作，攻克了番茄优异基因多元聚合利用、优异目标性状定向选择、强杂交优势利用等关键技术，集成完善了番茄多性状协调改良育种技术，根据甘肃省不同生态区、不同栽培模式、不同目的市场制定育种目标，然后通过添加杂交的方法进行性状聚优，以提高产量、改善品质、增强抗逆性为重点，增加亲本选配的预见性，集成完善番茄多性状协调改良育种技术。通过配合力预测配制杂交组合，优势测定初选有望组合，并连续进行品比试验确定优良组合，同时进行多点试验、生产试验、示范推广。通过在不同栽培方式及环境条件下对杂交组合产量、抗病性、耐贮运性、商品性及适应性进行多年多点考察、筛选、鉴定，定向培育出系列设施专用番茄新品种。

第三节　甘肃番茄育种取得的成就与应用

自“八五”以来，甘肃省农业科学院蔬菜研究所番茄育种研究室先后承担并完成甘肃省科技攻关等项目50余项，取得了一批具有较高水平的研究成果，育成了甘肃省第一个番茄新品种——甘早黄。20世纪90年代初采用杂种优势原理，首先在甘肃省育成了抗病毒病（TMV）的番茄一代杂种陇番3号、陇番5号、陇番7号和陇番8号，标志着甘肃省番茄育种研究在杂种优势利用及抗病育种方面步入国内先进行列，特别是早熟番茄新品种陇番 5 号，综合性状优良，适应性广，在省内外大面积推广应用。随着日光温室等保护地设施栽培的迅速发展，选育耐低温、弱光，适宜保护地栽培的专用番茄品种是当务之急，番茄育种研究室承担了甘肃省科技攻关项目“番茄新品种选育”，通过多年努力工作，广泛征集资源，选育骨干自交系，创新优异材料，育成了保护地专用番茄杂交种同辉（陇番 9 号）、霞光，填补了甘肃省保护地专用品种育种的空白，这些新品种的推广应用，实现了甘肃省番茄新品种的更新换代，提高了番茄的生产能力。以霞光番茄为主推品种，首次在甘肃省实现了番茄越冬一大茬的栽培，极大地提高了番茄生产水平，增加了产量、提高了效益。近年来针对生产需求，采用添加杂交的方法，引入多个优异基因、性状聚优，选育出了设施专用番茄新品种佳红 1 号、陇番 10 号、陇番 11 号和陇番 12 号，系列品种果品质优，抗病性强，稳产丰产，商品性好，强适应性，深受生产者及消费者欢迎。

甘肃省农业科学院蔬菜研究所先后育成番茄新品种 13 个，通过甘肃省农作物品种审定委员会审定（认定）。极早熟番茄新品种甘早黄，1984 年获甘肃省科学技术进步奖三等奖；早熟番茄新品种陇番 5 号，1998 年获甘肃省科学技术进步奖二等奖；保护地专用番茄一代杂种同辉，2006 年获甘肃省科学技术进步奖二等奖等。育成品种推广到全国十多个省、直辖市、自治区，累计推广 120 余万亩，新增经济效益 5.6 亿元以上。在省级以上刊物发表论文 70 余篇、主编专著 1 部、参编 1 部，部分论文被国际权威杂志收录。

一、陇番 5 号

（一）品种来源

甘肃省农业科学院蔬菜研究所育成的一代杂交种。1992 年通过甘肃省农作物品种审定委员会审定（宋远佞和邵景成，1993）。1998 年获甘肃省科学技术进步奖二等奖。

（二）特征特性

2～3 台自然封顶，普通叶，株高 65.0cm，第 1 花序出现节位 5～7 片叶，单花序，花序间隔 1～2 片叶。果实红色，扁圆形，果面光滑，果脐中。平均单果重 145.0g，可溶性固形物含量 4.65%，可溶性糖含量 1.88%，V_C 含量 138mg/kg，有机酸含量 0.53%，口感好，风味佳。前期平均亩产量 3000kg，平均总亩产量 6000kg。高抗病毒病、耐早疫病，综合抗病性强。

（三）适宜地区

适宜在我国北方地区塑料大棚及日光温室秋冬茬和早春茬栽培。

（四）推广应用情况

陇番 5 号早熟性好，前期产量高，综合抗病性强，总产量高，在甘肃省张掖市、武威市、兰州市、天水市、平凉市、庆阳市，以及辽宁省、河南省、山西省、陕西省等地日光温室秋冬茬、早春茬及塑料大棚春提早栽培，经济效益显著。

二、霞光

（一）品种来源

甘肃省农业科学院蔬菜研究所育成的一代杂交种（胡志峰等，2002）。2008 年通过甘肃省农作物品种审定委员会认定。

（二）特征特性

无限生长类型，中晚熟，第 1 花序出现节位 7～8 片叶，花序间隔 2～3 片叶；果实粉红色，畸形果少、裂果轻，上下果实整齐均匀，商品性好。平均单果重 200g 左右，可溶性固形物含量 5.31%，V_C 含量 117.8mg/kg，有机酸含量 0.56%，风味好，品质佳。日光温室一大茬栽培平均亩产量 16 418.25kg，比对照中杂 9 号高 14.3%，1998 年起在新疆维吾尔自治区、内蒙古自治区、宁夏回族自治区、陕西省等地进行生产试验示范，留 4 穗果平均亩产量 7610.1kg，比中杂 9 号增产 6.8%。耐低温弱光，持续结果能力强，适宜保护地栽培。

（三）适宜地区

适宜在我国北方地区塑料大棚及日光温室一大茬栽培。

（四）推广应用情况

霞光果形美观，果实大，畸裂果率较低，商品性优良，耐低温弱光及持续结果能力强，综合抗病性强，产量高，在甘肃省酒泉市、张掖市、武威市、兰州市、定西市、天水市、平凉市、庆阳市等地日光温室一大茬及塑料大棚栽培，经济效益显著。

三、同辉（陇番 9 号）

（一）品种来源

甘肃省农业科学院蔬菜研究所育成的一代杂交种（邵景成等，2002）。1998 年通过甘肃省农作物品种审定委员会审定。2006 年获甘肃省科学技术进步奖二等奖。

（二）特征特性

3～4 台自然封顶，普通叶，株高 64.6cm，第 1 花序出现节位 5～7 片叶，单花序，花序间隔 1～2 片叶。果实红色，扁圆形，果面光滑，果脐小。平均单果重 148.03g，可溶性固形物含量 5.0%，可溶性糖含量 3.09%，V_C 含量 156mg/kg，有机酸含量 0.76%，糖酸比 4.07，口感好，风味佳。前期平均亩产量 2360.46kg，平均总亩产量 6418.50kg。抗早疫病、耐叶霉病、抗病毒病，综合抗病性强。

（三）适宜地区

适宜在我国北方地区塑料大棚及日光温室秋冬茬和早春茬栽培。

（四）推广应用情况

同辉（陇番 9 号）果形美观，果实较大，色泽艳丽，商品性好，尤其是早熟性好，前期产量高，抗病丰产，在甘肃省张掖市、武威市、兰州市、定西市、天水市、平凉市、庆阳市，以及内蒙古自治区、辽宁省、山西省等地日光温室秋冬茬和早春茬及塑料大棚春提早栽培，经济效益显著。

四、佳红 1 号

（一）品种来源

甘肃省农业科学院蔬菜研究所育成的一代杂交种（邵景成等，2005）。2008 年通过甘肃省农作物品种审定委员会认定。

（二）特征特性

3～4 台自然封顶，普通叶，株高 62.3cm，开展度 52.6cm，茎粗 1.32cm，节间长 3.92cm，生长势较旺，第 1 花序出现节位 7～8 片叶，单花序，花序间隔 1～3 片叶。果实红色，扁圆形，无果肩，果脐小，果皮较厚，果肉硬。可溶性糖含量 27.4g/kg，V_C 含量 119.6mg/kg，有机酸含量 4.3g/kg，pH 4.2，糖酸比适宜，口感好，风味佳。塑料大棚品种比较试验前期平均亩产量2270.27kg，平均总亩产量6423.85kg。2001 年开始进行生产试验、示范，平均亩产量 6240.8kg，比美国大红高13.6%。

（三）适宜地区

适宜在我国北方地区塑料大棚及日光温室秋冬茬和早春茬栽培。

（四）推广应用情况

佳红 1 号果形好，果肉较硬，货架期较长，商品性优良，尤其是早熟性好，前期产量高，成熟集中，抗病性强，产量高，在甘肃省张掖市、武威市、兰州市、定西市、天水市、平凉市、庆阳市，以及辽宁省、山东省、青海省、新疆维吾尔自治区、宁夏回族自治区等地日光温室秋冬茬和早春茬及塑料大棚春提早栽培，经济效益显著。

五、陇番 10 号

（一）品种来源

甘肃省农业科学院蔬菜研究所育成的一代杂交种（胡志峰等，2012）。2012年通过甘肃省农作物品种审定委员会认定。

（二）特征特性

无限生长类型，生长势较旺，第 1 花序出现节位 7～8 片叶，花序间隔 4～6 片叶，叶量适中。果实红色，圆形，果面光滑，无果肩，果脐小，果皮厚，果肉较硬，畸形裂果率极低，果实商品性好。平均单果重 149.2g，可溶性固形物含量5.17%，可溶性糖含量28.5g/kg，V_C含量142.7mg/kg，有机酸含量4.40g/kg，pH 4.45，糖酸比适宜，口感好，风味佳。抗病毒病及叶霉病、耐早疫病，综合抗病性强。塑料大棚品种比较试验平均总亩产量 7142.46kg，比对照毛粉 802 增产 16.33%，丰产、稳产。生产试验平均亩产量 6410.42kg，比对照毛粉 802 增产 16.88%，适宜保护地栽培。

（三）适宜地区

适宜在我国北方地区保护地栽培。

（四）推广应用情况

陇番 10 号果实圆整，色泽艳丽，果肉较硬，畸形裂果率极低，商品性优良，耐阶段低温及高温能力强，综合抗病性强，产量高，适应性强，在甘肃省酒泉市、张掖市、武威市、白银市、兰州市、定西市、天水市、平凉市、庆阳市，以及辽宁省、山东省、青海省、新疆维吾尔自治区、宁夏回族自治区等地日光温室及塑料大棚大面积栽培，经济效益显著。

六、陇番 11 号

（一）品种来源

甘肃省农业科学院蔬菜研究所育成的一代杂交种（胡志峰等，2014b）。2014 年通过甘肃省农作物品种审定委员会认定。

（二）特征特性

无限生长类型，生长势较旺，第 1 花序出现节位 7～8 片叶，花序间隔 3～4 片叶，叶量适中。果实粉红色，圆形，果面光滑，无果肩，果脐小，果皮厚，果肉较硬，畸形裂果率低，商品性好。平均单果重 195.2g，可溶性固形物含量 5.24%，可溶性糖含量 41.5g/kg，V_C 含量 162.5mg/kg，有机酸含量 5.02mg/kg，pH 4.38，口感好。高抗病毒病、抗叶霉病、耐早疫病。平均总亩产量 7631.60kg，比对照毛粉 802 增产 14.18%，果实圆整均匀，畸形果少、裂果率低，果肉较硬，耐运输，商品性好。

（三）适宜地区

适宜在我国北方地区保护地栽培。

（四）推广应用情况

陇番 11 号果形美观，果肉较硬，畸形裂果率低，商品性优良，耐阶段低温弱光能力强，丰产抗病，适应性广，在甘肃省酒泉市、张掖市、武威市、白银市、兰州市、天水市、平凉市，以及辽宁省、山东省、青海省、新疆维吾尔自治区、宁夏回族自治区等地日光温室及塑料大棚大面积栽培，经济效益及社会效益显著。

七、陇番 12 号

（一）品种来源

甘肃省农业科学院蔬菜研究所育成的一代杂交种。2016 年通过甘肃省农作物品种审定委员会认定。

（二）特征特性

无限生长类型，生长势较旺，第 1 花序出现节位 7～8 片叶，花序间隔 3～6 片叶，叶量适中。果实粉红色，圆形，果面光滑，无果肩，果脐小，果皮厚，果肉较硬，畸形裂果率极低，商品性好。平均单果重 205.1g，可溶性固形物含量 5.07%，口感好。平均总亩产量 6000kg 以上，丰产、稳产。抗病毒病、叶霉病及早疫病，综合抗病性强。

（三）适宜地区

适宜在我国北方地区设施栽培。

（四）推广应用情况

陇番 12 号在甘肃省河西走廊及陇中、陇东等地设施栽培，表现出果形好，果实较大，果肉较硬，畸形裂果率极低，商品性优良，持续结果能力强，适应性广等特点，应用前景广阔。

八、陇红杂 1 号

（一）品种来源

甘肃省农业科学院蔬菜研究所育成的一代杂交种（邵景成等，2010）。2010 年通过甘肃省农作物品种审定委员会认定。

（二）特征特性

自封顶类型，植株蔓生，普通叶，生长势中等，一般 2～3 穗果自然封顶，第 1 花序出现节位 5～6 片叶，单花序，花序间隔 1～2 片叶，叶量适中。果实红色、长圆形，果肉较硬，耐贮运，抗病性强，综合性状优良。平均单果重 70.2g，番茄红素含量 120.6mg/kg，可溶性固形物含量 5.17%，V_C 含量 131.1mg/kg，有机酸含量 4.38g/kg，品质好，加工性状优良。前期平均亩产量 3333.70kg，比对照里格尔 87-5 高 25.79%，始熟期比对照里格尔 87-5 提前 5 天左右，成熟集中，平均总亩产量 5575.22kg，比里格尔 87-5 高 14.16%，丰产、稳产。

（三）适宜地区

适宜在我国北方地区加工番茄主产区栽培。

（四）推广应用情况

自 2010 年起在甘肃省酒泉市、张掖市、武威市、白银市，以及新疆维吾尔自治区、内蒙古自治区、宁夏回族自治区等地加工番茄主产区推广种植，早熟性好，成熟集中，果实较大，综合抗病性强，加工性状优良，经济效益显著。

九、陇红杂 2 号

（一）品种来源

甘肃省农业科学院蔬菜研究所育成的一代杂交种（邵景成等，2011）。2010 年通过甘肃省农作物品种审定委员会认定。

（二）特征特性

无限生长类型，植株蔓生，普通叶，生长势较旺，第 1 花序出现节位 7～8 片叶，花序间隔 3 片叶，叶量适中。果实红色、长圆形，果面光滑，果脐小，果皮厚，果肉硬，耐贮运，畸形果少，裂果率低，果实商品性好，抗病性强，综合性状优良。平均单果重 93.3g，可溶性固形物含量 5.22%，番茄红素含量 140.0mg/kg，V_C 含量 133.0mg/kg，有机酸含量 3.65g/kg。番茄红素含量高，平均亩产量 6361.32kg，丰产、稳产，商品性及加工性状优良。

（三）适宜地区

适宜在我国北方地区加工番茄主产区栽培。

（四）推广应用情况

自 2010 年起在甘肃省酒泉市、张掖市、武威市、白银市，以及新疆维吾尔自治区、内蒙古自治区、宁夏回族自治区等地加工番茄主产区推广种植，丰产抗病，加工性状优良，经济效益显著。

第四节 甘肃番茄良种繁育

一、亲本繁殖

（一）适期播种，培育壮苗

一般在 3 月上中旬育苗。主要控制温湿度培育壮苗，出苗前温度控制在 20～30℃；出苗后适当降温，白天 20～25℃，夜间 15～18℃为宜。二叶一心时移栽在方格育苗盘或营养钵中，适当控水，提高地温，防止徒长。定植前几天，要进行低温锻炼。

（二）原种田定植及管理

1. 选好地块注意隔离

选择前几年没有种过茄科作物、土质肥沃、排灌方便的地块。与其他番茄品种隔离距离1000m以上，小面积采种也可用纱网隔离，防止机械混杂。

2. 适期定植，合理密植

一般在5月上中旬定植于露地，地膜覆盖栽培，定植密度为每公顷45 000株左右。

3. 加强田间管理

基肥要重施腐熟有机肥，增施磷钾肥。定植初期，以提高地温促进根系发育为主，最好采用水稳苗法定植，浇缓苗水后，适当蹲苗。当第2穗果坐住后及时浇催果水并且追肥，盛果期要充分满足水肥供应，及时防治病虫害，及时整枝、插架、绑蔓，一般4～5穗果后保留两片叶摘心。

（三）种株选择与去杂去劣

定植前：观察叶形、叶色、茎色，严格淘汰杂劣株。

绿果期：观察株型、花序、幼果性状、坐果情况，对异型株、花前枝、坐果率差的植株予以淘汰。

成熟期：观察熟性、抗性和果实形状、成熟果颜色及丰产性，选择抗性好、1～3穗坐果率高、果实均匀整齐、果形、果色等都符合亲本特征特性的完熟果留种。

（四）发酵取籽

种果采回后，即可破果取籽。将带果胶的种子装入容器中发酵24～36小时（避免用铁器），不能进水，用木棒搅拌，使种子和胶状物分离，稍澄清后，漂去上浮杂物，捞出种子清洗干净。放在席上或筛子上晾干（避免在水泥地或金属器皿上暴晒）。在晾晒、加工、包装、贮运等过程中严防机械混杂。

（五）种子质量检验

种子质量按GB 16715.3—2010《瓜菜作物种子 第3部分：茄果类》进行

检验。

二、杂交一代制种技术

（一）适期播种

一般在3月上中旬育苗，父本比母本提前6～7天播种，确保父本提前开花，父本与母本株数比例为1∶4。

（二）培育壮苗

营养土按田园土7份、腐熟有机肥3份混配，每立方米营养土加入尿素0.5kg、过磷酸钙2～3kg混合均匀过筛，铺在苗床上，整平压实。采用撒播法，每平方米苗床播种10g左右，播种后覆土0.5cm。出苗前温度控制在20～30℃；出苗后要适当降低温度，白天20～25℃，夜间15～18℃；当幼苗出土15天后分苗一次，最好用方格育苗盘或营养钵，分苗后3～5天不通风换气，以保证床内较高的温湿度，促进缓苗；幼苗3片叶开始每隔10天用0.3%磷酸二氢钾溶液喷雾1次，连续2～3次，可促进花芽分化，增加幼苗抗寒性；定植前10～15天，要降低夜温和控制水分，增强幼苗抗逆能力，培育壮苗。

（三）定植

1. 选好地块，注意隔离

选择前几年没有种过茄科作物、土质肥沃、排灌方便的地块，切忌地势低洼的地块。周围100m以内不许种植其他番茄品种，不要与白菜、甘蓝、芫荽、胡萝卜等采种田块相邻，以免增加蚜虫密度，诱发病毒病。要求土壤pH在7.0左右，有机质含量高，耕性好，周围无障碍物遮光。

2. 施足基肥，适时定植，合理密植

番茄需肥量大，要施足底肥，每公顷施腐熟有机肥75 000kg、磷酸二铵450kg、硝酸钾225kg、硝酸铵150kg。

父母本一般采用分块定植方式，采取宽窄行定植，一般宽行70cm，窄行40cm，株距38cm左右，每公顷定植48 000株；母本田定植为便于人工授粉，可适当放宽行距，缩小株距的宽窄行定植方式；父本田定植一般在母本田附近的另一块地集中定植，为增加花粉量，可适当增加密度或多留侧枝。

（四）田间管理

1. 水肥管理

灌水要根据不同的生育期对水分的需求规律及土壤墒情进行。定植后浇 1 次缓苗水，而后 10 天内不再灌水，进行蹲苗，蹲苗结束后浇第 2 次水，并随灌水每公顷追施尿素 150kg，灌水后适时中耕。植株进入开花结果期，每公顷增施硝酸钾 225kg，以促进植株对氮、磷的吸收，增强植株抗病性。第 3 花穗果实坐稳后，每公顷追施氮磷钾三元复合肥 225kg，然后每隔 8～10 天叶面喷施 0.3%磷酸二氢钾溶液，连续 2～3 次，促进果实膨大，提高结实率。

2. 植株调整

番茄进入始花期，要及时搭架绑蔓。结合绑蔓进行整枝，采用单杆整枝法，只保留主枝向上生长，将其余侧枝全部打去。要及时打掉下部的老叶、黄叶、病虫叶，以利通风透光。

3. 杂交授粉

（1）准备用具：准备镊子、取粉器、干燥器、贮粉盒、授粉器（橡皮指套、拉长玻璃管）、75%乙醇和冰箱等。

（2）去杂：授粉开始前，拔除父本和母本的不纯株或变异株。去杂应遵循“宁可错拔，不可漏拔”的原则。要及时清除自交果，去杂应由有丰富经验的育种人员和技术人员进行。

（3）母本的选花与去雄：番茄的花在开放而又没有散粉时授粉，其坐果率高，单果种子数多。因此，选择花蕾时，以花冠大且呈淡黄色、并且不开放为原则，尽量选用大花蕾去雄，以选择将在 6～12 小时后开花的花蕾为最好。常采用镊子或徒手去雄，使用镊子时，用左手拇指与食指轻轻夹住花的基部，用镊子将花瓣轻轻拨开，镊子尖端将花药剥除，切忌碰撞子房。徒手时用左手的拇指与食指和中指轻轻握住花蕾的基部，右手的拇指、食指和中指握住花冠上部，顺时针轻轻旋转花冠，再返回，左、右手轻轻拉，就能将花药、花冠同时全部从花朵上除掉，达到去雄的目的。

（4）父本花粉的采集：每天 17:00～19:00 采集父本花粉，应采集花粉未散出、花冠白而未开放的花朵取花药，集于白纸袋中，放置于干燥处。过夜后将干燥的花药轻压，使花粉散落出来，然后用 100～150 目的筛子筛取花粉。最好使用当天采集的新鲜花粉授粉，但干燥的花粉可保存 2～3 天，在 4～5℃干燥条件下花粉保存 15～20 天仍可授粉。

（5）授粉与标记：授粉时左手拇指与食指轻轻夹住花的基部，右手将花粉管轻轻靠近花柱，让花柱柱头沾上花粉。授粉时动作要轻，不能碰伤花柱和子房，否则会引起落花。授粉宜选择在 8:00～10:00 进行，盛花期也可在 17:00 以后进行，遇雨时第 2 天上午可重复授粉一次。授粉后剪去两萼片作为杂交标记，也可用有色线、印油等方法标记。标记时要做到边去雄、边授粉、边标记。

（6）田间检查整理种株：授粉全部结束后，对每一株种株都要认真检查，把没有标记的果及花、蕾、腋芽全部摘除，顶端保留两片叶摘心。

（7）种子采收：完全红熟的果实采收后可直接收种，而没有完全红熟的果实应适当后熟，然后取出种子。取种时，用刀沿果实中部横切后，挤出种子和汁液放在瓷器内，然后置于 25～30℃下发酵 1～2 天，捞出后冲洗干净，置于通风干燥处晾干，严禁将种子放在水泥场或金属器皿中暴晒。每亩制种产量一般可达 20kg 左右。待种子含水量小于 8%即可入库。

（8）种子质量检验：种子质量按 GB 16715.3—2010《瓜菜作物种子 第 3 部分：茄果类》进行检验。

三、病虫害防治

常发生的病害有病毒病和早疫病，虫害有蚜虫和白粉虱。

病毒病发病初期喷洒 20%病毒 A 可湿性粉剂 500 倍液防治；早疫病可用 2%农抗 120 水剂 200 倍液或 75%百菌清可湿性粉剂 600 倍液交替防治。

蚜虫可选用黄板诱杀或 10%吡虫啉可湿性粉剂 2000～3000 倍液防治；白粉虱可用黄板诱杀或 1.8%阿维菌素乳油 1500 倍液防治；棉铃虫在 3 龄以前喷施 2.5%溴氰菊酯乳油 3000 倍液防治。

第五节 甘肃设施番茄高产高效栽培技术

一、日光温室番茄高产高效栽培技术

（一）温室的选择

从严寒的 12 月到翌年 2 月，温室番茄生长受到低温弱光的胁迫与影响，生长速度缓慢，果实着色差，病虫害严重，产量下降。根据番茄的生育特性及对环境条件的要求，要进行番茄越冬栽培，温室结构必须进行优化设计，设计建造采光好、升温快、蓄热和保温性好等综合性能优良的新型日光温室或茄果类专用型温室。使温室 50%以上的采光屋面达到或接近合理采光屋面角，早晨升温快，蓄热好，温室保温性能达到 30～35℃，在严寒季节温室内最低温度不低于 10～12℃，同时注意覆盖物的保温效果。设施环境是作物优质丰产的基础条件之一，因此要力争满足适合番茄生育的最佳环境条件，才能获得栽培成功，达到丰产增收，创造好的经济效益。

（二）棚膜的选择

日光温室多用聚氯乙烯（polyvinyl chloride，PVC）无滴膜或聚乙烯（polyethylene，PE）膜。PVC 膜透光率高于 PE 膜，保温性好，抗拉伸能力强。但在使用过程中由于增塑剂析出，表面易吸附尘土，加上静电吸尘而使透光率大大降低，用于对光照要求稍低于茄果类的黄瓜、番瓜等比较合适。PE 膜可见光透光率低于 PVC 膜，保温性稍差，但紫外线透过率高于 PVC 膜，对果实着色和抑制徒长有良好作用，并抑制某些病害的发生。但由于它不含增塑剂，在使用过程中无增塑剂析出，仅有静电吸尘作用，灰尘易清除，覆盖后期透光性仍比较好，因此适合对光照要求高，果实需要着色的茄果类蔬菜使用。

最近国内已开发出一种透光及保温性好、防雾滴持效期长、防尘效果好、强度高、使用寿命长的“醋酸聚乙烯（polyethylene vinylacetate，EVA）膜”（亦称高保温日光膜）。它是一种既克服了 PE 膜保温性差的缺点，又使覆盖后期透光率高于 PVC 膜及 PE 膜。根据试验研究发现，EVA 膜的测试有以下优点：在同等厚度下，透光率 EVA 膜比 PE 膜高 15%～20%，且衰减慢；由于加入了保温剂，增温快，保温性好，比 PE 无滴膜平均温度高 2～3℃，比 PE 普通膜高 3～4℃，流滴期长，一般流滴期超过 6 个月，流滴状态好，有利于增加棚膜的透光率，降低棚内湿度，减轻作物病害。它不含增塑剂成分，使用中无增塑剂析出，仅有静电吸尘，可保持扣棚全期透明度。EVA 膜密度小，虽然它每千克价格略高于 PVC 膜，同厚度，同质量，覆盖面可比 PVC 膜多 30%以上，因此覆膜成本仍低于 PVC 膜。EVA 膜一般可使用两年以上。如上所述，EVA 膜是一种比较理想的用于日光温室茄果类栽培的棚膜。使用 EVA 膜应注意的是它增温快，要及时通风，且因它遇到高温时易发生粘连，所以在炎热的夏季揭膜后应存放在干燥阴凉处。该膜有内外层之分，扣棚膜时膜的外层扣在里面（即有字的一面在棚室内），内层扣在外面，扣错会影响防雾滴效果。在使用第 2 年发现防雾滴效果不佳时，可用“喷雾无滴剂”局部喷雾。

（三）品种选择原则

（1）选用在低温、弱光（光照弱、光照时间短）或阶段高温、低温条件下，生长发育及结果性状好（对温度适应性好）、持续结果能力强、不易早衰的品种。

（2）选用大果型并易于坐果的品种。这是因为低温弱光条件下，大果型品种即使果实未能充分发育，但其商品果仍可基本达到大果个头，而中小果型品种，在冬季棚室则会失去一定程度的商品性。

（3）植株栽培性状好，适合保护地栽培。如株型紧凑，叶量少，叶片稀疏、有利株间通风透光的品种，以增加棚室内群体受光面，减少生理病害，促进果实转色等。

（4）选用抗或耐保护地常发病害品种。日光温室栽培因低温高湿、高温高湿、弱光、通风不良、轮作困难等，有利于病原菌生存和传播，如灰霉病、叶霉病、早疫病、病毒病、根结线虫病等极易发生。因此要选用综合抗病性强的品种。

（5）选用果实商品性好的品种。要求选择果面光滑、果实圆整、上下层果实大小一致、色泽鲜艳、着色一致、畸形裂果率低、风味品质佳的品种。

（四）日光温室茬口安排

1. 前后茬安排

日光温室番茄生产是在冬季严寒弱光条件下进行的反季节栽培，一般从头年9月（定植）开始，大致可抵翌年6月结束。茬口的选择一是前后茬作物的种类；二是季节即栽培时间的安排。番茄最好的前茬是葱蒜蔬菜，其次是豆类、瓜类蔬菜，最次是白菜类、甘蓝类、绿叶菜类。有的地区采用番茄与大田作物小麦等轮作，效果也比较好。

前后茬作物的选择。根据无公害蔬菜要求，一般应避免与茄科作物重茬连作。常见的前后茬有瓜类，如黄瓜、番瓜；叶菜类有甘蓝、油菜、芹菜等。生产上多是秋冬茬（秋延后茬）番茄，后茬其他蔬菜；或前茬其他蔬菜，冬春茬（早春茬）番茄，两茬结合提高日光温室总效益。

2. 生产上常见的几种茬口安排

（1）秋冬茬番茄—早春茬黄瓜或西甜瓜：番茄7月中下旬育苗，8月下旬定植，11月上中旬到12月上旬开始采收，翌年1月中旬拉秧。早春茬黄瓜或西甜瓜在12月底育苗，翌年2月10日左右定植，黄瓜3月中下旬开始采收，西甜瓜4月下旬至5月采收。

（2）秋冬茬芹菜—早春茬番茄：芹菜在8月初至中旬直播或移栽于温室，元月中旬采收完。番茄头年12月育苗，翌年2月中旬定植，4月下旬开始采收。

（3）秋冬茬番茄—早春茬茄子：番茄10月初育苗，11月中旬定植，翌年1～2月采收。茄子11月初育苗，翌年2月初定植，3月中下旬采收，可收至7～8月。

（4）秋冬茬（秋延后茬）番茄：特点是育苗期气温高，易导致病虫为害，定植时气温开始下降，病虫有可能进入温室越冬为害。坐果至采收外界气温逐渐下降至严寒，不利于果实成熟及糖分转化。因此这一茬口技术难度较大，主要供应期在元旦至春节，虽然产量相对不高，但经济效益显著。

（5）冬春茬（早春茬）：特点是育苗期或定植期正处在低温、弱光季节，管理难度大。但幼苗至开花坐果期大多在严寒将过之时，气温逐渐升高，光照增强，有利于获得早熟丰产。采收期一般在塑料大棚番茄上市之前，通过高产及适当延长供应期取得经济效益。品种多选用大果、丰产的早熟品种或中晚熟品种。

（6）越冬一大茬：特点是育苗正值夏末秋初高温、强光、多雨季节，病虫害发生多，秋后定植于日光温室内，利用秋季高温及光照强的有利时机，抓紧坐住 3 穗果，在寒冬低温弱光阶段，加强管理，单株留果 10 穗以上。到春夏来临后加强水肥管理，防止植株老化，一直采收到翌年 6 月。这一茬口风险较大，技术要求高，但严冬有番茄供应市场，产量高，经济效益好。

由于栽培技术的发展，番茄已经实现了周年供应，茬口安排主要是从获得经济效益的高低及栽培技术的难易进行选择。

（五）日光温室番茄越冬一大茬栽培技术

越冬茬番茄一般在夏末到秋初育苗，初冬定植到温室，冬季开始上市，日光温室越冬栽培番茄是生产番茄技术难度最大，但效益最高的茬口。越冬茬栽培一般是 7 月下旬至 8 月上旬育苗，9 月上中旬定植，12 月上中旬开始采收，可延长到翌年 3～4 月，甚至可到 6 月结束。主要供应期在元旦至春节，一直到塑料大棚番茄上市。

1. 品种选择

冬春季节日光温室光照弱、时间短、温度低，选择耐低温、耐阶段高温、抗病、再生能力强的品种。无限生长型的品种适于全年一大茬栽培，目前优良的品种有东农 712、中杂 106 号、迪芬尼、陇番 10 号、陇番 11 号、陇番 12 号、齐达利、劳斯特等。

2. 培育壮苗

一般进行育苗移栽。要注意防治病虫害，如蚜虫、晚疫病等。采用高畦育苗，注意排水，防止秧苗徒长。苗期为 30～35 天。高温季节育苗幼苗期一怕暴晒，二怕雨淋，三怕高温，四怕徒长。为了培育壮苗要采取以下措施。

（1）种子消毒：先用清水将种子浸泡 3～4 小时，再用 10%磷酸三钠溶液或 500 倍高锰酸钾溶液浸种 20 分钟后，用清水反复冲洗以防治病毒病；15%甲醛溶液浸种 15～20 分钟后，用湿布包好种子闷 2 小时左右可以减轻早疫病为害；也可选用 50℃左右温水浸泡 20 分钟，然后用 1%甲醛溶液浸泡 10～15 分钟，可以减轻溃疡病及病毒病的为害。

（2）浸种催芽：将消毒处理后的种子放入容器内，再倒入种子体积 5～6 倍

50℃左右的温水，不断搅拌，并补充热水保持10～15分钟，水温降至室温后，再浸泡6～8小时，将种子沥干后播种，按每克约230粒，成苗率60%，每公顷定植60 000株计算，每公顷播量450～750g。

（3）苗床准备：选择地势高、土壤疏松、肥力好的地块，前茬避免茄科作物。搭遮阳棚，苗床宽1m左右，床上荫棚必须有一层塑料薄膜以防雨水进入。膜上用秫秸等做成间隔一指或二指间隙的遮光帘，既透光又遮阳。也可在棚膜上喷泥水，以达遮阳目的，避免阳光直射。下雨时在荫棚上覆薄膜，防止小苗淋雨，晴朗的热天中午要用帘子遮阳，防止秧苗被烈日暴晒。苗床营养土用非茄科耕作土，与腐熟优质农家肥、磷酸二铵、草木灰按7∶2∶0.5∶0.5比例均匀混合过筛，2/3铺于床面，1/3下种后盖于种子上。同时，在苗床上面设置遮阳网以减弱光照，降低温度，避免徒长及病虫发生为害。

（4）播种：播种时在苗床上浇透底水，水渗完后，按每平方米10～15g撒籽，也可按株行距10～15cm穴播，每穴播2～3粒种子后，覆盖1cm左右经处理的营养土。覆土的目的是保证幼芽有适宜的水分、温度和空气，这有助于子叶脱壳出苗。覆土要均匀，厚薄要一致。为了保证出苗，可在畦面上覆盖一层细沙，以保持畦面湿润。出苗后每穴留一株，拔掉多余的幼苗。

（5）苗期管理：若温度适宜，播后4～6天即可出齐苗。子叶期应控制灌水。过密的地方适当间苗，间距1cm左右，当长到2～3片真叶时分苗一次。分苗床准备同育苗床，分苗营养面积10cm×10cm左右，分苗后充分浇水以利缓苗，分苗均为单苗。如进行穴播的在两叶一心时，每穴留一健壮苗，其余全部剪去，不再分苗。在育苗期应注意及时松土除草，防治病虫害，苗龄要短，一般30～35天，夏季高温多雨的季节育苗，各种病害均较严重，可在育苗期间喷洒1～2次500倍液的百菌清或杀毒矾进行防治。苗期要及时防治蚜虫为害，还要喷洒病毒A和植病灵预防病毒病。后期控制浇水和防止雨水浇透，造成秧苗徒长。用矮壮素0.1%～0.15%喷洒叶片，喷洒2次，以防止幼苗徒长，有利于培植壮苗。待秧苗5～6叶时即适当控水蹲苗，准备定植。

（6）壮苗标准：苗高20～25cm，节间较短、茎秆粗壮。具7～8片真叶，叶色浓绿，叶片呈手掌形，小裂片较大，叶柄短粗。叶肉厚，叶脉粗而隆起，叶片先端尖、有光泽，无病虫为害。

3. 定植

（1）整地施基肥：前茬最好为瓜类及叶菜类蔬菜，前茬收获后深翻暴晒。基肥每公顷撒施农家肥150 000kg以上，并于畦底集中施油渣2250～3000kg，磷酸二铵复合肥600～750kg或过磷酸钙3000kg。浅翻后南北向作高畦，畦沟宽70cm，畦面宽60cm，畦高15cm。磷酸二铵也可在定植时点施于两株苗之间。在畦面中央开 10cm 深的水沟，待气温降低后覆盖地膜形成暗沟。也可在畦面按行距开定植沟，按株距定植，浇定植水，渗水后自行间取土封行，在畦面上覆盖地膜形成灌水暗沟。在冬季日光温室内进行畦面暗沟灌水，其好处是宜于控制灌水量，节约用水，减少蒸发，利于保持土壤温湿度，促进根系生长发育，降低温室内空气湿度，减轻病虫害发生。

（2）棚室消毒：定植前 7 天每公顷棚室用 1200g 敌敌畏、3750g 锯末，与 30～45kg 硫磺粉混合，分 10 处点燃，密闭一昼夜，放风后无味时定植。或在 7～8 月前茬作物收获后，将铡碎的麦草按每公顷 3000kg 均匀撒于地面翻入地中，灌足水，覆盖棚膜暴晒 15 天，进行土壤消毒（土温达 50℃以上）。

（3）定植：定植前一天严格灭蚜一次，并在苗床内灌足水，定植时边裁苗边定植，定植时先覆膜的可在畦面上按株行距开口定植，再用土将定植孔封好；未覆膜的按株行距定植后，再覆膜引出苗子，将定植孔封好。培土后浇足定植水。有滴灌条件的可在定植覆膜的同时安装滴灌设施。

定植密度根据品种特性及选留的果穗数确定。选用中晚熟品种，畦面上行距 50cm，株距 30cm，每亩 3000 株左右。为了便于操作及通风透光，有些地方栽培中适当加大畦沟宽行距，可根据情况参考应用。定植 1 周后如气温高、地干，应再浇一次水。

（4）扣棚及遮阴：一般有 3 种做法。一是定植前即扣上棚膜，但将大棚前沿底部棚膜卷起 0.8～1.0m，顶部开缝以便通风降温，但必须在通风口加盖防虫网，同时在棚膜上加盖遮阳网可起到降低光照和温度的目的。二是先不扣棚膜，先扣黑色尼龙网纱或银灰遮阳网，降低光照和温度，并可减少蚜虫、白粉虱、斑潜蝇等迁入温室为害。待 9 月下旬气温降低后撤去遮阳网，再扣棚保温。三是定植前期不扣任何覆盖物，待气温下降后再行扣棚，同时在通风口加盖防虫网，但必须注意防治病虫害和控水排涝。

4. 定植后的管理

（1）温度管理：由于秋季定植后温度高易于缓苗。缓苗后前期温度稍高，超过 30℃时应设法降温，夜间在 15～18℃为宜。进入开花坐果期后，白天 20～25℃，夜间 13～17℃。进入坐果期及果实膨大期后，果实逐渐膨大成熟，应适当提高温度，白天 28～30℃，夜间 15℃左右。这样管理的原则是保持番茄的正常生长及开花结果，上午光照充足，温度适当高一些，有利于吸收养分和加强光合作用，午后到夜间光照减弱，光合作用强度逐渐缓慢，使光合产物尽快运转到果实等部位，夜间温度降低使呼吸消耗降到最低限度。这就是番茄的三段变温管理原则。进入结果期后，三段变温管理的指标是白天 9:00～17:00 时 25℃以上，前半夜 17:00～22:00 时 15℃，地温 18～20℃，后半夜 22:00 至次日 7:00 时 10℃左右，清晨尽快升温。

温度管理要根据天气变化及温度状况掌握好盖草帘的时间，如果气温降低，应及时加盖草帘保温，未覆地膜的及时盖上地膜。

由于第二代日光温室增温快，保温性好。因此在上午温度上升后应注意及时放风，定植前期要晚盖草帘，后期下午要提早盖草帘以保证室内不同生育时期的夜温要求。

为了减少病害发生又满足番茄对水分的要求，在掌握好灌水技术的基础上，重视通风换气，一般控制空气相对湿度为 50%～65%。

（2）水肥管理：缓苗水浇过后应中耕松土控制灌水。到第 1 穗果膨大到核桃大，第 2 穗已坐果，第 3 穗正开花坐果时浇第 2 次水。以后第 2 穗果、第 3 穗果膨大时要及时灌水。前期气温高，灌水应在早上或夜晚于畦沟内灌水；随着天气变冷气温降低，应在畦面上进行膜下暗灌或滴灌。追肥一般结合灌水进行，追肥量不宜过大，以免植株过于繁茂，每公顷每次追施磷酸二铵 150～225kg 或尿素 300kg。当第 2 穗果膨大时可喷 0.3%磷酸二氢钾溶液进行叶面追肥。

（3）光照调节：番茄是喜光作物，越冬茬进入结果期后，光照逐渐减弱，光照时间变短。因此在不影响保温的前提下，应通过揭盖草帘延长光照时间，温室内通过植株调整及搭架，张挂反光幕增加光照。

（4）植株调整：日光温室冬春茬番茄生育期较长，传统的单干整枝已不能适应高产栽培，现已有几种改进型的整枝方法。

第一种是主蔓留 3 穗果摘心，然后选留一个最壮的侧枝，再留 3 穗果摘心，每株番茄留 6 穗果。每次摘心都要在第 3 花序前留 2 片叶，摘心宜在第 3 花序开花时进行。

第二种是连续摘心换头，当主干第 2 花序开花后留两片叶摘心，留下紧靠第 1 花序下面的一个侧枝，其余侧枝全部摘除，第 2 花序开花后用同样的方法摘心换头，如此反复多次即可。

第三种是单株栽培，即只保留主茎生长，除去全部侧枝，其优点是利于密植，操作方便，果实发育快，采收集中。第 1 次整枝打杈应在第 1 花序下侧枝长到 10cm 时进行，可避免植株徒长，以后应及时摘除所有侧枝，当第 1 穗果实达到绿熟期后，下面叶片可全部摘除。为了获得高产、延长结果期，可留 12～14 个花序后再留 2 片叶摘心，这样可采收到翌年 5～6 月，若留花序多茎蔓过长，可在下部果实采收后摘去老叶进行落蔓。

（5）疏花疏果：为保证果实的商品性，应根据品种及时疏花疏果。一般小果型品种每穗留 4～5 个果，大果型品种留 3～4 个果，保证果实硕大，形状整齐美观。

（6）番茄立支架、吊蔓、绑蔓及落蔓技术。

植株茎蔓用支架支撑，也可用聚丙烯带吊在棚架上。特别是无限生长类型品种，生长期长，植株高，结果多，要求支架坚固，立支架的插架不可离植株过近。番茄植株达到一定高度时，就必须插架，架材可用竹竿。吊蔓时将绳的一端固定在日光温室棚架上，绳的另一端绑上短竹签插入土中，绳子要拉紧，避免植株倾斜，随着植株的生长，及时将茎蔓缠绕在绳上，采用吊蔓方式可以减少遮光。

植株进入开花坐果期后要及时进行绑蔓。一大茬栽培生长期长、坐果多，一般每穗果都要绑蔓，将绳索捆绑在果穗的上部叶片之间。植株下部绑蔓时捆绑应松一些，为主茎的生长留有余地，植株摘心后用绳索将主茎绑紧，以防因果实增多使茎蔓下坠。也可采用绑蔓器进行绑蔓，绑蔓器以专用 PVC 绑带为绑绳，用订带来打结，单手操作即可完成绑蔓，操作效率是人工绑蔓的 3～4 倍，而且绑蔓器小巧玲珑，操作方便、劳动强度较小。

由于番茄茎部为半木质化，所以要选在晴天下午茎秆不易折断时进行落蔓。每株旁边插 1 根 1m 长的竹竿，竹竿的上端系 1 根塑料吊绳，吊绳上端系在专设的南北向钢丝上（也可全用竹竿）。除前沿第 1 株外，竿和绳总高度约 2m。每 6 株为 1 组，每株下部收获 3～4 穗果，单株高度约 2m 时开始落蔓。每组从南向北第 1 株沿地面匍匐到第 3 株基部并绑在竹竿上，再将植株上半部斜绑在第 4 株竹竿上，并绑上下两道，使植株直立，同时摘除近地面的叶子。第 2 株绑在第 4 株竹竿基部，上部斜绑在第 5 株竹竿上，同样方法第 3 株绑在第 5 株、第 6 株上。第 4 株、第 5 株、第 6 株则倒过来从北往南以同样方法落蔓。落蔓后，拉破匍匐茎下的地膜，使茎紧贴地面，上面压上湿土，待长出不定根后，植株生长量和抗逆性将大大增强。

也可采用自动收放式吊蔓器进行吊蔓、落蔓。该吊蔓器包括底板和线盘体。底板中央处有一中心轴，拉杆下方有一弹性开关；线盘体由偏齿轮和弹簧、拉杆和弹性铁片、蓄线盒组成，三者连为一体。其中偏齿轮、蓄线盒穿过中心轴固定在底板上。弹簧的两端分别与蓄线盒和偏齿轮相连，吊绳放线时通过偏齿轮顺时针旋转压缩弹簧，通过弹性铁片卡住偏齿轮停止放线；收线时按下弹性开关，将拉杆向下移动，弹性铁片向上移动离开偏齿轮，通过弹簧的弹力逆时针自动收线。采用吊蔓器省时省力，使用方便。

（7）防止落花落果。

人工授粉蘸花：冬春茬番茄开花期难免遇到阴雨和灾害性天气，温度偏低，光照不足，影响授粉受精，导致落花，需要用激素处理，低温时浓度高些，高温时浓度低些。用生长素蘸花是防止日光温室高温、高湿、弱光下落花落果的主要措施。生长素处理时用毛笔蘸药液涂抹在初开放的花柄处，这样可防止畸形果产生。为防止重复蘸花，药液中加红广告色或墨汁以示标记。使用生长素还可促进果实发育，提早成熟。常用的生长素及使用浓度为：2,4-D，浓度 10～20mg/kg；番茄灵，浓度 25～50mg/kg；番茄丰产剂，10ml 装药液加水稀释 50～70 倍。根据无公害生产要求尽量避免使用 2,4-D。

熊蜂授粉：熊蜂适应性广，在低温、弱光条件下仍能飞行，熊蜂对番茄花粉的特殊颜色及挥发气味特别敏感，授粉效果极佳，有利于改善果实外观及内在品质。一般每公顷放置 15 箱熊蜂即可，蜂箱应放在离地面有一定高度的荫凉处，蜂箱放好后，其位置及出入口朝向就不能再变动，否则熊蜂找不到出入口。授粉期间要尽量减少有毒农药的使用，如需喷药，则必须先把所有的熊蜂赶进蜂箱内。此外，操作人员要避免穿蓝色衣服或使用有芳香气味的化妆品，以防被熊蜂蛰咬。

番茄授粉器授粉：授粉时打开电源，将授粉器轻轻触碰花穗基部，当看到花粉散落，即完成授粉。番茄授粉器授粉用时只是激素蘸花的 1/4，而且劳动强度显著降低。在天气晴好，周围条件优越的情况下，用授粉器授粉坐果率略高于激素蘸花或与之持平，即使在恶劣环境条件下，采用授粉器授粉坐果率仍不低于激素蘸花。采用番茄授粉器授粉的番茄，果实整齐，大小均匀，畸形果率极低，果形好，商品性好。而且还可以预防灰霉病发生，用番茄授粉器授粉的果实在生长发育过程中，残留的花瓣都自然脱落。而采用传统的激素蘸花方式，残花尤其在阴雨潮湿天气时，成为灰霉病菌滋生的最佳场所。与熊蜂授粉方式相比，授粉器授粉不受温室内温度和湿度的严格限制，更加方便快捷且成本降低。

5. 采收与催熟

番茄开花到果实成熟，早熟品种 40～50 天，中晚熟品种 50～55 天。由于越冬茬果实成熟时正值低温弱光季节，果实物质转化慢，时间可能更长一些。采收标准根据用途及销售远近而定。绿熟期果实即可采收，将其置于 20～25℃的室温下后熟，可增强酶活性，促进番茄红素形成，使果实转红，但效果较慢。使用化学药剂处理，一般利用乙烯利催熟，采用青果浸药法和涂果法。浸果法是将已采收的绿熟果用 0.1%～0.2%浓度的药液，浸果处理 1 分钟或喷果，置于 25℃条件下催红，可提前 5～7 天上市。涂果法就是把药水配好后戴上手套蘸药水涂抹一下果实即可。另外也可以用 0.05%～0.1%浓度的药液田间喷洒，注意不要喷到植株上部的嫩叶上，以免发生黄叶。按无公害生产技术要求，不提倡使用乙烯利。若非特殊需要，可不进行催熟处理。采摘后的番茄，还应根据大小、色泽、果形圆整程度、有无病斑及虫眼等进行分级装箱（筐），以提高番茄的商品性。由于越冬茬番茄采收期正值深冬季节，尽量延长其供应期，可获得较好的经济效益。

二、塑料大棚番茄高产高效栽培技术

（一）塑料大棚类型及棚膜选择

近年来由于生产水平的提高，有条件的单位及园区已大量使用镀锌钢管（骨架）装配式塑料大棚。它的类型及生产厂家很多，根据番茄生育特性及对环境条件的要求，选择采光及保温好，空间大、操作方便，最好可进行小型农机耕作的塑料大棚。具体要求应达到矢高 2.4m 左右，跨度 6～8m，长度 30～60m 及以上，并配套有开窗及卷帘设备。

如无条件使用装配式大棚，用竹木、水泥柱搭建也要尽量达到以上要求。棚内立柱最多两行以减少遮光，并且搭建牢固，以抵御不良气候条件的为害。

由于春、秋阳光充足，光照条件好，因此选择醋酸聚乙烯膜、聚乙烯膜、聚氯乙烯膜均可。

（二）品种选择原则

北方塑料大棚春提早生产，根据不同的栽培目的选用不同的品种。如以春季提早采收为目的，就应选择早熟自封顶类型的矮秧品种。选用这种类型品种时，除考虑丰产优质抗病虫害以外，还要求品种耐低温，在低温下坐果性好，果实发育快，采收集中。如不完全追求提早采收，而要兼顾采收时间长短及产量，则要选择无限生长类型品种。如以优质、丰产为主要目标，还因栽培后期已到炎热夏季，因此品种的抗病虫能力及耐热性也要好。秋延晚品种重点考虑优质、丰产、抗病性。

（三）北方塑料大棚春提早栽培技术要点

1. 育苗时间

由于塑料大棚保温能力不如日光温室，因此早春茬定植时间，应以秧苗能经受且不影响正常生长发育的最低温度界限为标准，即为安全定植期。因此育苗时间确定是以当地安全定植时间按苗龄倒推的日历数。例如，兰州地区一般在 3 月下旬定植较为安全，按苗龄 60～70 天计算，育苗时间倒推为 1 月下旬。苗龄过短，幼苗太小，定植后开花结果延迟；苗龄过大，易成为“小老苗”，定植后缓苗慢，容易落花落果。育苗方法及壮苗指标参照日光温室栽培技术。

2. 提前建棚、扣膜烤地

塑料大棚骨架最好能在年前安装搭建完备。如来不及，当年也要在定植前 1 个月建好，并提前 15 天扣棚烤地，一般在大棚内夜间最低气温稳定在 4℃以上，10cm 地温稳定在 10℃以上时即可定植。

3. 整地、施肥、做畦与定植

参照日光温室栽培技术部分进行。

4. 定植后管理

塑料大棚春茬栽培的技术关键是温度管理，主要防止早春低温冻害及冷害。主要措施有：选择优良品种，确定适宜育苗、定植期、培育壮苗，提前扣棚烤地等，温度过低时还可在棚内进行多重覆盖，进行保护。同时注意掌握放风时间，尽量使棚内多蓄积热量，使秧苗安全生长。随着秧苗生长进入温暖季节后，保温与通风降温对立而统一，根据气温变化灵活掌握，保证正常开花结果。进入夏季气温逐步升高，就要上午提早放风，下午推迟关闭棚门的时间，避免高温造成为害。

水肥管理、搭架、植株调整、整枝、保花保果、采收等均参照日光温室栽培技术进行。

（四）北方多层塑料覆盖番茄栽培技术要点

大棚保温效果为5℃左右，使大棚番茄的定植期可比露地提前30天左右。例如，甘肃省中部地区，终霜期一般是在4月20日以后，番茄等喜温蔬菜露地栽培应在终霜期后定植，大棚栽培可以在3月20日后定植。

一般小拱棚保温效果约3.5℃，春天比露地早15～20天，番茄小拱棚栽培就可以在4月上旬定植。

一般无纺布或微棚覆盖保温效果1.5～2℃，春天比露地早7～10天，无纺布或微棚覆盖番茄栽培可在4月10日后定植。

我国北方地区常见的多层塑料覆盖番茄栽培方式有如下几种。

（1）大棚+小拱棚双层覆盖：保温效果约8℃，春天比露地早45天，大棚加小拱棚双层覆盖栽培可在3月上旬定植。

（2）大棚+小拱棚+无纺布三层覆盖：保温效果约10℃，春天比露地早50天，采用三层覆盖栽培可在2月下旬定植。

（3）小拱棚+无纺布双层覆盖：保温效果4.5～5℃，春天比露地早25～30天，双层覆盖栽培可在3月下旬定植。

（4）大棚+双层幕+小拱棚+无纺布+四周草苫五层覆盖：保温效果约17℃，春天比露地早65天左右，采取这种五层覆盖栽培可在2月中旬定植。

（五）北方塑料大棚秋延后栽培技术要点

1. 育苗时间

塑料大棚秋延后栽培番茄，气温由高逐渐降低，直至初霜降临，生育期较短。因此育苗时间确定是以当地早霜来临时间按苗龄倒推的日历数。一般单层塑料薄膜覆盖以早霜前 110 天左右播种比较适宜。育苗方法及苗期管理参照日光温室秋冬茬栽培技术。

2. 定植后管理

塑料大棚秋延后栽培的技术关键是温度管理。前期主要是降温、防雨、促缓苗、防徒长、保花保果。将塑料大棚四周棚膜卷起来，尽量加大通风量。第 1 穗果膨大前严格控制灌水，及时中耕、除草。开花期用番茄灵等及时点花，防止落花落果。第 1 穗果进入迅速膨大期后，外界气温开始降低，此时要注意保温，白天可适当防风，夜间要盖严塑料薄膜。进入盛果期后，及时灌水、追肥，白天加大通风，夜间要注意保温，必要时可以采用多层覆盖来提高夜间温度。当外界气温低于 5℃左右时，应将全部果实收获，未完全红熟的果实可以采用乙烯利催熟上市。

三、保护地番茄主要病虫害防治技术

（一）主要病害及其防治

贯彻预防为主，综合防治的方针。坚持以农业防治和物理防治为基础，生物防治为核心，科学使用化学防治技术，达到无害化防治的目标。

1. 黄化曲叶病毒病

（1）主要症状

番茄植株感染病毒后，初期主要表现生长迟缓或停滞，节间变短，植株明显矮化，叶片变小变厚，叶质脆硬，叶片有褶皱、向上卷曲，叶片边缘至叶脉区域黄化，以植株上部叶片症状典型，下部老叶症状不明显；后期表现坐果少，果实变小，膨大速度慢，成熟期的果实不能正常转色。番茄植株感染病毒后，尤其是在开花前感染病毒，果实产量和商品价值均大幅度下降。

一般越冬茬番茄在 10 月中下旬开始零星发生，11 月病情加重，发生区域迅速扩大，12 月后病害传播减慢。翌年 2 月之后，随着气温回升，烟粉虱发生加重，病害逐渐加重。该病在温室中可周年发生，传播迅速，低密度的烟粉虱就能导致病毒的迅速扩散与流行。

（2）防治方法

选用抗病品种，如金棚 10 号、苏粉 12 号、迪芬尼、齐达利、飞天、欧官等。

农业防治：及时摘除老叶和病叶、清除田间和大棚四周杂草等措施，可以降低烟粉虱虫口密度，减少发病。

物理防治：一是防虫网覆盖，育苗期间有条件的可使用 40 目以上防虫网覆盖，阻隔烟粉虱进入苗床；二是黄板诱杀，在温室内设置黄板，黄板底部略高于植株顶端，每公顷放置150～225块。

化学防治：当烟粉虱零星发生开始，交替用25%扑虱灵可湿性粉剂1000～1500倍液，或25%阿克泰水分散粒剂2000～3000倍液喷洒；或在保护地内每公顷用22%敌敌畏烟剂3kg烟熏，结合灌水或喷水进行，确保烟熏时土壤湿润（胡志峰等，2014c；张少丽等，2014）。

2. 早疫病

（1）主要症状

叶片发病初期，病斑为暗绿色水浸状小斑点，扩大后呈圆形或近圆形病斑，稍凹陷，边缘深褐色，上有较明显的同心轮纹。潮湿时，病斑上出现黑色霉状物，病叶常变黄脱落或干枯致死。茎部受为害时呈灰褐色凹陷的长形病斑，可致使茎部倒折。果实被害时，先从萼片附近形成圆形或椭圆形的病斑，凹陷，后期果实开裂，提早变红。

（2）防治方法

选用抗病或耐病品种；与非茄科作物实行3～4年的轮作。

农业防治：采用小水膜下暗灌或滴管等措施降低棚内湿度，灌水后适当延长午后通风时间。

化学防治：在发病后喷洒65%代森锰锌可湿性粉剂500倍液，或多菌灵可湿性粉剂800倍液，连续进行2～3次，每次间隔7天左右；或用45%百菌清烟剂，每公顷用药3750g，密闭2～3小时，效果较好。

3. 叶霉病

（1）主要症状

该病主要为害番茄叶片，严重时也可侵染叶柄、茎、花和果实。发病时叶片正面出现椭圆形或不规则形淡绿色或淡黄色褪绿斑，直到整个叶片枯黄。叶背面形成近圆形或不规则形白色霉斑，病情严重时，霉斑布满叶背面，颜色变为灰紫色或墨绿色，引起全株叶片由下向上逐渐卷曲。果实和花亦可发病。

（2）防治方法

选用抗病品种。棚室消毒：定植前按每立方米空间用硫磺粉2g加锯末4～5kg，密闭棚室后暗火点燃烟熏24小时，再通风换气24小时，即可定植番茄。

农业防治：加强棚室温湿度管理，适时通风，适度控制浇水。

化学防治：发病初期用45%百菌清烟剂每公顷每次3750g分3～4个点熏一夜；或于傍晚喷施5%百菌清粉尘剂每公顷每次15kg，隔8～10天再喷施。喷施50%扑海因1000倍液，或60%多菌灵600倍液，防治效果亦较好。

4. 白粉病

（1）主要症状

该病主要为害番茄叶片。叶面初现白色霉点，散生，后逐渐扩大成白色粉斑，并互相连合为大小不等的白粉斑，严重时整个叶面被白粉所覆盖，像被撒上一薄层面粉，故称白粉病。叶柄、茎部、果实等部位染病，病部表面也出现白粉状霉斑。

（2）防治方法

注意选择抗病品种；保护地栽培宜加强温湿度调控，主要用粉尘法或烟雾法防治。用45%百菌清烟剂每公顷每次3750g，暗火点燃熏一夜，连续防治1～2次；或50%三唑酮硫磺悬浮剂1000～1500倍液，或2%武夷菌素水剂或2%农抗120水剂150倍液，交替喷施2～3次，隔7～15天一次。

5. 根结线虫病

（1）主要症状

该病地上部症状不明显，一般表现出不同程度的矮小、生育不良、结实少，干旱时中午萎蔫或枯死。主要发生于番茄的须根及侧根上，反复侵染形成根结状肿瘤，发病严重时植株早衰枯死。

（2）防治方法

选用抗病品种，如金棚M6、金棚M18、东农718等；轮作倒茬，可与葱蒜类作物轮作减轻为害。

土壤处理：在温室休闲期，每公顷施入生石灰900～1050kg，连续保水20天左右，可收到较好的防治效果。

高温处理：棚室在夏季拉秧期后，挖沟起垄，沟内灌满水，然后盖地膜密闭棚室2周，使30cm内的土层温度达50℃，保持40分钟以上，则可杀死绝大部分线虫；当根结线虫发生后，对于发病严重的植株要整株拔除，并带出生产田对病株进行暴晒或焚烧处理。

化学防治：可用50%辛硫磷乳油1500倍液，每株灌药0.25～0.5kg，同时，可适当喷施叶面肥加强植株的营养，促进植株健康生长。

（二）主要虫害及其防治

1. 白粉虱

白粉虱又名小白蛾，成虫和若虫群居叶背吸食汁液，叶片失绿变黄，还可分泌大量蜜露污染叶片、果实，发生煤污病，造成减产，还可以传播病毒。

（1）为害特点及生活习性

以成虫和若虫群栖于叶背，刺吸叶片汁液，使叶片失绿变黄、萎蔫，植株生长衰弱，严重时枯死。成虫、若虫均能分泌大量蜜露污染叶片、花蕾和果实，引起煤污病。北方冬季野外条件下不能存活，秋冬迁飞到温室作物上为害。春夏又迁飞于大棚和露地为害，所以周年发生，其繁殖能力强，世代重叠，为害严重。

（2）防治方法

温室生产定植前彻底清理杂草和残株，并烟熏杀死残余成虫。在白粉虱发生初期，将涂上机油的黄板置于保护地内，高出植株，诱杀成虫。

化学防治：保护地傍晚用22%敌敌畏烟剂每公顷每次7.5kg密闭烟熏，可杀灭成虫，或用25%扑虱灵可湿性粉剂1500倍液，或2.5%敌杀死乳油1000～2000倍液喷洒。

2. 蚜虫

（1）为害特点及生活习性

主要以成虫、若虫群集在叶背、嫩茎、花蕾刺吸汁液，并排泄蜜露造成污斑，使幼苗卷叶、萎蔫、枯死。成株叶片枯黄、落叶造成减产。有翅蚜、有趋黄性，对银灰色有负趋性。

（2）防治方法

及时清洁田园；张挂粘虫黄板，黄板底部略高于植株顶端，每公顷放置150～225块。

化学防治：发生初期用2.5%溴氰菊酯乳油2000～3000倍液或10%烟碱乳油1000倍液喷雾。

3. 棉铃虫

（1）为害特点及生活习性

棉铃虫也叫钻心虫，在我国西北地区每年发生3～4代。以蛹在土壤中越冬，翌年4～5月气温上升到18℃以上时，越冬蛹羽化为成虫为害，棉铃虫昼伏夜出，黄昏时活动最盛。

（2）防治方法

农业防治：深翻土壤，消灭越冬蛹。

生物防治：在第2代、第3代卵孵化盛期，每公顷喷施Bt可湿性粉剂750g，隔3～4天喷1次，连喷2～3次；或每公顷喷施1.8%阿维菌素12g，连喷2～3次。

化学防治：2.5%溴氰菊酯乳油3000倍液，或40%菊马乳油2000～3000倍液喷洒，既可以杀死幼虫，也可以杀灭虫卵。

主要参考文献

胡志峰, 邵景成. 2008. 河西走廊加工番茄产业存在的问题及发展对策. 甘肃农业科技, (2): 40-42.

胡志峰, 邵景成, 杨永岗. 2002. 保护地番茄新品种霞光的特征特性及栽培技术要点. 甘肃农业科技, (2): 27.

胡志峰, 邵景成, 张少丽. 2014a. 甘肃省保护地番茄生产现状、问题及对策. 长江蔬菜, (4下): 75-77.

胡志峰, 邵景成, 张少丽. 2014b. 保护地番茄新品种陇番 11 号的选育. 中国蔬菜, (06): 52-54.

胡志峰, 邵景成, 张少丽. 2014c. 甘肃省设施番茄黄化曲叶病毒病的发生与防治. 甘肃农业科技, (1): 54-56.

胡志峰, 邵景成, 张少丽. 2012. 保护地番茄新品种'陇番 10 号'. 园艺学报, (12): 2541-2542.

邵景成, 刘华. 2014. 甘肃设施番茄生产中存在的主要问题及发展建议. 中国蔬菜, (4): 57-59.

邵景成, 胡志峰, 杨永岗. 2005. 番茄新品种佳红 1 号的选育. 中国蔬菜, (10/11): 39-40.

邵景成, 胡志峰, 叶德友, 等. 2011. 中晚熟加工番茄新品种'陇红杂 2 号'. 园艺学报, (8): 1613-1614.

邵景成, 胡志峰, 叶德友, 等. 2010. 极早熟加工番茄新品种陇红杂 1 号的选育. 中国蔬菜, (14): 80-82.

邵景成, 宋远佞, 杨永岗, 等. 2002. 保护地早熟番茄新品种同辉的选育. 中国青年农业科学学术年报: 271-273.

宋远佞, 邵景成. 1998. 番茄育种 30 年回顾与展望. 甘肃农业科技, (10): 58-59.

宋远佞, 邵景成. 1993. 番茄早熟新品种陇番 5 号的选育. 中国蔬菜, (6): 1-3.

张少丽, 邵景成, 胡志峰. 2014. 番茄黄化曲叶病毒病(TY)侵染性克隆接种鉴定方法研究. 甘肃农业科技, (1): 16-19.

第三章 茄　子

第一节 甘肃茄子生产现状

甘肃省位于我国西北内陆，32°N～43°N，93°E～108°E，东邻陕西省，西接新疆维吾尔自治区，南靠青海省和四川省，北为内蒙古自治区和宁夏回族自治区，西北角与蒙古人民共和国交界，全省总耕地面积5349万多亩，山、川、塬、坝、沙地均有，尤以山地为最多。

全省海拔550～6000m，一般在1000～3000m，气候纯属大陆性，由于境内多山，距海遥远，地形复杂，造成各地气候差异很大，全省各地年平均气温在0.1～18℃，7月最热，平均气温在20～26℃，1月最冷，平均气温在-2～12℃，各地年平均降雨量在40～600mm，从东南向西北递减，平均无霜期60～240天，土壤分布不一致，大多为麻土、垆土、大白土、黑土等。由于甘肃省幅员辽阔，地形复杂，气候差异大，土壤类别多，民族杂居、生活方式各异，长期以来，为了满足生活上的需要，在生产过程中，经过长期培育和从国内外各地引进多种多样适宜于当地栽培条件及群众嗜好的蔬菜种类和品种，几乎全国90%以上的蔬菜种类在甘肃省均有栽培。其中茄子是甘肃省栽培面积居于前列的几种蔬菜之一。

一、分布区域

甘肃省茄子商品生产基地主要有以下四大区域：①兰州产区，此区海拔一般1300～1500m，年平均气温6～10℃，年平均降雨量200～400mm，主要分布在兰州市的榆中县和红古区，主要栽培方式为塑料大棚嫁接茄子生产，品种类型以紫色长条形茄子为主。②河西地区，包括武威市、张掖市和酒泉市等地区，本区气候干燥寒冷，海拔1100～2600m，年平均气温6～11℃，年平均降雨量60～80mm，日照充足，年日照时数3000～3400小时，平均无霜期90～160天。由于此区光照充足，气候干燥，比较适宜于日光温室蔬菜栽培。以生产和消费紫色圆茄和紫色长棒形茄子为主。③白银产区，此区海拔一般1300～1500m，年平均气温6～10℃，年平均降雨量200～400mm，主要产区包括白银市（市辖区、靖远县和景泰县），以生产和消费紫色圆茄与紫色长条形茄子为主。④天水产区，此区海拔1200～1600m，年平均气温8.5～10℃，年平均降水量538.2～650mm，平均无霜期175～200天，以天水市郊、武山县和甘谷县为蔬菜栽培的重点区，以生产和消费紫色长茄与紫色圆茄为主。甘肃省目前茄子种植面积达 20 万亩，形成了高效节能型日光温室、塑料棚、露地地膜周年化栽培，产量达 800 万 t，产值达 16 亿元。

二、栽培方式

1990 年以前，甘肃省茄子生产基本上都是春夏露地栽培，一年一季，对品种的熟性、抗性、品质也没有特别要求。随着科技的进步和生产的发展，栽培模式逐渐丰富，对品种的要求也越来越高。在栽培模式方面，由单一露地栽培发展到早春塑料大棚栽培、日光温室越冬栽培、露地覆膜和秋延后等周年化栽培，在日光温室和塑料大棚生产中茄子嫁接技术应用广泛，在农民增收和农业结构调整方面发挥着较大的作用。在品种方面，由单一重视产量转变到品质、抗性和产量并重，耐低温弱光、耐高温抗性强、适应性广的高产品种，且品种都要求颜色紫黑或紫红（少数地区）、有光泽、耐贮运。

三、生产中存在的问题

（一）缺乏综合性状优良的品种

甘肃省栽培的茄子品种主要有紫色长茄和紫色圆茄，经过多年引进筛选，生产上栽培种植的长茄和圆茄品种较多，这些品种在结果能力和果实的品质方面表现得比较好，但在抗病性方面，特别是在抗土传病害方面表现得较差。虽然也有一些茄子品种对常见病害具有比较强的抗性，但在结果能力、果实品质等方面却表现得比较差。另外，在保护地栽培方面，也缺乏温室和大棚专用的茄子品种。

（二）茬口安排过于集中

目前，甘肃省茄子栽培茬口主要是早春茬与晚春茬，而栽培效益更高的秋冬茬与越冬茬却安排得比较少。茄子的上市时间主要集中在 6～9 月，造成茄子季节性局部过剩，不仅不能保证茄子全年均衡上市供应，而且由于茄子盛产期价格偏低，也影响了经济效益。

（三）病虫害为害严重

随着茄子栽培面积的扩大，茄子病虫害呈逐渐加重的趋势。受品种的抗病能力限制及茄子严重重茬的影响，加上茄子害虫和病原菌抗药性的不断增强，目前茄子生产上的病虫为害普遍较重。不但茎叶发病厉害，而且如黄萎病、线虫病等一些土壤传播病害的发生程度也较严重，一些发病严重的地区，特别是重茬严重的保护地里，已到了无法继续种植茄子的地步。

（四）种子质量参差不齐

目前，市场上茄子品种很多，来源复杂，种子质量参差不齐。农民选种时应慎重，以免给自己造成损失。

（五）高新技术推广普及的程度还比较差

目前，多数地方仍沿用传统的、落后的茄子栽培技术，特别是在保护地栽培中，与保护地栽培相配套的新法整枝技术、微灌溉浇水技术、配方施肥技术、病虫害烟剂防治技术、二氧化碳气体施肥技术、化控技术、再生技术等应用得较差，茄子保护地的生产潜力有待发挥。

四、发展思路

（一）育种发展思路

1. 育种目标

优质、抗逆、丰产，是甘肃省茄子遗传育种在未来一段时间内的主要研究方向。优质指商品外观、食用品质和食用安全，甘肃省地域广阔，茄子消费习惯的区域差异决定了茄子育种的多类型性，不同地区的消费者对茄子果形和果皮颜色等商品外观要求差异很大，果形整齐、果皮颜色亮丽、食用口感好和营养丰富是甘肃省茄子育种的首要任务。抗逆主要指耐低温弱光、耐热和耐涝，茄子是甘肃省设施栽培即日光温室及塑料大棚栽培的主要蔬菜种类之一，低温、弱光造成的落花落果是茄子产量降低的主要原因。提高茄子品种抗逆性，培育具有单性结实特性、耐低温弱光、耐密植的保护地栽培专用品种，是甘肃省茄子遗传育种研究的重点；此外，在茄子品质育种方面，以前强调较多的是商品品质，而对营养品质往往强调不够，茄子砧木育种等领域的研究也需要加强。

2. 加强基础研究

①要加强主要经济性状的遗传规律研究、茄子生理生化研究、栽培技术理论研究等。②加强生物技术在茄子育种上的应用研究，积极探索建立和完善茄子耐低温弱光、单性结实、抗黄萎病等分子标记快速筛选技术。③通过构建不同类型的遗传群体，利用全基因组信息，筛选相关性状基因紧密连锁的标记，建立相关性状分子标记快速筛选技术。④开展茄子小孢子和花药培养单倍体诱导技术，加速新种质的创建等，进一步提高甘肃省茄子遗传育种研究水平，为发展全省茄子产业提供更多的科技支撑（连勇等，2017）。

（二）产业发展思路

1. 发展茄子设施栽培规模

设施栽培具有栽培环境易于控制、产品质量好、受自然条件影响小、栽培期长、产量高、效益高，特别是设施栽培可以根据市场需求灵活调节生产时间、安排栽培茬口、避免产品的上市时间过于集中等，是蔬菜高产高效栽培的发展方向。多年来，甘肃省茄子设施栽培处于持续稳定发展阶段，在未来的产业发展中，扩大茄子温室、大棚设施栽培规模，仍然是提高农民收入的重要途径之一。

2. 集约化生产

集约化生产是通过租赁、转让或股份制等形式，积极鼓励土地流转，促进土地向种植大户、龙头企业、农产品经营公司集中，实现区域化种养，土地集约化生产。在甘肃省实行茄子集约化生产，一可以降低茄子生产成本，如在种植地可使用自动控制喷灌系统、日光温室自动卷帘系统、机械化耕作等，从而节约人工生产成本。二可以保障全省茄子无公害生产、集约化生产和管理，比个体农户种植更规范先进，可配备高素质的专业技术人员，严格执行无公害蔬菜各项操作规程，生产的茄子产品可统一由农业相关部门进行抽检；农药、肥料投入和农资的进出由专人登记，有效地监控了无公害蔬菜生产过程。通过集约化生产，不但可以达到无公害蔬菜的要求，而且抽查合格率也维持在较高水平。

3. 茄子生产向质量、安全、效益、标准化方向发展

现在人们对蔬菜的品质，尤其是蔬菜的安全卫生特别重视，国内不少市场已实行蔬菜市场准入制，而国际市场绿色壁垒更加严峻，因此菜农应该按照无公害蔬菜标准进行生产。在无工厂废气、废水、废渣污染的基地种菜；生产过程中不使用剧毒和高残留农药；对症选用高效低毒农药，严格控制浓度、用量、安全间隔期；尽量使用腐熟农家肥，控制使用化学氮肥，避免蔬菜中硝酸盐含量超标，在此基础上生产的有机蔬菜（不使用任何农药、化肥、激素），才能以高价在国内外市场畅销。科研与推广部门应该积极联合协作，建立甘肃省茄子安全生产技术体系并予以推广。

第二节　甘肃茄子育种

一、育种现状

甘肃省最早开展茄子育种的单位是甘肃省兰州市西固区农业技术推广站，该

单位的研究人员颜怀永等于20世纪80年代选育的兰杂1号（兰苏长茄）是甘肃省选育的第一个杂交一代品种，继兰杂1号之后，该单位又选育出了兰杂2号（兰竹长茄）。目前，甘肃省持续系统地从事茄子育种研究的单位主要为天水神舟绿鹏农业科技有限公司和甘肃省农业科学院蔬菜研究所。天水神舟绿鹏农业科技有限公司开展茄子新品种选育有近10年的历史，有9项成果通过鉴定，7个品种（航茄2号、航茄4号、航茄5号、航茄6号、航茄7号、航茄8号和航茄9号）通过甘肃省农作物品种审定委员会认定，其在甘肃省率先开展了蔬菜（包括茄子）航天育种研究，取得了较大突破与进展。在种子种苗产业开发方面，在甘肃省占有重要地位，已经累计推广茄子新品种13个，在全国20个省市推广面积达2.7万hm^2以上，创社会经济效益1亿元。

甘肃省农业科学院蔬菜研究所开展紫长茄新品种选育有近10年的历史，有1项成果通过鉴定，1个品种（黑玉）通过甘肃省农作物品种审定委员会认定（陈灵芝等，2016）。

二、种质资源创新

（一）种质资源调查

相对于其他茄果类蔬菜，甘肃省茄子种质资源数量较少。1978～1979年，甘肃省农业科学院蔬菜研究所开展了蔬菜地方品种调查搜集、整理、利用研究的工作，在甘肃省兰州市、天水市、陇南市和武威市等地搜集到茄子资源7份，分别是吊茄、大盖茄、天水长茄、兰州长茄、五叶茄、成县圆茄和兰州圆茄。这些资源根据果形可分为3类：第一类为短粗形，含短柱或短条形，包括吊茄和大盖茄；第二类为圆形，包括五叶茄、成县圆茄和兰州圆茄；第三类为长条形，包括天水长茄和兰州长茄，这些品种果色均为黑紫色。

（二）抗病种质资源鉴定

茄子黄萎病是甘肃省茄子栽培生产中最严重的病害之一，当前生产上防治黄萎病主要采取的技术措施包括化学防治和嫁接栽培方法。化学防治易造成污染，且效果不明显。嫁接防治效果好，但成本高，操作烦琐，不能满足国内茄子生产的实际需要。因此，选育抗病品种是防治茄子黄萎病最经济、有效和安全的途径（Zeng et al.，2009）。针对茄子抗黄萎病种质资源的筛选，甘肃省农业科学院蔬菜研究所对所搜集的43份茄子种质资源进行了黄萎病抗性的鉴定评估，鉴定结果表明，43份种质资源中，表现抗病的材料1份，占鉴定总数的2.3%；表现中抗的材料3份，占鉴定总数的7.0%；表现耐病的材料6份，占鉴定总数的14.0%；表现中感的材料25份，占鉴定总数的58.1%；8份材料高感黄萎病，占鉴定总数的

18.6%。从鉴定结果看，大部分材料表现感病（陈灵芝，2006）。

三、育种技术研究

甘肃省茄子品种经历了地方品种引进—常规育成品种—杂交一代育成品种等阶段。这几个阶段虽然是不断演进的，但也有交叉重叠。天水神舟绿鹏农业科技有限公司暨甘肃省航天育种工程技术研究中心开展了茄子航天育种技术。茄子航天育种是把优秀的茄子种质材料利用航天搭载后选育出稳定的自交系进行杂交配对组合，再经过系列选育程序选育成的茄子新品种。航天茄子的选育程序为：引进、筛选、纯化国内外优良的茄子品种；搭载已纯化的茄子材料；对搭载回来的变异材料经过单株选育、系谱选育、日光温室加代选育、温室连茬重茬选育、病圃选育等技术的集成创新，选育出稳定可遗传的优良种质材料；优良种质材料间进行杂交配对；经过对杂交组合的观察试验、品比试验、区域试验、试验示范等程序选择出抗病、优质、高产的杂交品种。

目前甘肃省应用最多的是杂交一代品种。各科研单位也主要是应用杂种优势这一主要途径，除了利用航天诱变技术创制茄子种质资源外，其他相关基础研究及生物技术研究几乎没有开展，今后育种单位应积极加强茄子耐低温弱光、单性结实、抗黄萎病等分子标记快速筛选技术；利用全基因组信息，筛选相关性状基因紧密连锁的标记，建立相关性状分子标记快速筛选技术；开展茄子小孢子和花药培养单倍体诱导技术，加速新种质的创建等（李植良等，2006）。

第三节　甘肃茄子育种取得的成就与应用

据已经公开发表的成果，1980～2016 年育成茄子品种 12 个（品种数），其中长茄品种 9 个，圆茄品种 3 个。

一、兰杂 1 号

（一）品种来源

甘肃省兰州市西固区农业技术推广站。

（二）特征特性

杂交一代品种，极早熟，生长势强，分枝较多，第 1 雌花着生在第 7 节，且早期双花多，坐果率高。果实长条形、稍弯曲，果长 30cm，果宽 3.0cm，平均单果重 100g，果色黑紫，肉质松软，皮薄籽少，亩产量 5000kg 左右，田间对黄萎病表现为中抗。

（三）适宜地区

适宜在我国北方地区及气候类型相似地区的塑料大棚、日光温室及露地栽培。

（四）推广应用情况

目前在甘肃省兰州市、白银市、张掖市、天水市等地推广栽培。

二、兰杂2号

（一）品种来源

甘肃省兰州市西固区农业技术推广站。

（二）特征特性

杂交一代品种，早熟，生长势强，分枝较多，第1雌花着生在第7～8节，坐果率高。果实长棒状，果顶尖，果长27cm，果宽4.5cm，平均单果重200g，果色紫红，肉质松软，皮薄籽少，亩产量5000kg左右，田间对黄萎病表现为中抗。

（三）适宜地区

适宜在我国北方地区及气候类型相似地区的塑料大棚、日光温室及露地栽培。

（四）推广应用情况

目前在甘肃省兰州市、白银市、张掖市、天水市等地推广栽培。

三、黑玉

（一）品种来源

（1）育成单位：甘肃省农业科学院蔬菜研究所、甘肃民圣农业科技有限责任公司。

（2）品种来源：以2010G11为母本、2010G13为父本选育的杂交一代品种。原代号2011E5。

（3）认（审）定时间：2016年2月。

（二）特征特性

杂交一代品种，中早熟，生长势强，生长健壮，株高101cm，开展度76cm，茎深紫色，叶深绿色，叶脉紫色，萼片紫色。第 1 果着生于主茎第 9～10 叶上方，果实长棒状，果顶尖，塑料大棚果长 35cm，果宽 4.87cm，平均单果重 240g，果色黑紫，果面光滑亮泽，果实顺直美观，外观品质好，果肉绿白色、细糯。春季塑料大棚栽培亩产量 6000kg 左右，田间对黄萎病的抗性与兰杂 2 号相当。

（三）适宜地区

适宜在我国北方地区及气候类型相似地区的塑料大棚、日光温室与露地栽培。

（四）推广应用情况

目前在甘肃省兰州市、白银市、张掖市、天水市等地推广栽培。

四、航茄 1 号

（一）品种来源

天水神舟绿鹏农业科技有限公司、甘肃省航天育种工程技术研究中心。

（二）特征特性

杂交一代品种，中熟，生长势强，生长健壮，株高 103cm，开展度 72cm，茎绿色，叶深绿色，叶脉绿色，萼片绿色。第 1 果着生于主茎第 10～11 叶上方，果实圆球形，绿色，平均单果重 1～3kg，果面光滑亮泽，皮薄肉厚，果实内种子少，果肉白色细嫩，口感佳，耐贮运。抗逆性强，抗疫病、黄萎病、绵疫病。不易早衰，采收期长，亩产量 10 000kg 左右。

（三）适宜地区

适宜在我国北方地区及气候类型相似地区的塑料大棚、日光温室与露地栽培。

（四）推广应用情况

目前在甘肃省兰州市、白银市、张掖市、天水市等地推广栽培。

五、航茄 2 号

（一）品种来源

（1）育成单位：天水神舟绿鹏农业科技有限公司、甘肃省航天育种工程技术研究中心。

（2）品种来源：以 03-5-15-4-2-1 为母本、03-5-8-23-33-1 为父本选育的杂交一代品种。

（3）认（审）定时间：2009 年 1 月。

（二）特征特性

杂交一代品种，早熟，生长势强，生长健壮，株高 120cm，开展度 68cm，茎深紫色，叶绿色，叶脉紫色，萼片紫色。第 1 果着生于主茎第 7～8 叶上方，果实长条形，果长 30cm，果宽 4.5cm，平均单果重 220g，果色黑紫，皮薄籽少。抗逆性强，抗疫病、黄萎病、绵疫病，适应性好。亩产量 5000kg 左右。

（三）适宜地区

适宜在我国北方地区及气候类型相似地区的塑料大棚、日光温室与露地栽培。

（四）推广应用情况

目前在甘肃省兰州市、白银市、张掖市、天水市等地推广栽培。

六、航茄 3 号

（一）品种来源

天水神舟绿鹏农业科技有限公司、甘肃省航天育种工程技术研究中心。

（二）特征特性

杂交一代品种，中早熟，生长势强，生长健壮，株高 108cm，开展度 78cm，茎深紫色，叶深绿色，叶脉紫色，萼片紫色。第 1 果着生于主茎第 10 叶上方，平均单果重 1kg，形状似佛手，紫红色，奇特美观，耐贮运。抗逆性强，抗疫病、黄萎病、绵疫病。不易早衰，采收期长，亩产量 10 000kg 左右。

（三）适宜地区

适宜在我国北方地区及气候类型相似地区的塑料大棚、日光温室与露地栽培。

（四）推广应用情况

目前在甘肃省兰州市、白银市、张掖市、天水市等地推广栽培。

七、航茄 4 号

（一）品种来源

（1）育成单位：天水神舟绿鹏农业科技有限公司、甘肃省航天育种工程技术研究中心。

（2）品种来源：以 04-4-8-1-3-1 为母本、04-4-8-1-3-1 为父本选育的杂交一代品种。

（3）认（审）定时间：2010 年 3 月。

（二）特征特性

杂交一代品种，中早熟，生长势强，生长健壮，株型较紧凑，半直立，株高 98cm，开展度 70cm，茎深紫色，叶深绿色，叶脉紫色，萼片紫色。第 1 果着生于主茎第 8～9 叶上方，果实长条形，黑紫色，果顶尖，果长 30cm，果宽 6.5cm，平均单果重 300g，果面光滑亮泽，果实顺直美观，果肉绿白色、细嫩。抗逆性强，抗黄萎病和疫病，适应性强。亩产量 4500kg 左右。

（三）适宜地区

适宜在我国北方地区及气候类型相似地区的露地早春栽培。

（四）推广应用情况

目前在河南省及甘肃省的兰州市、白银市、张掖市、天水市等地推广栽培。

八、航茄 5 号

（一）品种来源

（1）育成单位：天水神舟绿鹏农业科技有限公司、甘肃省航天育种工程技术研究中心。

（2）品种来源：以 05-4-41-1-2-1 为母本、05-4-9-1-1-1 为父本选育的杂交一代品种。

（3）认（审）定时间：2010 年 3 月。

（二）特征特性

杂交一代品种，中早熟，生长势强，生长健壮，株型直立紧凑，株高 90cm，开展度 76cm，茎深紫色，叶深绿色，叶脉紫色，萼片紫色。第 1 果着生于主茎第

7～8 叶上方，果实高圆形，平均单果重 500g，果色紫红，果面光滑亮泽，光泽好，果肉白色，肉质细嫩品质佳。抗逆性强，抗黄萎病和疫病，适应性强。亩产量 6000kg 左右。

（三）适宜地区

适宜在我国北方地区及气候类型相似地区的塑料大棚、日光温室与露地栽培。

（四）推广应用情况

目前在福建省及甘肃省的兰州市、白银市、张掖市、天水市等地推广栽培。

九、航茄 6 号

（一）品种来源

（1）育成单位：天水神舟绿鹏农业科技有限公司、甘肃省航天育种工程技术研究中心。

（2）品种来源：以 036-5-3 为母本、023-1-4-7 为父本选育的杂交一代品种。

（3）认（审）定时间：2011 年 1 月。

（二）特征特性

杂交一代品种，早熟，生长势中等，株型半直立，株高 100cm，开展度 76cm，茎深紫色，叶深绿色，叶脉紫色，萼片绿色。第 1 果着生于主茎第 7～8 叶上方，果实长灯泡形，果长 26cm，果宽 4.87cm，平均单果重 260g，果色黑紫，果面光滑亮泽。抗低温，抗黄萎病、疫病等。亩产量 4500kg 左右。

（三）适宜地区

适宜在我国北方地区的塑料大棚、日光温室及露地栽培。

（四）推广应用情况

目前在甘肃省兰州市、白银市、张掖市、天水市等地推广栽培。

十、航茄 7 号

（一）品种来源

（1）育成单位：天水神舟绿鹏农业科技有限公司、甘肃省航天育种工程技术研究中心。

（2）品种来源：以 04-4-2-2-5H 为母本、04-1-4-6-7-H 为父本选育的杂交一代品种。

（3）认（审）定时间：2012 年 1 月。

（二）特征特性

杂交一代品种，中早熟，生长势强，生长健壮，株高 120cm，开展度 76cm，茎深紫色，叶深绿色，叶脉紫色，萼片紫色。第 1 果着生于主茎第 7～8 叶上方，果实长条形，大棚果长 35cm，果宽 4.5cm，平均单果重 300g，果色黑紫，果面光滑亮泽，果实顺直美观，外观品质好，果肉白色、细嫩。田间抗疫病、黄萎病、绵疫病。亩产量 6000kg 左右。

（三）适宜地区

适宜在我国北方地区及气候类型相似地区的塑料大棚与露地栽培。

（四）推广应用情况

目前在甘肃省兰州市、白银市、酒泉市、张掖市、天水市等地推广栽培。

十一、航茄 8 号

（一）品种来源

（1）育成单位：天水神舟绿鹏农业科技有限公司、甘肃省航天育种工程技术研究中心。

（2）品种来源：以 03-6-3-2-2-1-1-H-H 为母本、05-2-3-1-H-H 为父本选育的杂交一代品种。

（3）认（审）定时间：2013 年 1 月。

（二）特征特性

杂交一代品种，中早熟，植株分枝性强。多花序，每一花序结果 3～6 个，第 1 果着生于主茎第 9～10 叶上方，茎深紫色，叶深绿色，叶脉紫色，萼片紫色。果实细长条形，果长 30～35cm，果宽 3.5cm，果色黑紫，果肉白色细嫩，品质佳，商品性好。田间抗黄萎病和疫病。亩产量 6000kg 左右。

（三）适宜地区

适宜在我国北方地区及气候类型相似地区的塑料大棚、日光温室与露地栽培。

（四）推广应用情况

目前在甘肃省兰州市、白银市、张掖市、天水市等地推广栽培。

十二、航茄9号

（一）品种来源

（1）育成单位：天水神舟绿鹏农业科技有限公司、甘肃省航天育种工程技术研究中心。

（2）品种来源：以018-2-3-2-H-H为母本、07-4-2-5-1-H-H为父本选育的杂交一代品种。

（3）认（审）定时间：2016年2月。

（二）特征特性

杂交一代品种。第1果着生于主茎第7～8叶上方，茎深紫色，叶深绿色，叶脉紫色，萼片紫色。果实长条形，顶尖，果长28cm，果宽4.5cm，平均单果重220g，果色紫红，果肉白色。抗黄萎病和疫病。亩产量4500kg左右。

（三）适宜地区

适宜在我国北方地区及气候类型相似地区露地栽培。

（四）推广应用情况

目前在甘肃省平凉市、白银市、张掖市、陇南市、天水市等地推广栽培。

第四节　甘肃茄子良种繁育

为获得高质量的茄子杂交种子，在制种过程中必须保证有高质量的亲本种子。亲本种子生产包括原原种生产和原种生产。

一、亲本种子生产技术

1. 原原种生产技术

1）选地

生产应当选择地势平坦，地力均匀，土层深厚，土质肥沃，排灌方便，3～5年内未种过茄科作物的地块。

2）隔离

原原种生产田与其他茄子品种的隔离距离不少于200m。

3）合理安排播期

茄子原原种繁殖采用春露地地膜覆盖栽培制种，播种期安排在3月上旬，4月下旬至5月上旬定植。

4）苗期管理

亲本材料采用50孔穴盘基质育苗，播种后需覆盖农用地膜保温保湿、增加床温，以利出苗。播种后7～10天即可出苗，苗期宜保持温度25～28℃、湿度60%～70%。苗出齐后视天气情况揭膜。揭膜后每天洒水或隔天洒水，育苗后期天气变热时，视苗长势每天洒水1或2次。

5）适时定植

4月下旬至5月上旬定植于露地，每亩留苗3000株，采用小高垄定植，垄宽80～90cm，沟宽40cm，每垄2行，株距30～35cm。定植结束后及时灌足安苗水，以灌水不淹垄为宜；定植后7～10天再灌1次缓苗水，待地面稍干即中耕保墒，以利根系向纵深发展。

6）去杂去劣

分3次对亲本田进行选择：第一次在开花期，着重对茄子的株型、叶、花和抗病性等性状进行选择，淘汰不符合标准的异株；第二次选择在盛果期，在第一次入选株内淘汰果型、果色、挂果数等性状不符合要求的单株；第三次在种果采收前，在第二次入选的植株内进一步淘汰丰产性、品质和抗病性、抗逆性较差的单株。经过3次选择后入选的单株，可以采取混合留种法留种。采种时注意防止种子的机械混杂。

7）收种

茄子授粉坐果后45～55天充分成熟。当果皮变褐黄色、果实变硬而有弹力、果实充分成熟时采收，采收最佳时间为早晨或傍晚，不要在中午气温高时采收（此时果实温度高、呼吸作用强，采收后种子容易变劣）。

2. 原种生产技术

以原原种为亲本种子，进行原种的生产。生产过程同原原种生产。

二、杂交一代制种技术

1. 制种地的选择

茄子杂交种子生产采用春露地地膜覆盖栽培制种，避免重茬，应选择3年以上未种植过茄科植物，且土层深厚、土质肥沃、排灌良好的地块。

2. 育苗

（1）温室消毒：选用日光温室或智能温室进行亲本育苗，清除温室内所有作物和杂草及其残留物，然后用硫磺粉或百菌清烟剂进行熏蒸消毒，棚内土壤用多菌灵和五氯硝基苯混合进行消毒。

（2）基质消毒：使用商品化专业育苗基质。将基质经 1500 倍锈苗消毒后加入适量水搅拌，使基质含水量在 50%～60%，以手握成团、落地即散为宜。将配好的基质用薄膜密封，48 小时后即可使用。

（3）穴盘消毒：采用 72 孔或 50 孔聚苯乙烯（polystyrene，PS）穴盘，用 0.3%高锰酸钾溶液浸泡苗盘 15～20 分钟，取出后晾干。

（4）种子浸种消毒：把亲本种子浸入 50～55℃的温水中，水量以浸没种子为宜，不停搅拌至水温降至 30℃左右，再浸泡 8～12 小时后捞出。然后用 10%磷酸三钠溶液或 2%氢氧化钠溶液浸种 15～20 分钟，再用清水多次冲洗，洗净后催芽。催芽一般在 28～30℃恒温条件下进行，待发芽率达到 60%时即可播种。

（5）播种：将配好的基质装满穴盘。在每个穴格正中点播 1～2 粒亲本种子。播种深度为 1.0cm，播种后覆盖 1.0cm 厚的基质。将播好的育苗盘平放在苗床上。种子没有出苗前要适当补水，以便于出苗。

（6）苗棚管理：出苗前温度宜高，这样才能提升地温有利快速出苗，出苗后温度控制在白天 25℃左右，夜间不低于 15℃，以防高脚苗出现，等苗长出两片真叶后白天棚温控制在 25～30℃，夜间不低于 18℃，苗出齐后要严格控制棚内湿度，以防幼苗发病，在定植前 10 天左右，逐步加大通风量，进行练苗，提高移栽成活率。

3. 起垄覆膜

亩施优质腐熟农家肥 5m^3，用多菌灵 1.0kg 和呋喃丹 2.0kg 拌沙子均匀撒入制种田。划好起垄线后集中沟施复合肥 20kg，过磷酸钙 50kg，硝铵 15kg。垄宽 60cm，沟宽 60cm，垄高 20～25cm。垄要平、直，用 1.0m 地膜覆垄，覆膜前用多菌灵或五氯硝基苯在垄上喷雾，压好膜以防风害。

4. 定植

父本一般在 4 月 25 日前后定植，母本在 5 月 5 日前后定植，父母本定植错期为 7～10 天，定植比例为 1∶4，父本株距为 25～30cm，母本株距为 35cm。父本定植后要盖塑料大棚，棚高不低于 1.5m。定植后灌水一次，水刚到定植穴为宜，水上垄仅此一次，此后杜绝水上垄，3 天后及时封穴培土，培土时在苗近根部放 2g 疫病灵，培土以没子叶以下为宜。

5. 杂交授粉

（1）去杂：按照亲本品种特性严格去杂，授粉前父本的清杂一定要做到万无一失，确保花粉的纯度。

（2）整枝：父本不整枝，及时清理自交果实，确保花粉充足；提早对母本进行整枝，将门茄连同门茄以下侧枝摘除干净，及时打开植株内膛，一方面控制营养生长提高坐果率，另一方面便于检查和杜绝自交果的形成。

（3）留果部位：去掉门茄，用对茄花、四门斗花、八面风花进行杂交，每株保 10 个左右的果。

（4）劳力和工具的准备：杂交授粉工作技术性强，一般需授粉工 30～45 人/hm^2。每授粉工准备镊子（1 把）、授粉管（1 个）及采集花粉用的玻璃杯和装花粉用的玻璃管。

（5）父本花粉的制作：花粉质量的好坏关系到杂交坐果率的高低。每天 8:00～10:00 采摘当日盛开或微开的父本花，取下花药筒放置在阴凉干燥处，晾至顶端开裂后放入带盖的玻璃杯内充分摇动，抖出花粉，去除杂质后将花粉装入玻璃管中备用。

（6）母本去雄：选择第 2 天将要盛开的花蕾去雄，左手夹持花蕾，右手持镊子，干净彻底地去除花药。去雄时要选择长柱头花，也可选择合适部位的中柱头花，短柱头花结果率低，应去除。

（7）授粉：母本以开花当天授粉坐果率最高，单果结籽数也多。授粉应选完全开放前一天去完雄的花进行授粉。操作方法是右手持授粉管，左手持花，将花粉均匀地涂抹在柱头上并彻底去掉两个萼片作标记，如授粉后遇雨，第 2 天应重复授粉。杂交授粉结束后应摘除全部未去雄的花或蕾，留足够的叶片后打顶，摘除多余枝条，以保证杂交果实的养分集中供应。并彻底清除所有父本株，避免机械混杂影响种子质量。

6. 田间管理

1）水肥管理

在施足底肥的情况下，结合杂交授粉前的一次灌水轻施一次肥（若植株长势较好，可不施），复合肥 8～10kg，硝铵 5kg，磷酸二氢钾 10kg；杂交授粉结束后重施膨果肥，复合肥 20kg，硝铵 15kg，磷酸二氢钾 15kg，以后视植株长势轻施一次肥。果实成熟前一个月每半月浇一次水，以利果实提早成熟。

2）病虫害防治

茄子田间病害主要有绵疫病、褐纹病和黄萎病。绵疫病可采用 58%瑞毒霉 500 倍液，褐纹病和黄萎病可采用 70%甲基托布津 600 倍液防治。

虫害多为螨类、红蜘蛛、蓟马、二十八星瓢虫和白粉虱。螨类和红蜘蛛用73%克螨特1200倍液、50%杀螨隆1500倍液叶面喷施；蓟马用10%吡虫啉可湿性粉剂2000倍液、20%好年冬1000倍液交替使用；二十八星瓢虫和白粉虱分别用辛硫磷800倍液和25%扑虱灵可湿性粉剂2500倍液喷杀。

3）搭架

杂交授粉前必须要搭架，立杆1.5m长，每1.5m距离栽1根，铁丝位置拉到满天星的位置为宜，架要牢固。

4）除草

在整个生产过程中要及时清理杂草。

5）采收

茄子种子发育较慢，开花至果实成熟需 50～60 天。果皮老黄后采收有杂交标记的种果，无标记或标记不清的果实、腐烂果、发育不良果、非正常成熟果要及时剔除。采收的种果放在阴凉处后熟10～15天，待种子完全成熟后取种。先将经过后熟的种果搓软，削去果实两端，使果肉与种子分离，然后放入清水中充分洗去种子表面的黏质，捞出沉在水底的饱满种子。洗好的种子应放在阴凉、通风处晾晒，严禁在强光下暴晒，忌用铁、铝等容器较长时间盛装晾晒种子。晾晒干的种子放在通风、干燥处保存。

第五节　甘肃茄子高产高效栽培技术

一、日光温室茄子高产高效栽培技术

（一）育苗技术

茄子黄萎病和枯萎病是甘肃省为害最为严重的病害。病菌存在于土壤中，通过根的伤口、表皮毛及根毛入侵为害。对茄子黄萎病和枯萎病进行化学防治，不但污染环境，防治效果也不尽有效。通过嫁接栽培可取得良好的效果。砧木根系强大，不仅抗病、吸水吸肥能力强，而且耐低温性好。采用嫁接栽培是日光温室茄子栽培获得成功的关键。茄子嫁接栽培砧木选用“托鲁巴姆”。该砧木的主要特点是同时高抗黄萎病、枯萎病、青枯病和根线虫病4种土传病害，被称为“四抗”茄砧（李明清等，2006）。

1. 播期的确定

根据茬口安排适合的播期。目前甘肃省茄子日光温室栽培主要的茬口为越冬一大茬和冬春茬。

越冬一大茬播期：于当年5月上旬左右播种砧木，5月中下旬播种接穗种子，

7月下旬开始嫁接。9月初开始定植。

冬春茬播期：于当年8月上旬左右播种砧木，8月中下旬播种接穗种子，10月下旬开始嫁接。翌年1月初开始定植。

2. 浸种催芽

将托鲁巴姆砧木种子先放在0.1%的高锰酸钾溶液中浸泡2小时，然后放入55℃温水中，水量以浸没种子为宜，不停搅拌至水温降至30℃左右，再浸泡8～12小时后捞出，置于30℃条件下催芽。每天用清水漂洗1次，3～4天后出芽60%左右时即可播种。接穗种子用同样的方法处理。

3. 播种

一般在日光温室内进行育苗。选用未种过茄科类蔬菜和瓜类的肥沃过筛园土7份、腐熟有机肥（如牛粪、羊粪）3份，每立方米营养土再加入磷酸二铵1kg、硫酸钾0.5kg，用50%多菌灵可湿性粉剂500倍液对营养土进行消毒。消毒后把营养土充分混匀，用塑料薄膜严密覆盖2～3天。然后将营养土平铺成10cm厚，浇透底水，均匀撒播种子。由于砧木种子通常比茄子种子小，因此播种密度要大于接穗苗，撒播后盖土约0.5cm厚，覆盖地膜。当80%苗出土时，及时揭去地膜。为了防止猝倒病的发生，出齐苗后应立即喷洒72.2%霜霉威（普力克）400～600倍液1次，隔7天后再喷1次。接穗播种方法同砧木播种方法，只是盖土厚度为1cm。

4. 苗期管理

当苗出齐后，温度控制在白天25～30℃，夜晚15～18℃，如果苗床湿度过大或温度过高时适当放风、排湿降温，太干时酌情洒水。接穗苗长至一定大时，及时间苗，将病弱苗拔除。砧木苗长出两片真叶时，即可把苗移栽至规格10cm×10cm的营养钵或50孔的穴盘中。做好水肥管理及病虫害防治工作，并于嫁接前炼苗。

5. 嫁接

采用劈接法进行嫁接。

当砧木苗茎高10cm以上，茎粗达0.5cm以上时，即可采用劈接法进行嫁接。所选用的接穗苗茎粗细应与砧木苗茎相当，起苗前2～3天，用多菌灵或杀毒矾等杀菌剂+杀虫剂对接穗进行防病虫一次。起苗前一天要结合浇水，用喷壶把幼苗冲洗一遍，把苗茎上的泥土冲洗干净，嫁接当日要待苗茎上的露水干后再起苗。

取砧木苗，用刀片把苗茎从距地面5～6cm处水平切断，取接穗苗，左手拿苗，右手持刀片，在第 3 片真叶下，把苗茎削成楔形，切面长 0.8～1.0cm，两切面要平整且长度一致，用刀片在砧木苗茎断面的中央向下劈切一刀，深度稍大于接穗苗的切面长，把接穗的苗茎切面与砧木苗的切口对齐对正后插入，然后用嫁接夹把接口固定牢固，给砧木苗营养钵浇水，移入小拱棚内，一边嫁接一边在小拱棚上加盖草苫、棉被等覆盖物。

6. 嫁接后的管理

（1）温度管理：嫁接后头 3 天的棚内温度控制在 20～30℃，白天温度过高时要对苗床进行遮阴降温，夜间温度过低时要采取保温和增温措施。1 周后，当嫁接苗开始明显生长时，温度控制在白天 25～30℃，夜间 12～15℃。

（2）湿度管理：嫁接后 7 天棚内苗床空气湿度应保持在 85%～95%，土壤要保持湿润，嫁接苗不发生萎蔫时，第 4 天开始要对苗床进行适当的通风，使棚内白天的空气湿度保持在 80%左右。嫁接苗成活后，加强通风，使苗床内白天的空气湿度保持在 70%～80%，以减少发病。嫁接苗成活后要减少浇水，促进根系生长，此期应适宜浇水量使营养钵内土壤保持半干半湿。

（3）光照管理：嫁接后 3 天内，要用草苫、棉被等对苗床进行遮阴，第 4 天开始，在 8:00～9:30 和 16:30～18:30 接受直射光照射，以后逐渐过渡到全天不再遮阴。在嫁接苗完全成活前的光照管理中，如果嫁接苗只是叶片微有萎蔫表现，可不需遮阴，若叶柄也开始发生萎蔫，就需立即对苗床进行遮阴。

（4）打杈和断根：砧木苗茎上长出的侧枝及茄子苗茎上长出的不定根要及时抹除。

（二）栽培技术

1. 日光温室的选择

茄子是喜温蔬菜，进行日光温室越冬茬栽培，幼苗及开花结果阶段正是严寒季节，低温胁迫是主要矛盾，所以要求日光温室必须保温性好。

2. 棚膜的选择

茄子喜温，对光照要求不太严格。但茄子在果实着色时要求充足的阳光，特别是紫色品种，光照不足着色不好，影响商品价格。聚氯乙烯膜虽然保温性好，但后期透光率下降比较多，且吸尘不易清洗。高保温多功能醋酸聚乙烯膜不仅保温性好，在使用后期透光率下降也比较缓慢，流滴性好，不易吸尘，易于清洁，对茄子着色比较好，所以在日光温室越冬茬生产中选用这种棚膜比较好。

3. 选择品种的原则

应选择耐低温弱光、早熟性好，植株生长健壮，适应性好，抗病虫能力强，稳产、丰产的品种。同时在果实性状方面尽量选择适合当地消费习惯的品种。

4. 定植

1）扣棚作畦

定植前要整地施肥，每亩施入腐熟农家肥 5000kg 以上，油渣 150～200kg，磷酸二铵 30kg，深翻细耙，使肥料和土壤充分混合。定植前 15 天扣棚。按照垄宽 80cm（中央开 15cm 深的灌水暗沟），沟宽 50cm，沟深 18～20cm 起垄，每垄定植两行，穴距 40～50cm。一般每亩定植 2000～2200 株。

2）温室消毒

定植前温室进行消毒：每亩用 80%敌敌畏乳油 250g 拌上锯末，与 2～3kg 硫磺粉混合，分 10 处点燃，密闭一昼夜，放风后无味即可定植。每亩用 50%多菌灵可湿性粉剂 4kg，撒土壤表面，翻地。温室夏季休闲期，可用水淹进行高温消毒。

3）定植

选晴天上午进行，先在宽畦上开 5～6cm 深的双行定植穴，株距 33～40cm，将苗坨放入定植穴，再浇水，第 2 天封穴培垄。定植时覆土不可超过接口，否则将失去嫁接的作用。封穴后小沟内浇足水，亩定植 2600～3200 株。4～5 天后覆膜。为了提高地温减少蒸发，降低温室湿度，可用宽幅地膜把行间铺满。

5. 定植后管理

（1）温度管理：定植后尽量创造白天 30℃，夜间 20℃左右的环境，保持较高湿度，以利缓苗。缓苗后适当降温，白天 23～28℃，夜间 13～18℃，进入结果期后也正是严冬季节，尽量保持温室内温度白天 25～30℃。午间出现短时间 30～35℃高温也可不放风，以蓄热保温，使气温达到夜间 15～20℃、清晨 12℃以上。当进入春、夏季，茄子正处在盛果期，要注意通风，不可使棚温过高。外界温度在 13℃以上时，不再闭棚，昼夜进行通风。

（2）水肥管理：一般在定植后一周，浇一次缓苗水，以后适当控水缓苗，促进根系发育。在门茄 2～3cm 时，植株生长旺盛、果实迅速膨大，需水肥量逐步增加，这时要浇第一次水（浇水过迟影响植株生长和果实发育；浇水过早会导致植株徒长，引起落花落果）。以后随门茄、对茄采收及时浇水追肥，见干就浇不能缺水。茄子生长旺盛，产量高，耗水量大。如果缺水抑制植株生长，促使植株老化，发生落花落果，或坐果后果实膨大慢、色暗、无光泽、品质下降，降低商品价格。冬季浇水应保持水温在 10℃以上，水温过低，降低地温，抑制根的呼吸，也会引起落果，严重时造成根系窒息，植株萎蔫。灌水应采用膜下暗灌或滴管，在晴天上午进行，浇水后放风排湿。茄子以采收嫩果为主，果实发育快，采收次数多。在门茄采收后就应结合灌水进行追肥。第一次追肥每亩施尿素 15～30kg，以后可每隔 10 天左右浇一次水。间隔一两次浇水就追一次肥，每次尿素 10kg、磷酸二胺 10kg。

（3）光照调节：茄子对光照要求不严，但在日光温室严冬季节低温寡光情况下，不能满足茄子光照，特别是光照对茄子着色影响很大，光照不足时茄子着色不好，影响商品价格，所以要采取多种措施满足茄子对光照度的需要。例如，采用透光率好的棚膜，保持棚膜清洁；在不影响保温前提下尽量早揭、晚盖保温帘延长光照时间；阴冷天也要揭帘见光；有条件时可以张挂反光幕；定植时适当控制植株密度等。另外及时进行植株调整使其通风透光也都十分重要。

（4）植株调整：为了改善植株内部光照，合理分配营养，提高品质和产量，日光温室栽培多用严格的单杆、双杆或三杆（密度小的）整枝。做法是：以双杆整枝为例，即在门茄下只保留 1 个强壮侧枝，与主杆并生成双杆，等对茄坐住后，去掉外侧枝，留主枝向上生长，以后采取同样处理，始终保持双杆向上生长结果。如坐果多时，植株生长过长，需立支架支撑或吊秧。

（5）保花保果：由于温室内湿度大，开花后花药不开裂，茄子授粉困难，必须采用生长素保花保果。2,4-D 浓度为 30～40ppm①、防落素浓度为 50ppm，用毛笔蘸药液涂抹在初开放的花柄处，这样可防止畸形果的产生。为防止重蘸，药液中加红广告色或墨汁以示标记，同时可在药液中加 0.1%用量的 50%速克灵可湿性粉剂 2000 倍液，对防治灰霉病有好的效果。

（6）采收：一般门茄应当早采，避免影响以后果实的生长发育。茄子采收的标准是当萼片与果实相连处的环纹带不明显或消失时，表明果实已停止生长，这时采收产量和品质都比较好。采收时应用剪刀剪断果柄，避免用手拽伤植株。包装运输、贮藏都要符合无公害蔬菜技术标准。

（三）病虫害防治技术

1. 黄萎病

1）症状

一般在门茄坐果后表现症状。多自下而上或从一侧向整株发展。初期叶缘及叶脉间先变黄，以后逐渐发展至半边叶乃至整个叶片变黄。病情发展时，整个植

① ppm 是溶液浓度（溶质质量分数）的一种表示方法，ppm 表示百万分之一。即 1L 水溶液中有 1mg 的溶质，则其浓度（溶质质量分数）为 1ppm。

株叶片由黄变褐，萎蔫下垂，终至全部脱落。病株维管束变褐。

2）侵染途径及发病条件

病菌随残体在土壤中越冬。一般在土壤中可存活6～8年。来年从根部伤口、幼根表皮及根毛侵入，以后蔓延到维管束、茎叶、果实及种子。从茄子定植到开花期，月平均气温低于15℃，持续时间长，发病早而严重。地势低洼，浇水不当及重茬种植均发病严重。

3）防治要点

（1）选用抗病砧木托鲁巴姆嫁接育苗。

（2）种子处理：用种子重量0.2%的50%多菌灵可湿性粉剂浸种1～2小时，或60%防腐宝水剂1000倍液拌种，闷2小时。或50℃温水浸种15分钟。

（3）化学防治：苗床用50%多菌灵处理；栽培地块用50%多菌灵可湿性粉剂每亩2kg喷洒土面，浅耕至土壤中15cm处；发病初期用50%多菌灵可湿性粉剂500倍液、50%苯菌灵可湿性粉剂1000倍液或10%治萎灵水剂300倍液或50%甲基托布津灌根，每株100ml。

2. 褐纹病

1）症状

初期在果面上形成圆形或不规则形褐色病斑。扩大后病斑形成湿腐大型褐色病斑，病斑上有不规则轮纹，轮生小黑点。叶片初现水渍状小圆斑，扩大后边缘褐色，中央灰白色，边有小黑点，病斑易破碎穿孔。茎部受害形成梭形病斑，边缘紫褐色，中央白色，病斑上有小黑点。

2）侵染途径及发病条件

病菌随病残体在土壤中越冬，也可随种子越冬。幼苗或成株发病后借风及农事操作传播再侵染。气温28～30℃，空气相对湿度80%以上，持续时间长或连阴雨都易发病。连作地块也是发病的条件。

3）防治要点

（1）选用未种过茄科作物的土壤、地块育苗。苗床每平方米用10g 50%多菌灵可湿性粉剂和2kg床土配成药土，育苗时下铺上盖。

（2）种子用55℃热水浸种15分钟。

（3）与非茄科作物轮作两年以上。

（4）加强棚室管理，高垄地膜覆盖栽培，防止大水漫灌，控制温湿度，避免高温、高湿。

（5）化学防治：用58%甲霜灵锰锌可湿性粉剂500倍液、64%杀毒矾可湿性粉剂500倍液，或75%百菌清可湿性粉剂600倍液或50%苯菌灵可湿性粉剂1000倍液喷雾。

3. 绵疫病

1）症状

果实为害严重，茎、叶片均可受害。受害果实初为水浸状圆形斑点，稍凹陷，果肉变褐，易脱落，湿度大时病斑表面长出白色絮状菌丝。茎部受害初表现水浸状缢缩，后变暗绿色或紫褐色，其上部萎蔫，也可生白霉。叶片受害出现不规则圆形水渍状病斑，有轮纹，潮湿时其上有白霉。

2）侵染途径及发病条件

病菌随病残组织在土壤中越冬。经雨水等水流溅到果实上为害。后产生孢子，借风传播，形成再侵染。高温多雨、潮湿容易发病。

3）防治要点

（1）与非茄科作物实行轮作倒茬。及时处理烂果病叶。拉秧后及时清理残株，清洁田园。

（2）棚室栽培加强管理，注意通风排湿。

（3）化学防治：喷施 72.2%霜霉威水剂 600 倍液，或 50%代森锰锌可湿性粉剂 500 倍液，或 75%百菌清可湿性粉剂 500～600 倍液，或 25%甲霜灵可湿性粉剂 800 倍液，或 72%克露 800 倍液。

4. 灰霉病

1）症状

主要为害果实。先侵染残留的花瓣或花托脐部，出现水浸状病斑，软化逐渐扩大、凹陷腐烂，呈灰褐色，产生灰色霉层，以后果实软腐。叶片上出现灰褐色较大病斑，有不明显轮纹。

2）侵染途径及发病条件

病菌随病残体在土壤中越冬。病菌主要通过柱头孔口、伤口、叶缘水孔侵染。随气流、雨水、农事操作传播形成侵染。在低温 20～25℃，空气相对湿度 80%以上时容易发病。棚室内气温低、湿度大、连阴天、植株过密、通风透光不好，都会加剧病害发生和流行。

3）防治要点

（1）加强棚室管理：注意通风排湿，减少夜间叶面结露，适当提高室温，加强光照。及时清理病果、植株残体。

（2）蘸花时生长素内加入 0.1%用量的 50%速克灵可湿性粉剂 1000 倍液。

（3）化学防治：喷施 65%甲霜灵可湿性粉剂 800～1000 倍液，或 50%扑海因 1000 倍液，或 50%速克灵可湿性粉剂 2000 倍液，或 75%百菌清可湿性粉剂 500 倍液。

5. 红蜘蛛

1）为害特点

以成螨和若螨群集于叶背吸食汁液。初期叶片正面出现褪绿砂斑。继而叶片灰白干枯。一般先为害下部叶片，以后逐步向上蔓延。

2）生活习性

一年可发生 10 余代。以雌螨潜伏于菜叶、草根或土缝中越冬。冬季在温室中可继续为害繁殖。春季先在杂草等越冬寄主上繁殖，再进入菜田为害，以后靠风、农事操作人的携带进行扩散。在干旱高温条件下极易发生流行，为害严重。

3）防治要点

（1）清除虫源：及时清除杂草、枯枝落叶、拉秧植株等，搞好田间卫生。做好冬季育苗场所及生产温室的防治工作。

（2）做好苗期防治：定植前对秧苗进行 1～2 次化学防治。

（3）化学防治：用 1.8%农克螨乳油 2000 倍液，效果极好，有效期长，无药害。用 73%克螨特 1000 倍液，或 20%灭扫利乳油 2000 倍液，或 25%来螨锰 1000～1500 倍液，或苦参素 500～800 倍液，或川楝素 500 倍液，或印楝素 500～800 倍液，或 2%螨死净 2000～3000 倍液喷雾。

6. 白粉虱

1）为害特点

以成虫和若虫群集在叶背面吸食植物汁液，使叶变黄、植株生长衰弱甚至枯死。成虫和若虫能大量分泌蜜露，污染叶片、花和果实，引起煤污病，使果实失去食用价值。

2）生活习性

在北方室外不能越冬，主要是温室作物上繁殖为害。一年可发生十几代。第 2 年通过定植、移栽时转入大棚或露地为害，或从温室迁飞至露地为害，因此造成周年发生。

3）防治要点

（1）棚室拉秧后，在下茬生产时，对棚室进行彻底熏蒸灭虫。

（2）育苗时设防虫网、喷药防治等，尽可能培育无虫苗。

（3）在温室、大棚内设置黄板诱杀。

（4）化学防治：利用 25%扑虱灵 1000～1500 倍液，或 25%灭蠓锰可湿性粉剂 1000～1500 倍液，或 2.5%溴氰菊酯 3000 倍液，或天王星 4000 倍液、25%功夫乳油 3000 倍液、10%蚜虱净可湿性粉剂 2000 倍液喷雾。喷雾时先喷叶正面后喷背面。

7. 蚜虫

1）为害特点

主要以成虫和若虫群集在叶背、嫩茎、花蕾刺吸汁液，并排泄蜜露造成污斑，使幼苗卷叶、萎蔫、枯死。成株叶片枯黄、落叶造成减产。还能传播病毒。

2）生活习性

一般以卵在树木枝条和枯草基部越冬，春天孵化 2～3 代，产生有翅蚜迁飞到大棚或露地蔬菜为害。秋末冬初迁飞到越冬寄主上越冬，或进入温室继续繁殖为害瓜菜。有翅蚜有趋黄性，对银灰色有负趋性。

3）防治要点

（1）注意田间卫生，及时处理病残株，铲除杂草。

（2）田间设置黄板诱杀，黄板设置应高于植株顶部。地边、棚室四周悬挂银色塑料条带忌避。

（3）化学防治：①保护地用异丙威等杀蚜烟剂，每次 400～500g/亩，暗火点燃，密闭 3 小时，效果可达 90%以上。②叶面喷施 5%或 10%啶虫脒 1000 倍液或 10%吡虫啉 2000 倍液。

二、塑料大棚茄子高产高效栽培技术

（一）育苗

1. 砧木选用“托鲁巴姆”

该砧木的主要特点是同时高抗黄萎病、枯萎病、青枯病和根线虫病 4 种土传病害。

2. 播期的确定

于当年 10 月上旬左右播种砧木，一周后播种接穗种子。

3. 浸种催芽

将托鲁巴姆砧木种子先放在 0.1%高锰酸钾溶液中浸泡 2 小时，然后放入 55℃温水中，水量以浸没种子为宜，不停搅拌至水温降至 30℃左右，再浸泡 8～12 小时后捞出，置于 30℃条件下催芽。每天用清水漂洗 1 次，3～4 天后出芽 60%左右时即可播种。接穗种子用同样的方法处理。

4. 播种

1）接穗

一般在日光温室内进行育苗。选用未种过茄科类蔬菜和瓜类的肥沃过筛园土7份、腐熟有机肥（如牛粪、羊粪）3份，每立方米营养土再加入磷酸二铵1kg、硫酸钾0.5kg，用50%多菌灵可湿性粉剂500倍液对营养土进行消毒。消毒后把营养土充分混匀，用塑料薄膜严密覆盖2～3天。然后将营养土平铺成10cm厚，浇透底水，均匀撒播接穗种子。

2）砧木

由于砧木种子通常比茄子种子小，因此播种密度要大于接穗苗，撒播后盖土约0.5cm厚，覆盖地膜。当80%苗出土时，及时揭去地膜。为了防止猝倒病的发生，出齐苗后应立即喷洒72.2%霜霉威400～600倍液1次，隔7天后再喷1次。待砧木长出一片真叶时，将砧木移栽至50孔的穴盘中，以便嫁接。

5. 苗期管理

当苗出齐后，温度控制在白天25～30℃，夜晚15～18℃，如果苗床湿度过大或温度过高时适当放风、排湿降温，太干时酌情洒水。接穗苗长至一定大时，及时间苗，将病弱苗拔除。砧木苗长出两片真叶时，即可把苗移栽至10cm×10cm规格的营养钵中。做好水肥管理及病虫害防治工作，并于嫁接前炼苗。

6. 嫁接

采用劈接法进行嫁接。

翌年2月下旬，当砧木苗茎高10cm以上，茎粗达0.5cm以上时，即可采用劈接法进行嫁接。所选用的接穗苗茎粗细应与砧木苗茎相当，起苗前2～3天，用多菌灵或杀毒矾等杀菌剂+杀虫剂对接穗进行防病虫一次。起苗前一天要结合浇水，用喷壶把幼苗冲洗一遍，把苗茎上的泥土冲洗干净，嫁接当日要待苗茎上的露水干后再起苗。

取砧木苗，用刀片把苗茎从距地面5～6cm处水平切断，取接穗苗，左手拿苗，右手持刀片，在第3片真叶下，把苗茎削成楔形，切面长0.8～1.0cm，两切面要平整且长度一致，用刀片在砧木苗茎断面的中央向下劈切一刀，深度稍大于接穗苗的切面长，把接穗的苗茎切面与砧木苗的切口对齐对正后插入，然后用嫁接夹把接口固定牢固，给砧木苗营养钵浇水，移入小拱棚内，一边嫁接一边在小拱棚上加盖草苫、棉被等覆盖物。

7. 嫁接后的管理

（1）温度管理：嫁接后头 3 天的棚内温度控制在 20～30℃，白天温度过高时要对苗床进行遮阴降温，夜间温度过低时要采取保温和增温措施。1 周后，当嫁接苗开始明显生长时，温度控制在白天 25～30℃，夜间 12～15℃。

（2）湿度管理：嫁接后 7 天棚内苗床空气湿度应保持在 85%～95%，土壤要保持湿润，嫁接苗不发生萎蔫时，第 4 天开始要对苗床进行适当的通风，使棚内的空气湿度白天保持在 80%左右。嫁接苗成活后，加强通风，使苗床内白天的空气湿度保持在 70%～80%，以减少发病。嫁接苗成活后要减少浇水，促进根系生长，此期应适宜浇水量使营养钵内土壤保持半干半湿。

（3）光照管理：嫁接后 3 天内，要用草苫、棉被等对苗床进行遮阴，第 4 天开始，在 8:00～9:30 和 16:30～18:30 接受直射光照射，以后逐渐过渡到全天不再遮阴。在嫁接苗完全成活前的光照管理中，如果嫁接苗只是叶片微有萎蔫表现，可不需遮阴，若叶柄也开始发生萎蔫，就需立即对苗床进行遮阴。

（4）打杈和断根：砧木苗茎上长出的侧枝及茄子苗茎上长出的不定根要及时抹除。

（二）栽培技术

1. 定植时的温度要求

当棚内 10cm 地温达到 12℃以上，夜间最低地温在 5℃以上，并稳定 7～10 天，就可以进行定植。

2. 建棚及扣膜烤地

新棚最好能在头年土地封冻前搭建完备。在定植前 15～30 天覆盖棚膜进行烤地，使土壤冻层减少。

3. 整地施肥

每亩施腐熟农家肥 5000kg 左右，优质复合肥 50kg，混匀撒施，深翻 20cm 后，起垄覆膜，垄高 20～25cm，垄宽 70cm，沟宽 50cm，覆膜前在垄面喷洒 48%地乐胺乳油防治杂草。

4. 定植

在垄顶挖定植穴，穴距 40cm，每垄栽 1 行，每穴 1 株，每亩定植 1300 株左右，合理密植。定植时，将苗从营养钵中轻轻取出，摆正放在挖好的穴内，嫁接口要高出地膜 3cm 以上，以防嫁接刀口受到二次侵染而导致土传病害发生。用土封好穴后浇灌大水。

5. 定植后管理

1）提高光照强度

茄子枝叶繁茂，株态开展，会因相互遮阴而光照不足，易出现植株徒长、花蕾发育不健壮、短花柱花、花粉粒发育不良而影响受精，果实着色不好且易产生畸形果等现象，因此，对光照要严格控制，应保持棚膜清洁，以增加透光率。

2）温湿度管理

定植后要密闭大棚保温，以促进缓苗。缓苗后的温湿度应较缓苗前有所下降，温度白天控制在 23～28℃，超过 30℃就要放风；夜间控制在 16～20℃，最低不能低于 13℃。要求空气湿度控制在 50%～60%，保持土壤湿润（湿而不黏），忌大水漫灌，宜小水勤浇，低温高湿时尽可能加强通风排湿，以减少发病机会。

3）植株调整

嫁接茄子的生长势较强，对砧木萌出的新侧枝应及时摘除，以防止消耗营养而影响茄子生长，同时，还要及时清理底部老叶和无效枝，当植株长到 40cm 高时开始吊枝，每株只留双杆，其余枝条全部去掉。塑料大棚茄子生长旺盛，植株高大，一般根据情况用绳子或竹竿进行搭架。绳子或竹竿位置拉到满天星的位置为宜，架要牢固。当植株长到 1.8～2m 高时，采收过的部分每个节间留 1 个侧枝，每个侧枝留 1 个茄子，然后留 1～2 片叶去头封顶。

4）水肥管理

门茄长至 3～4cm 长时开始追肥灌水，每亩用尿素 10kg、硫酸钾 7.5kg、磷酸二铵 5kg，混合穴施，并结合施肥进行浇水，浇水量不宜太大。第 2 次追肥在对茄开始膨大时进行，种类、数量及方法同第 1 次，以后是否再追肥要视植株的生长状况和生长期长短而定。

5）激素处理

用 20～35mg/L 的 2,4-D 药液蘸花或涂抹花萼和花朵，刺激子房膨大，保证果实坐稳。蘸花激素溶液中应加少量红颜料，对当天开放的花进行蘸花，隔日蘸花一次，不重复蘸同一朵花。蘸花后 5 天，及时观察子房是否膨大、果实有无畸形等，以便适时调配最佳的蘸花激素浓度，激素浓度随温度升降进行调节，温度高时激素浓度应稍低些，温度较低时激素浓度应高些。在激素中加入 0.1%腐霉利可湿性粉剂，以预防灰霉病。

6. 适时采收

当果实充分长大、果皮发亮有光泽时，及时采收。采收时间以上午露水干后或傍晚为好。门茄要适当早收。

（三）病虫害防治

具体方法与日光温室同。

三、露地茄子高产高效栽培技术

（一）育苗

（1）育苗设施：选用智能温室或日光温室。

（2）育苗时间：2 月下旬至 3 月上旬。

（3）穴盘选用与消毒：选用 72 孔或 50 孔规格的穴盘，以保证较大的营养面积，利于根系生长。用 40%的福尔马林 100 倍液或 0.3%的高锰酸钾溶液对穴盘进行浸泡消毒。

（4）基质消毒：将蔬菜商品育苗基质用 1500 倍锈苗或 50%多菌灵可湿性粉剂 800 倍液拌湿（相对含水量 50%～60%，用手捏可成团，并有少量水滴滴下），再用地膜将营养土裹严，48 小时即可使用。

（5）浸种催芽：把种子浸入 50～55℃的温水中，水量以浸没种子为宜，不停搅拌至水温降至 30℃左右。然后用 10%磷酸三钠溶液或 2%氢氧化钠溶液浸种 20～25 分钟，捞出后用清水多次冲洗，洗净后室温下浸泡 8～12 小时后催芽。催芽一般在 28～30℃恒温条件下进行，待发芽率达到 60%时即可播种。

（6）播种：在育苗盘内装满营养土，并轻度镇压后，刮掉盘面多余的营养土，并在穴格正中打直径 2～3cm、深 1.5cm 左右的播种孔，将露白的 3～4 粒种子播入孔内。播完后在盘面上覆少许营养土，并轻度镇压后，刮平盘面，用地膜包裹严盘面后，在苗床上成排整齐摆放。

（7）苗期管理：出苗期，温度控制在白天 25～30℃，夜间 18～25℃，60%苗出土后，及时揭去地膜；出苗后，温度控制在白天 20～25℃，夜间 15～20℃。1～2 片真叶时定苗（间掉多余幼苗、拔除病弱苗、补缺苗）1 次，定苗后视幼苗长势用浓度为 0.2%磷酸二氢钾＋尿素营养液喷洒幼苗 1～2 次。随着气温升高、幼苗的长大，加大清水的浇洒量。定植前控水控肥进行炼苗。定植前 10 天适当加大通风量，降低温度，炼苗。

（二）栽培技术

1. 整地施肥

结合深耕深翻土壤，每公顷施入腐熟的优质农家肥 15 万 kg，油渣 3000kg，氮（N）肥 180kg，磷（P_2O_5）肥 180kg，钾（K_2O）肥 75kg，做到肥土混匀、土绵地平。

2. 起垄覆膜

一般在 4 月中旬开沟起垄。垄宽 60～70cm，沟宽 50cm，垄高 25cm，浇水灌垄，水下渗后修整垄面，在垄面均匀喷施 48%地乐胺乳油 500～600 倍液并覆膜，地膜要拉展压牢。

3. 定植

1）时间

5 月上中旬晚霜过后，日平均气温稳定在 17℃左右时，选择无风晴天的下午进行定植。

2）定植方法

每垄 2 行，穴距 40～45cm，呈"品"字形在距垄边 5cm 处挖穴，每穴单苗定植。将苗摆正放入定植穴，用湿土回填，压平地膜，随即灌水，灌水量切忌过满或漫垄。保苗密度 3.75 万～4.5 万株/hm^2。

4. 定植后管理

1）灌水

缓苗后轻灌头水。全生育期灌水 6～10 次，每次灌水以沟深的 2/3 为宜。灌水应做到浅浇勤灌，以早、晚为佳，忌正午灌水或大水漫灌。

2）追肥

缓苗后喷施 0.3%磷酸二氢钾＋尿素 1～2 次。门茄坐果后结合灌水进行追肥，一般每次追施氮（N）肥 345kg/hm^2，磷（P_2O_5）肥 180kg/hm^2，钾（K_2O）肥 150kg/hm^2。

3）整枝打杈

定植后"门茄"开花前，将其大杈以下长出的腋芽及时摘除。

4）中耕除草

在每次灌水后，结合浅耕松土锄净田间杂草，避免杂草与茄子植株争夺养分和光照空间，在封垄前及时拔除定植穴内的杂草，并培土护根，以防植株倒伏。

5. 采收

挂果后，及时采摘门茄，其他茄子成熟后及早采收果实，可以延缓植株老化，提高辣茄子产量。

（三）病虫害防治技术

主要病害有茄子黄萎病、茄子褐纹病、茄子绵疫病、茄子灰霉病等；虫害有红蜘蛛、白粉虱和蚜虫等。

1. 农业防治

培育无病虫壮苗、苗期适当通风，控制幼苗徒长。及时拔除重病株，摘除病叶、病果，带出田外烧毁或深埋。消灭田边杂草、铲埂除蛹，避免与茄子、辣椒、番茄等茄科作物连作。

2. 化学防治

具体方法同日光温室病虫害防治。

主要参考文献

陈灵芝. 2006. 茄子种质资源抗黄萎病鉴定结果. 甘肃农业科技, (1): 21-23.
陈灵芝, 王兰兰, 魏兵强, 等. 2016. 茄子新品种黑玉的选育. 中国蔬菜, (11): 58-60.
李明清, 宋远佞, 王祖荣. 2006. 兰州主要蔬菜栽培技术 (内部资料).
李植良, 黎振兴, 黄智文, 等. 2006. 我国茄子生产和育种现状及今后育种研究对策. 广东农业科学, (1): 24-25.
连勇, 刘富中, 田时炳, 等. 2017. "十二五"我国茄子遗传育种研究进展. 中国蔬菜, (2): 14-22.
Zeng H L, Ye P S, He L, et al. 2009. Resistance evaluation of eggplant resources to *Verticillium wilt* in Sichuan Province. Agricultural Science and Technology, 10 (5): 123-125.

第四章　黄　瓜

第一节　甘肃黄瓜生产现状

黄瓜（cucumber），葫芦科甜瓜属，幼果具刺，栽培种，一年生攀缘性草本植物。学名 *Cucumis sativus* L.；别名胡瓜、王瓜。染色体数 $2n=2x=14$。黄瓜原产于喜马拉雅山南麓的印度北部地区。印度于 3000 年前开始栽培黄瓜，随后传入我国南部和东南亚各国，并相继传入南欧、北非、中欧、北欧、俄罗斯及美国等地。目前在我国各地普遍栽培，通过各种设施和栽培方法，基本上可以实现周年生产。主要以采食嫩瓜为主，具有清热利水、解毒消肿、生津止渴等功效。

甘肃省位于我国西北内陆，地貌复杂多样，山地、高原、平川、河谷、沙漠、戈壁等类型齐全，交错分布，复杂的地貌形态造就了甘肃省各地气候类型多样，从南向北分别呈现出亚热带季风气候、温带季风气候、温带大陆性（干旱）气候和高原高寒气候等类型。年平均气温 0～15℃，大部分区域气候干燥，年平均降水量 40～750mm，全省境内利用不同栽培设施均可进行黄瓜生产。

一、分布区域

甘肃全省各地均有黄瓜栽培，年播种面积 15 万亩左右，年际有差异，主要生产基地在庆阳市、平凉市、天水市、兰州市、白银市、武威市、张掖市、酒泉市等地。庆阳市黄瓜栽培主要在合水县、宁县、西峰区、华池县等地，栽培品种主要以白黄瓜为主，也有一定面积的华北型密刺黄瓜和乳瓜栽培。“庆阳白黄瓜”栽培历史悠久，在庆阳市各县区均有种植，农户长期自选留种，形成了果实色泽、风味、刺瘤及熟性等生物学性状不同的地方品种，这些地方品种保持和丰富了本区域白黄瓜品种资源，为生产提供了较好的地方品种。近年来，引进的天津白叶三、翠玉 4 号等品种及甘肃省农业科学院蔬菜研究所选育的甘丰春玉、甘丰袖玉雌性白黄瓜杂交种，极大地丰富了品种类型。随着庆阳市蔬菜产业的不断发展，“庆阳白黄瓜”播种面积也在稳步增长，年栽培面积约 1.5 万亩，栽培相对集中的有合水县、西峰区和宁县三地，其余各县及周边地区也有一定的栽培面积。平凉市黄瓜栽培主要在泾川县、崆峒区、崇信县和灵台县等地，栽培的主要品种为华北型密刺黄瓜；泾川县和崆峒区有一定面积的白黄瓜栽培，品种多为地方品种，全市年栽培面积约 1.5 万亩。天水市黄瓜栽培主要在武山县、甘谷县、麦积区和秦州区等地，栽培品种主要是华北型密刺黄瓜，年栽培面积约 2 万亩。兰州市黄瓜栽培主要在榆中县、皋兰县、红古区和永登县等地，栽培品种多为华北型密刺黄瓜，近年来乳瓜和旱黄瓜栽培面积逐年增加，全市年栽培面积约 2.5 万亩。白银市黄瓜栽培主要在白银区、靖远县和景泰县等地，栽培品种主要是华北型密刺黄瓜，年栽培面积约 3 万亩。武威市黄瓜栽培主要在凉州区，民勤县、古浪县和天祝县等也有栽培，栽培品种为华北型密刺黄瓜和乳瓜，全市年播种面积约 3.5 万亩。张掖市黄瓜栽培主要在甘州区和临泽县，黄瓜年栽培面积约 0.3 万亩。酒泉市黄瓜栽培在肃州区、玉门市、敦煌市和瓜州县，黄瓜年栽培面积约 1 万亩。另外，在定西市的安定区和临洮县，金昌市的金川区和永昌县，甘南藏族自治州的卓尼县和临潭县，陇南市的武都区和礼县等地均有一定面积的设施黄瓜栽培。

二、栽培方式

甘肃省黄瓜生产主要以塑料大棚和日光温室栽培为主，塑料大棚多为早春茬，城郊有秋延后栽培；日光温室可进行周年黄瓜生产，茬口安排较为自由，一般分为早春茬、越冬茬和秋冬茬 3 个茬口；露地黄瓜栽培面积已经很小。

（一）栽培设施类型

黄瓜栽培多采用单栋塑料大棚，结构类型有竹木结构、钢桁架结构、钢竹混合结构及镀锌钢管装配式。在示范园区也存在使用连栋塑料大棚进行黄瓜生产和展示的情况。由于各地经济状况和农民收入不同，在经济状况较差的地区或一些老菜区，旧的大棚多为竹木结构和钢竹混合结构。镀锌钢管装配式大棚在新建大棚中所占的比例较大。20 世纪 90 年代初引进的日光温室，主要用于黄瓜生产，经过 20 多年的发展，目前甘肃日光温室黄瓜年栽培面积约占总栽培面积的 10%～15%，结构类型多为钢桁架竹木结构和全钢架结构。

（二）品种选择

甘肃省适宜发展设施农业的区域主要为干旱和半干旱地区，海拔大多在 1400～1800m，光照充足，灌溉条件良好，适合发展设施农业。春大棚一般选择抗病、商品性好、丰产性好的品种，夏季高温对黄瓜影响较小。日光温室黄瓜栽培一般选择抗病、商品性好、丰产性好的温室专用品种。

（三）生产期安排

塑料大棚春提早栽培一般 2 月底到 3 月初育苗，苗龄 30～35 天，4 月上旬定植，5 月中旬进入结果期，7～8 月拉秧；秋延后栽培一般 7 月下旬育苗，苗龄 25 天，8 月中旬定植，9 月初采收，10 月中下旬拉秧。

日光温室越冬茬一般 9 月下旬到 10 月初育苗，11 月初定植，12 月中旬采收，翌年 6～7 月拉秧；早春茬 1 月中旬育苗，2 月中下旬定植，3 月中下旬采收，7 月底拉秧；秋冬茬一般 8 月中下旬育苗，苗龄 25 天，9 月中旬定植，10 月中旬采收，12 月底拉秧。

（四）产量和产值

日光温室长季节栽培亩产量 10 000～15 000kg，产值 3.5 万～4.5 万元，每亩综合成本 0.8 万～1 万元（不包含人工，下同），效益 2.5 万～3.5 万元；塑料大棚栽培亩产量 6000～9000kg，产值 7500～10 000 元，综合成本 3000～5000 元，效益 4500～5000 元。

三、生产中存在的问题

（一）产业发展基础薄弱，规模化程度不高，抗风险能力弱

甘肃黄瓜栽培面积小，规模化程度一直不高，多以一家一户零散种植为主，生产规模存在不均衡问题，尤其是甘南藏族自治州、临夏回族自治州、定西市和陇南市等地，栽培面积更少，自给率低，设施档次低，抗灾生产能力差，均衡供应能力弱，市场价格易出现波动，生产效益不稳定。

（二）科技支撑能力不强

虽有较好的单项技术创新，但集成组装不够，仍处于示范阶段，尚未得到大面积推广应用。

1. 生产中品种相对单一，自主品种缺乏

甘肃省黄瓜栽培主要以华北型密刺黄瓜品种为主，目前生产中应用最广的是“津优系列”“博耐系列”黄瓜品种，地方特色黄瓜品种偏少，省内自主研发品种相对较少，对地方特色品种保护和开发不足，相关科研力量较弱，亟待加强黄瓜育种工作，尽快培育具有自主知识产权的黄瓜新品种。

2. 栽培技术相对落后

针对设施黄瓜栽培技术的研究，多集中在肥料、农药及温湿度调节等单项技术的试验和筛选阶段，缺乏将水肥、病虫害综合防治、环境调控等技术轻简化、集约化、低成本集成应用的研究。甘肃省地处西北内陆，经济发展缓慢，农民收入低，对黄瓜种植的投入和先进管理经验掌握不足。在一些黄瓜产区霜霉病、棒孢叶斑病、白粉病、根结线虫及连作障害等病虫害防治问题没有得到有效解决，

导致产量低、效益差，使得黄瓜栽培面积严重萎缩。

3. 生产成本高，产量效益不稳定

甘肃黄瓜生产主要以设施栽培为主，属劳动密集型产业，人工成本及生产资料费用日益增高，导致栽培成本上升。为降低成本，农户往往人为减少应有的田间用工用药和必需的水肥管理，不及时更新保温覆盖和灌溉等设施设备，导致产量效益下降。

4. 产业组织化程度低，新型经营主体没有形成

随着土地流转、“设施蔬菜标准园”建设，甘肃省形成了一批新兴设施蔬菜种植基地。从业主体多从工商、地产、服务等行业转化而来，虽有较高的积极性，但无涉农经验。传统的菜农虽然有一定的种植经验，但接受新事物的意识较差，种植户的整体技术素质不高。基层农技推广难以形成高效的技术服务体系，先进适用的技术不能及时得到应用。在生产组织、经营模式、组织管理、销售网络、品牌建设等诸多方面存在不足，致使生产盲目性、随意性大，产量低、质量不高，人为生产管理事故频发，抗风险能力差，上市期集中，比较效益低，严重影响了黄瓜产业的健康发展。

5. 采后处理较落后

甘肃省黄瓜以鲜销为主，产后包装加工程度低。不进行产品分级、保鲜处理，一家一户作坊式简单包装很难满足市场多样化需求。产品销售半径小，损失率高，从而导致黄瓜产业抵抗市场风险能力较差，生产效益不稳定。

四、发展思路

（一）科学规划蔬菜发展区域布局，在优势区发展黄瓜产业

甘肃省地域狭长，气候类型多样，要根据不同气候类型规划适宜发展的设施类型，形成相对集中的设施蔬菜优势产区。提高产业发展基础设施配套建设水平，在优势区发展黄瓜产业，提升黄瓜产品生产能力，提供安全优质的黄瓜产品，以满足市场需求。

（二）培育市场需求品种，为产业提供高品质的品种

1. 培育多抗优质丰产设施专用型黄瓜品种

首先，大量引进国内外新选育的黄瓜优良品种，筛选多抗优质丰产、耐低温

高湿的保护地长季节栽培品种，以满足生产需求。其次，要加大黄瓜育种研究，广泛搜集黄瓜种质资源，进行资源精准鉴定，发掘优良基因，利用现代生物技术与传统育种技术相结合，培育耐低温弱光、抗枯萎病、霜霉病、白粉病及细菌性病害的日光温室和塑料大棚专用品种。

2. 培育具有地方特色的黄瓜新品种

高度重视甘肃省地方黄瓜种质资源的搜集、保存筛选、创新利用，重点开展抗病与品质育种，采用辐射育种、杂交转育与分子标记辅助筛选等方法，创制多抗、优质的特色黄瓜新种质，建设种质资源圃及规模化良种繁育基地，扩大特色黄瓜新品种在市场上的占有率。

（三）加快黄瓜优质、安全轻简化栽培技术研发集成

1. 对不同生态区黄瓜生产需求开展轻简化、节本省工新技术研发

黄瓜生产应尽快推广软管滴灌、微喷或渗灌，并研发配套的灌溉与施肥融为一体的水肥一体化技术、自动化水肥供应技术、农药化肥“两减一增”技术、小型农用机械引进示范（播种机、开沟器、覆膜机、定植器等）等。

2. 开展健康土壤培植技术研究

重点研究不同生态区域内设施土壤的物理、化学特性和微生物状况；开展生物菌肥、土壤调节剂、作物秸秆还田技术等对设施土壤改良效果的研究；提出设施黄瓜根区微生物健康调理技术和土壤质量健康管理措施，克服黄瓜连作障碍，提高品质。

3. 病虫害综合防控技术研发

以黄瓜主要病虫害为研究对象，进行绿色防控，如天敌昆虫释放、微生物生态调控、物理诱杀、选用抗病品种及生物农药筛选等，以减少化学农药的使用，提高产品的安全质量。

4. 集成应用灾害性天气防御技术

灾害性天气，尤其是倒春寒、连阴雪天、大风沙尘暴等天气对设施黄瓜生产影响特别明显，易出现冷害、冻害、生理性病害及生育期延迟，导致大幅减产或绝收。针对灾害性天气，集成推广植物补光灯、LED 补光灯、PO 功能性棚膜、清洁棚膜技术、临时补温等技术和设备。

（四）加大对产业发展的支撑力度

（1）政府农业主管部门要发挥对产业的宏观调控职能，建立蔬菜生产与市场信息平台，引导种植户安排茬口、选择品种，避免集中上市，维护市场稳定，保护菜农效益，以促进产业稳步发展。要加强农资产品监管，避免假农药、假肥料流入市场，保证生产投入品质量。

（2）强化标准化蔬菜产业园区建设，发挥示范带动功效。坚持“园区带园区，园区带农户”的模式，展示黄瓜栽培设施新结构、新技术、新品种、新栽培模式，让菜农能够看得见、学得到，从而加快新技术、新品种的推广，减少农民生产的盲目性。

（3）加强先进技术研发和科技培训，提高产业科技支撑。加大科技研发投入，组织相关科研单位和企业进行AA级绿色黄瓜、有机黄瓜生产技术研究，引领产业向高层次发展。依托科研单位、农技推广部门、标准化园区、合作社等，联合建立稳定的产业技术服务队伍，长期跟踪技术指导，加快新技术的开发普及，更好地为蔬菜产业服务。

（4）培育和发展新型经营主体，推动黄瓜种植主体由农户、种植大户零散生产经营向专业合作社、家庭农场、标准园规模化生产发展，实行订单生产，以此解决“小生产”和“大市场”的对接问题，提高黄瓜产业的组织化和现代化程度，增强市场竞争力。

（5）完善产业组织化营销网络，建立产地销售市场及营销队伍。培养专业营销队伍，使黄瓜产品分级、包装、保鲜、运输、销售形成一条龙服务。

第二节　甘肃黄瓜育种

一、育种现状

（一）育种目标

甘肃省黄瓜育种工作始于1980年，基础薄弱。20世纪60年代生产上以地方常规黄瓜品种为主，70年代初引进了天津市黄瓜研究所选育的津研系列黄瓜新品种和北京农业大学选育的北农12号等品种，在生产上被迅速广泛应用，使甘肃省黄瓜生产中使用的品种产生了一次大的更新换代。自1980年开始，甘肃省农业科学院蔬菜研究所组建了黄瓜育种课题组，开始搜集黄瓜种质资源并开展黄瓜杂交新品种选育研究，同时参加了全国黄瓜抗病育种协作组，黄瓜抗病育种被列入国家科技攻关项目，选育出了甘肃省第一个黄瓜杂交种——828黄瓜。828黄瓜在全国区域试验北方组中丰产性居第一位，抗黄瓜枯萎病和霜霉病，并在甘肃省、宁夏回族自治区、内蒙古自治区、新疆维吾尔自治区、陕西省、河北省等地推广应用。经过与全国多个农业大专院校和科研院所的协作攻关，在十余年的时间里，选育出以甘丰 2 号和甘丰 3 号为代表的早熟黄瓜新品种，具有早熟、高产、抗枯萎病等特性，适宜在北方塑料大棚春提早栽培，经过多年的推广，取代地方黄瓜品种，成为 20 世纪 90 年代甘肃省乃至我国北方各省区塑料大棚春茬黄瓜生产的主栽品种，栽培面积占到黄瓜栽培面积的 50%以上。

进入 20 世纪 90 年代中后期，随着日光温室在甘肃省的引进与推广，对黄瓜品种的适应性提出了更高的要求，因此甘肃省农业科学院蔬菜研究所开始了黄瓜的“抗逆育种”和“抗病育种”的研究，育成了适宜日光温室和春大棚栽培的甘丰 8 号和甘丰 11 号，适宜秋延后大棚栽培的甘丰 12 号，这些品种在甘肃省、内蒙古自治区、新疆维吾尔自治区、宁夏回族自治区等地得到大面积推广应用。跨入 21 世纪，随着人民生活水平的进一步提高，人们对黄瓜的营养和品质提出新要求，在品质上要求风味浓郁口感好，营养方面要求 V_C 含量高等，因此提出了“品质育种”。通过引进国外种质资源，开展水果黄瓜新品种的选育，同时对风味浓郁的地方品种也进行了开发，先后育成了绿秀 1 号乳黄瓜，甘丰袖玉、甘丰春玉白黄瓜，新品种的推广极大地丰富了市场上黄瓜的品种和类型。

（二）存在问题

1. 黄瓜种质资源占有量少，对资源的精准鉴定与开发不够

甘肃省从事黄瓜育种研究的单位仅有甘肃省农业科学院蔬菜研究所和天水市农业科学研究所，保存的黄瓜资源有 800 余份（剔除重复），其中多数为我国地方黄瓜种质资源，少量为国外引进的种质资源，国外黄瓜种质资源占有量极少，资源不够丰富，特别是抗病资源和抗逆资源缺乏。同时，由于育种目标和研究手段所限，对现有种质资源遗传多样性的鉴定评价、分类研究和系统整理严重滞后，不能全面了解黄瓜种质资源的遗传背景，对优异基因源挖掘利用和种质创新不足，难以满足育种和生产的需要。

2. 科研经费投入不足，育种新技术研究滞后

由于育种研究没有长期稳定的经费支持，造成蔬菜育种研究基础条件差，用于研究的仪器设备陈旧，规模小，研究深度不够，特别是在现代生物辅助育种技术研究方面落后，与全国同行差距正在逐渐拉大。

3. 育种人才队伍建设需要加强

由于没有科技人才继续教育专项经费，使得很难组织科研人员进行系统规模

培训。科研人员知识老化，创新能力不强；科研单位留才机制不健全，人才流失严重；高层次人才引进困难，现有的科研条件和待遇很难吸引高层次人才。

二、种质资源创新

植物育种发展的事实表明，突破性的成就取决于关键基因资源的开发与利用，对种质资源掌握得越多，研究得越深入，就越能加快选育新品种的速度。随着分子标记技术和第二代测序技术的快速发展，特别是全基因组测序、重测序和简化基因组测序技术不断成熟，可以明确现有种质资源群体结构和遗传多样性，结合表型鉴定数据，利用连锁分析和关联分析等基因组学方法，可高效发掘种质资源中蕴含的新基因和有利等位基因，从而大幅度提高了基因发掘和种质创新效率。

黄瓜种质资源研究现状：一是开展了资源的搜集与鉴定，先后搜集到美国、法国、荷兰、苏联等国外资源100余份，国内地方种质资源200余份，国内外育成的品种资源400余份，并对这些资源进行了田间性状鉴定，部分资源经过纯化筛选已经成为骨干亲本或优良自交系。二是杂交转育创制优良自交系，通过地方品种资源与欧洲温室黄瓜品种杂交、回交，创制具有地方黄瓜特性的雌性系；通过地方品种与现代优良品种杂交转育，利用田间重病圃和人工接种鉴定相结合的技术，创制抗黄瓜枯萎病、白粉病、霜霉病的单系材料；利用日光温室亚逆境生态环境筛选低温条件下单性结实能力强、瓜条生长速度较快的优良单系。三是利用航天诱变筛选有益突变材料，创造优良单系。

甘肃省黄瓜种质资源研究存在的问题：一是对国外资源的搜集和利用严重不足，种质资源相对单一，尤其缺乏抗病资源和抗逆资源；二是现代生物技术在育种中的应用严重欠缺，创制出的资源科技含量不高；三是缺乏可以长期保存蔬菜种质资源的种质资源库，现有种质资源存在遗失的风险。

三、育种技术研究

（一）育种技术利用现状

甘肃省黄瓜品种的选育主要采用杂种优势利用技术，20世纪80年代初通过引进国内地方品种资源，自交纯化筛选优良单系，利用田间重病圃筛选抗枯萎病单系材料，利用早春塑料大棚生态环境筛选苗期耐低温、早熟单系材料，经过生态环境压力筛选出许多优良单系材料，育成了极早熟黄瓜品种甘丰3号。20世纪90年代中期，随着设施黄瓜生产面积的不断扩大，霜霉病、白粉病、细菌性角斑病等叶面病害的为害严重影响了黄瓜生产，抗病育种成为这一时期主要育种目标之一，通过采用苗期人工接种与田间筛选相结合的方法筛选抗病材料。育种技术除常规的单交种育种法外，三交种育种法也有应用，通过定向杂交转育优良性状，育成的黄瓜品种对霜霉病、白粉病、枯萎病的抗病能力有所增强，同时选育出较抗疫病、高抗黑星病及细菌性角斑病等病害的材料，多抗性水平逐步提高。在提高抗病性的同时注重黄瓜商品性的选育，外观符合消费习惯，瓜把短、心腔小、口感脆嫩、清香、无苦味、可溶性固形物含量高等优良特性在育种中越来越受重视。黄瓜生产开始向类型多样化和品种专用化方向发展。

（二）育种技术研究方向

1. 加强黄瓜种质资源的研究，挖掘优异性状基因

加强对种质资源的搜集，包括野生种、近缘种及国外种质资源，对种质资源进行精准鉴定，挖掘优异基因并进行精确定位。利用物理诱变、卫星搭载等育种方法及生物技术手段进行种质资源的创新。通过远缘杂交和原生质体融合技术研究，创新种质，拓宽黄瓜的遗传背景。

2. 加强生物技术在黄瓜育种上的应用

（1）加强对组织培养技术的研究。在我国，利用组织和细胞培养进行黄瓜植株再生的研究虽然取得了较大的进展，但多处于试验阶段，真正应用于黄瓜育种还有一定差距。重点开展大孢子培养、辐射花粉培养技术研发，以此获取单倍体植株，建立DH系育种技术体系。

（2）加快分子标记辅助育种实践应用步伐。针对我国黄瓜品种在抗病虫性、抗寒性、耐弱光性、品质等方面存在的局限性，找到与这些性状紧密连锁的标记，构建遗传图谱与基因定位，应用分子标记辅助育种技术将有益基因进行聚合，提高品种的综合优良性状和杂交优势。

3. 重视品质育种

黄瓜品质主要包括感官品质（即大小、长短、色泽、质地、新鲜度、整齐度等）、风味品质（即口感）、营养品质（指所含的营养成分，包括各种维生素、有机酸、矿物质等的含量）等。重点研究黄瓜品质性状的遗传规律，营养成分的检测技术、品质的评鉴标准等。

4. 加强抗逆和抗病育种技术研究

随着设施农业的发展，黄瓜可以周年生产，黄瓜病害种类越来越多，为害越来越严重，黄瓜多抗性育种将成为育种的主要目标。黄瓜灰霉病、菌核病、根腐病、病毒病、蔓枯病、黑斑病是近几年发生较为严重的病害，对这些病害的抗病育种研究需要加快，通过生物技术途径将野生种或其他外源材料中的有益基因，

如抗根结线虫、耐冷等基因导入黄瓜，创制抗或耐灰霉病、蔓枯病、根结线虫、褐斑病和耐低温弱光、耐盐、耐干旱等的育种材料。

第三节　甘肃黄瓜育种取得的成就与应用

据已经公开发表的成果，1986～2016年育成的黄瓜品种有以下几种。

一、828黄瓜

（一）品种来源

甘肃省农业科学院蔬菜研究所育成品种，为甘肃省自主育成的第一个黄瓜一代杂交种。以G6和802为亲本配制的杂交组合，从1980年整理的地方品种和引种观察的24份材料中选出的7个材料，13个单系，再经观察对性状稳定的材料试配组合，其中编号为828的杂交组合表现突出，经配合力测定，品种比较试验和全国区试，认为该品种生长旺盛，早熟，丰产抗病性强。

（二）特征特性

黄瓜杂交种，适宜温室及塑料大棚保护地栽培。该品种具有早熟、丰产、抗枯萎病和细菌性角斑病、品质优良等特性，定植到采收30天，一般亩产量6500～10 000kg，比主栽品种安宁刺瓜增产30%左右。

（三）适宜地区

适宜在甘肃省及气候条件相近地区的保护地推广栽培。

（四）推广应用情况

828 黄瓜是甘肃省育成的第一个黄瓜杂交种，高抗枯萎病。在甘肃省、辽宁省、内蒙古自治区、青海省、新疆维吾尔自治区、宁夏回族自治区、陕西省、山西省等地塑料大棚春茬栽培，累计推广70余万亩。

二、甘丰2号

（一）品种来源

甘肃省农业科学院蔬菜研究所育成品种，是以AS80221为母本、CS8311为父本配制而成的，利用两亲本互补杂种优势强的原理，从早熟、抗病、耐低温性强、耐热性好的黄瓜品种中筛选出单株，经多年、多代田间病圃筛选，人工接种鉴定培育出自交系，然后以其作为亲本配制成一代杂交种。该杂交种很好地集中了父母本的优良性状，1986 年优势测定，1986～1988 年品种比较试验，1988～1989 年全省、全国区试，都表现出杂种优势明显稳定，早熟、丰产、抗病等优良特性。1993 年 4 月通过甘肃省农作物品种审定委员会审定。

（二）特征特性

该品种早熟、丰产，抗枯萎病、白粉病，耐角斑病、霜霉病，瓜条长棒状，色绿，刺瘤白色，棱刺明显，商品性好，春大棚栽培表现早熟、高产、稳定，一般亩产量 8000kg 以上，比长春密刺增产 20%以上，亩增值 400～800 元。

（三）适宜地区

适宜在甘肃省及我国西北地区春大棚栽培。

（四）推广应用情况

甘丰 2 号黄瓜以早熟、综合性状优良成为国内早春设施栽培的最佳品种之一。累计推广面积达 30 万亩。

三、甘丰 3 号

（一）品种来源

甘肃省农业科学院蔬菜研究所育成品种。甘丰 3 号是 CS8311×ZS8311 的优良黄瓜杂交种。利用两亲本互补杂种优势强的原理，从早熟、抗病、耐低温性强、耐热性也好的黄瓜品种中筛选出单株，经多年、多代田间病圃筛选，人工接种鉴定培育出自交系，然后以其作为亲本配制成一代杂交种。该杂交种表现杂种优势强，早熟性突出，高抗枯萎病，耐霜霉、细菌性角斑病，高产优质，适应性广的特性。1993 年 4 月通过甘肃省农作物品种审定委员会审定。

（二）特征特性

甘丰 3 号株型紧凑、节间短，以主蔓结瓜为主，2～3 节现雌花，雌花节率高，早熟性突出，播种后 65 天采收。果实长棒状，色深绿，果面有棱，瘤大较稀、白刺、果肉厚而质细脆，商品性优。在春大棚栽培一般亩产量 8000kg 以上，比长春密刺增产 30%。1990～1991 年参加全国抗病育种协作组春大棚区试，在 14 个参试品种中早熟性是第一位，丰产、抗病、商品性等综合性状也名列榜首。

（三）适宜地区

适宜在我国北方各省区早春大棚推广栽培。

（四）推广应用情况

甘丰 3 号以极早熟、综合性状优良成为国内早春设施栽培的最佳品种之一，在甘肃省、内蒙古自治区、山西省、陕西省、宁夏回族自治区、江苏省、四川省、云南省、辽宁省、河北省、山东省、湖南省等地累计推广面积超过 50 万亩。

四、甘丰 8 号

（一）品种来源

甘肃省农业科学院蔬菜研究所 1997 年选育的杂交一代品种。母本 An83326 是通过多年多代经枯萎病圃筛选和人工接种鉴定筛选出的早熟性好、高抗枯萎病、耐角斑病和霜霉病的优良自交系。父本 Z8311 是从外地引进的自交系经过多年多代筛选出的早熟性突出、高抗枯萎病和白粉病、较抗霜霉病和细菌性角斑病的优良自交系。1999 年通过甘肃省农作物品种审定委员会审定。

（二）特征特性

瓜条长棒状，深绿色，刺密；果肉厚质细脆，品质佳，商品性好。日光温室栽培从播种到采收 65 天左右，一般亩产量 8000kg 以上，比长春密刺增产 15%以上。早熟、丰产、耐低温、耐弱光，抗枯萎病和白粉病，耐霜霉病和细菌性角斑病。

（三）适宜地区

适宜在甘肃省及气候条件相近地区的保护地推广栽培。

（四）推广应用情况

1994～1997 年，在高效节能日光温室中进行品种比较和多点鉴定结果：甘丰 8 号早熟、丰产、抗病、商品性好，耐低温、弱光性均优于生产上使用的密刺类黄瓜。在甘肃省内大棚、日光温室中进行生产示范，经济效益显著，深受生产者欢迎，累计示范推广面积超过 6 万亩。

五、甘丰 11 号

（一）品种来源

甘肃省农业科学院蔬菜研究所育成品种。母本 C80216 是在该所黄瓜育种多年重茬重病圃和经人工接种鉴定筛选出的早熟、高抗枯萎病、较抗霜霉病和角斑病的优良自交系。父本 Z85302 是外引品种在该所经多代自交纯化筛选出的早熟、抗霜霉病和细菌性角斑病的优良自交系。1990 年试配杂交组合，1991 年进行杂种优势测定，1991～1994 年进行品种比较试验。1994～1996 年在日光温室进行多点鉴定和生产示范。1998 年通过甘肃省农作物品种审定委员会审定，定名为甘丰 11 号。

（二）特征特性

瓜条长棒状，色深绿，大棱密刺型，商品性好，平均果长 33cm 左右。在日光温室栽培，播种至采收 68 天左右，第 3 节出现第 1 雌花，一节双雌花或多雌花，比长春密刺增产 20%以上，一般亩产量 1.2 万 kg。该品种早熟、丰产、耐低温、耐盐碱、耐瘠薄、耐弱光，高抗枯萎病、兼抗白粉病，耐霜霉病和细菌性角斑病。

（三）适宜地区

适宜在甘肃省及气候条件相近地区的保护地推广栽培。

（四）推广应用情况

1996～1997 年在甘肃省兰州市、白银市、金昌市和武威市等地示范栽培，表现耐低温弱光、耐盐、早熟、丰产、抗病、商品性好，综合性状优于主栽品种长春密刺及津春 3 号，各地反映良好。累计推广超过 7 万亩。

六、甘丰 12 号

（一）品种来源

甘肃省农业科学院蔬菜研究所育成品种。以自交系 J3011 为母本、自交系 CW0387 为父本配制的黄瓜杂交一代品种。以杂种优势利用为主要技术路线，利用已有优良自交系，选择具有耐低温、熟性早，果实商品性状优良，对霜霉病、白粉病达到中抗水平的自交系作为母本材料，选择抗病、丰产、具有一定耐热性的自交系作为父本材料，组配杂交组合，筛选出杂交优势强的组合。对已有密刺黄瓜优良组合从瓜条外观、抗病性等关键技术指标上再次进行了严格筛选及亲本纯化，最终育成保护地专用黄瓜新组合 J3011×CW0387（暂定名为甘丰 12 号）。2010 年 6 月通过甘肃省科学技术厅组织的成果鉴定。

（二）特征特性

长势中等，株型紧凑，节间短，雌花节率近 60%，化瓜率低，瓜条直，商品率高，丰产潜力大。抗病性强，抗枯萎病，中抗霜霉病和白粉病。瓜条长棒状，腰瓜长 31.7cm，瓜条直径 3.4cm，果形指数 9.3，瓜把长 4cm，平均单瓜重 200g，瓜条顺直，果瘤中等大小，密刺，皮色深绿，无黄条纹，食用风味中上。

（三）适宜地区

适宜在甘肃省及气候条件相近地区的保护地推广栽培。

（四）推广应用情况

2007 年以来在甘肃省兰州市皋兰县、白银市、天水市和武威市等地进行了生产试验和示范推广，普遍反映甘丰 12 号在外观品质和综合抗逆性等方面均有优良表现，瓜条美观，无黄条纹，抗叶面病害能力和后期增产潜力突出，适宜在甘肃省不同地区日光温室秋冬茬推广种植。在甘肃省各地累计推广种植 1 万亩以上。

七、绿秀 1 号

（一）品种来源

甘肃省农业科学院蔬菜研究所育成品种。母本 81212 是从荷兰 121 黄瓜与长春密刺杂交后代经过多代回交、自交筛选的优良株系。父本 CW109 是从日本引进品种中经过多代自交，单株定向选择出的优良自交系。2002 年开始配制杂交组合，进行配合力测定及新组合的品种比较试验，于 2003～2004 年进行品种比较试验表现突出。通过多点鉴定和生产示范，各地反映良好，丰产、优质，适应性好，符合市场对水果黄瓜的要求。2005 年通过甘肃省科学技术厅组织的成果鉴定，定名为绿秀 1 号。

（二）特征特性

雌性杂种一代，长势中等，第 1 雌花着生于主蔓第 1～2 节，其后节节有雌花，连续结果能力强。适宜在塑料大棚春茬、日光温室春茬、日光温室越冬茬栽培。瓜条为短圆筒形，皮色绿有光泽，果面光滑，无花纹，易清洗；平均瓜长 13.5cm，平均单瓜重 99.7g，畸形瓜率小于 5%。口感脆甜，肉质细。

（三）适宜地区

适宜在甘肃省各地及气候条件相近地区的保护地推广栽培。

（四）推广应用情况

绿秀 1 号作为保护地黄瓜主要栽培品种在甘肃省、新疆维吾尔自治区、宁夏回族自治区、内蒙古自治区等地广泛应用，累计推广面积超过 10 万亩。

八、甘丰袖玉

（一）品种来源

甘肃省农业科学院蔬菜研究所育成品种，以 Veb0211-11 为母本、qby21-0-5-0 为父本组配的杂交种，原代号 2012B3。母本 Veb0211-11 为板桥白黄瓜农家自留品种与荷兰黄瓜 VETOMIL 杂交转育，经过 5 代的自交筛选得到的自交系。父本 qby21-0-5-0 是从甘肃省庆阳市搜集引进白黄瓜农家自留品种经 5 代自交纯化筛选出的优良自交系。配制杂交组合通过杂交组合初评、品种比较试验、区域试验和日光温室生产示范，认为该新组合商品性、丰产性、抗病性表现良好。2014 年 1 月通过甘肃省农作物品种审定委员会认定。

（二）特征特性

杂交种。生长势强，株型较松散，雌花节率 50%左右。瓜条黄白色，白刺较密，中瘤，果形美观，整齐度好。瓜条长 18cm，瓜条直径 4.1cm，平均单瓜重 160g。亩产量 5500kg 左右。营养物质含量为干物质 43.3g/kg，可溶性固形物 29.0g/kg，可溶性糖 21.6g/kg，V_C 59.7mg/kg，有机酸 0.86g/kg。经田间抗病性鉴定，对霜霉病、白粉病表现为中抗，对枯萎病有较好的田间抗性（对照品种天津白叶三）。

（三）适宜地区

适宜在甘肃省及气候条件相近地区的保护地推广栽培。

（四）推广应用情况

甘丰袖玉在外观品质和综合抗逆性等方面均有优良表现，瓜条美观，整齐度好，适宜在甘肃省保护地示范推广栽培。2011 年以来，在庆阳市宁县、西峰区和合水县及酒泉市肃州区等地进行了生产试验和推广示范，到目前为止累计推广面积 2 万亩，具有良好的社会效益和经济效益。

九、甘丰春玉

（一）品种来源

甘肃省农业科学院蔬菜研究所育成品种，以 Calb02122-1-0 为母本、qb213-0 为父本组配的杂交种，原代号 2012A10。母本 Calb02122-1-0 从甘肃省庆阳市搜集引进板桥白黄瓜农家自留品种，进行连续自交株选纯化，然后以其为父本与荷兰黄瓜Carraral杂交，进行5代的自交筛选，获得稳定的优良自交系Calb02122-1-0，父本qb213-0是从甘肃省庆阳市搜集引进白黄瓜农家自留品种经5代自交纯化筛选出的优良自交系。配制杂交组合Calb02122-1-0×qb213-0，经过杂交组合初评试验、品种比较试验、区域试验和日光温室生产示范，认为Calb02122-1-0×qb213-0新组合商品性、丰产性、抗病性表现良好。2014年1月通过甘肃省农作物品种审定委员会审定。

（二）特征特性

杂交种。生长势强，株型较松散，雌花节率60%左右。瓜条黄白色，白刺，大瘤较稀，果形美观，整齐度好。瓜条长18cm，瓜条直径4.3cm，平均单瓜重150g，平均亩产量5200kg左右。营养物质含量为干物质47.3g/kg，可溶性固形物35.0g/kg，可溶性糖23.4g/kg，V_C 66.6mg/kg，有机酸0.97g/kg。经田间抗病性鉴定，对霜霉病、白粉病表现为中抗，对枯萎病有较好的田间抗性（对照品种天津白叶三）。

（三）适宜地区

适宜在甘肃省及气候条件相近地区春大棚推广栽培。

（四）推广应用情况

2011年以来，在陇东地区及酒泉市肃州区等地进行了生产试验和推广示范，甘丰春玉在外观品质和综合抗逆性等方面均有优良表现，瓜条美观，整齐度好，适宜在甘肃省保护地示范推广栽培。在甘肃省庆阳市、平凉市、酒泉市等地日光温室及塑料大棚中进行推广，到目前为止累计推广面积1万亩。

第四节 甘肃黄瓜良种繁育

一、亲本种子生产技术

（一）制种地的选择

黄瓜为浅根系作物，根系弱，吸收力差，维管束木栓化较早，再生能力差。根系主要分布于地下20～30cm内的土壤中，最深可达1m左右，侧根横向分布主要集中在半径30cm的土壤中。加之其喜湿怕涝的特性，一般选择土层深厚、疏松透气、排水良好、富含有机质的壤土。pH在5.5～7.2微酸到微碱性土壤均可，以pH 6.5最适宜，pH超过7.2的碱性土壤易发生烧根、盐害，pH低于5.5酸土易发生多种生理障害，黄化枯死。土壤有机质含量2%以上为宜，最好选择3年未种过瓜类作物的地块。露地繁种大面积采种时，为防止串粉，要求严格隔离，保证在方圆 1km 范围内没有栽种其他黄瓜品种，以免混杂，若繁种量小，可采用人工套袋和防虫纱网袋等器械隔离。日光温室和塑料大棚繁种时要在通风口和门口安装防虫网，以防止昆虫传粉。

（二）育苗

在温室内采种的，宜在 9 月下旬育苗；春大棚内采种在 3 月初育苗，露地采种在 4 月初育苗。

为防种子带菌，可用 55℃热水浸种 10 分钟，然后用 50%多菌灵可湿性粉剂 500 倍液浸种 30 分钟（后用温水洗净），再放在 25～30℃的温水中浸泡 4 小时，浸种期间反复搓洗几次，洗去种子表面的黏液，然后控干水分，用湿毛巾包住，放在 25～30℃的环境里催芽，大部分种子露白时即可播种。

育苗繁种苗期管理参考黄瓜栽培技术育苗。春季育苗繁种，在定植前 10 天，低温炼苗，加大通风降温，温度白天控制在 25℃左右，夜间控制在 10℃左右。注意防治病虫害，控制水肥供应，防止幼苗徒长。根据不同采种方式确定定植时间，一般苗龄掌握在 30～40 天。

直播，土壤湿度适合后，选择晴天上午进行播种，按两穴 3 粒种子播种，播种后种子上覆盖 1.5cm 厚的土或基质，温度控制在白天 25～30℃，夜间 18～20℃。剩余种子在空地上按 10cm×10cm 的株距和行距播种，以方便补苗。在设施内繁种时，幼苗 30%出土后，降低环境温度，白天气温控制在 22～25℃，夜温 13～17℃。

在苗期要随时观察叶形、叶色、下胚轴长度、第 1 雌花出现节位等性状，发现杂株立即拔除淘汰。

（三）起垄覆膜

设施繁种时在整地前每亩用 2～3kg 硫磺粉、80%敌敌畏乳油 0.25kg、锯末混合后对温室进行熏蒸，密闭 48 小时以上，杀灭附着在温室棚架及墙壁上的菌、虫，通风至无味时才可定植。施足底肥，重施腐熟优质有机底肥，深翻土壤后灌水，水干后起垄，起垄规格为沟 40cm，畦 80cm，沟深 40cm,覆盖白地膜以利于提高地温。用移苗器在垄面上打穴，穴内放适量 5%甲基异柳磷颗粒。株距根据整枝方式确定，普通黄瓜采用单蔓整枝方式，母本株距为 20～25cm，纯雌性黄瓜采用双蔓整枝，株距为 50cm。密度要依据具体品种而定，一般每亩定植 3500～3800 株。

（四）定植

育苗繁种定植期选择在夜间最低气温稳定在5℃以上，10cm处土壤温度稳定在12℃以上。育苗定植宜选在晴天上午进行，定植后水要浇透浇足，至授粉前不再浇水，浇水后及时关闭棚门及通风口，提高地温。前期要适当控水。

直播选择在晴天上午，播种后，及时保温，出苗后要及时放苗，防止幼苗被烫伤。严格控制灌水，出苗后至授粉前灌水1次（两叶一心期），以预防徒长和降低地温及土壤通透性而影响根系生长。幼苗长到3～4片真叶时定苗，合拢定植穴。

（五）授粉

1. 诱雄诱雌

在亲本繁育过程中，母本材料多为强雌、全雌或雌雄株，父本材料多为雌雄株或强雄材料，由于在授粉过程中缺乏雄花或雌花，不能正常授粉或授粉后结籽量偏低，需要使用化学药剂诱导雄花（以下简称“诱雄”）。化学药剂对黄瓜花的性别分化的作用效果还受温度、喷施时期、品种特性的影响，具体操作过程中要根据环境条件、品种、喷施时期适当调节药剂施用浓度（表4-1）。诱雄化学药剂一般现用现配，喷药时需将叶面均匀喷湿，使叶面布满小雾珠但不滴水为止，不要重复喷药，防止药害。硝酸银见光易分解，喷硝酸银溶液时最好在傍晚、无风时进行。

表4-1　调控黄瓜性别分化的化学药剂种类及使用方法

	处理药剂	浓度/（mg/kg）	时期	优点和缺点
	赤霉素	1000～2000	2叶期、3叶期、4叶期	易造成秧苗徒长
诱雄	硝酸银	200～900	2叶期，后每隔2天喷一次	效果好，对植株伤害较大
	硫代硫酸银	300～1000	3叶期、4叶期	效果好，对植株伤害小
诱雌	乙烯利	100～300	2叶期、3叶期、4叶期	对植株及种子有一定影响

2. 去杂去劣

在授粉前根瓜达到采收标准时，要严格检查亲本，拔除杂株劣株。观察种株生长习性、分枝习性、结瓜习性、雌雄花率和瓜条形状、皮色、棱、刺、瘤等特征，根据亲本特性拔除杂株和长势弱及畸形株，防止混杂退化。同时对带病株及时拔除或处理，防止病害传播，保证种子生产。去除杂株结束后一般将5节以下的雌花全部摘除，以促进植株生长，选留7节左右雌花授粉留种，对于长势弱的材料要将授粉雌花节位以下的幼瓜全部摘除。

3. 授粉方法

黄瓜花为退化型单性花，腋生花簇，雌雄同株（除雌性系品种）。雄花早于雌花出现，常数个簇生，雌花多单生（除少数品种）。子房下位，花柱短，柱头3裂，虫媒花，异花授粉，具有单性结实特性。多于上午开放，温度对开花有一定的影响，低温开花时间会延迟。开花前一天花粉已具有发芽能力，但以花冠全开，花药开裂时花粉活力最强，一般开花4小时后逐渐失去活力。

在甘肃省早春茬露地繁种，开花时间一般晴天在9:30后，塑料大棚在9:00左右，冬季日光温室一般在10:00左右。夏季在12:30以前结束授粉，冬季日光温室可根据温度适当提前或推后授粉时间。授粉节位一般长势强的材料5节以上开始授粉，长势弱节间短的材料根据植株长势可在10节以上开始授粉，一般第1雌花不授粉。每天雄花开放后采摘当日开放的父本雄花，拔去花冠或用镊子取出花药，在雌花柱头上轻轻摩擦若干次使花粉均匀全面地附着在柱头上，进行人工辅助授粉，人工辅助授粉有利于提高种子产量。授粉后对授粉果进行标记，可以用旧毛线等。授粉要集中进行，连续授粉有利于连续坐果，否则前期授粉果实进入迅速膨大期，与后期授粉的果实竞争营养，造成花瓜，从而降低产籽量。大果型亲本每株授3～4个雌花，小果型亲本每株授4～6个雌花。侧枝授粉的材料选择7节以上侧枝，选取侧枝上第1朵花授粉，授粉后留一叶去掉生长点。

雌性系没有雄花，亲本繁种时需要在亲本幼苗期进行诱雄处理，成株期就会产生雄花，但雄花产生过程为雌花—两性花—雄花—两性花—雌花，雌花和雄花相遇的时间很短，所以授粉要在出雄花后及时进行，以防错过花期。两性花在授粉后结籽率极低，一般不作授粉，大量繁种时可采用分批播种和诱雄处理，以便有足够的雄花进行授粉。

4. 田间管理

定植后由于以采收种子为目的，不采食嫩瓜，定期喷施农药预防病虫害发生，一般每隔7～10天喷施一次杀虫剂和杀菌剂，以保证种子不带菌，授粉期间尽量不喷药。授粉植株第1雌花坐果前一般为防止植株徒长不浇水不施肥，第1雌花果实开始膨大时及时浇水追肥，以使植株保持较旺的长势，授粉前浇足水，授粉期间尽量不浇水。授粉结束后种瓜开始膨大，需要的水分养分增加，要及时追肥，追肥以氮肥和钾肥为主，天气好时每隔7天左右浇一次水，随水追肥，直到种瓜不再膨大，以后每隔10天左右浇水追肥，以钾肥为主，适量追施氮肥和磷肥。在整个生育期要及时抹除侧枝（侧枝留种的材料除外），授粉后及时摘除老叶、病叶、病瓜及未进行人工杂交授粉果实，根据坐果多少和植株长势，在最顶端授粉雌花以上留 5～10 片叶摘心。

5. 采种晾晒

种瓜从授粉到成熟一般需要 45 天，需要后熟。采收前要注意种瓜特性有没有不同，一旦发现不同的种瓜要及时清除。种瓜采收时注意标记，防止机械混杂，采收后放在通风干燥遮阴的地方，后熟 5～10 天，然后取籽。对于一些在种瓜内容易发芽的亲本要提前取籽，取籽时将种瓜横向切开，将种子及瓜瓤掏出放入非金属容器内发酵，发酵过程中注意不要掺入水，根据温度一般发酵 1～2 天，待种子与胶质物分离后，漂除杂物，捞出种子，清洗干净。清洗后的种子在夏季不可以直接在太阳下暴晒，要摊在苇席等器物上遮阴晾晒，至种子表面完全干燥，然后在太阳下晾晒 2～3 天，将种子完全晒干，晾晒过程中要经常翻动种子。收种子要在清晨或傍晚温度较低时进行。同时在晾晒、加工、包装、贮运中防止机械混杂。腐烂的种瓜一般不用。

二、杂交一代品种制种技术

（一）露地空间隔离杂交制种

1. 露地空间隔离杂交制种的特点

黄瓜喜湿怕涝，对土壤水分和空气湿度要求严格，因此露地杂交制种在空气湿度较小和授粉季节降雨过多及积温较低的高海拔地区不适宜进行，产量受天气影响较大，不稳定，而且繁种产量较低，投入的人工较其他繁种方式多，但前期需要的投入最少，在甘肃省只有河西走廊极少数地区可以实行。露地空间隔离杂交制种时，为防止串粉，要求严格隔离，保证在方圆 1km 范围内没有栽种其他瓜类作物，以免混杂。

2. 授粉前准备

杂交制种为使父母本花期相遇，并有足够的雄花用于授粉，要根据亲本的开花时间分别播种。黄瓜为雌性异花同株作物，大多材料每节位都有雄花，且节位越高雄花数量越多，花朵营养供应越充足质量越好，所以父本要早播，一般父本比母本提前 5～10 天播种。父本雄花较少时要用药剂进行诱导雄花处理，药剂及使用方法见“诱雄诱雌”。

父母本定植比例一般为 1∶（3～5），根据亲本特性调节种植比例，如母本为雌性系开花集中且每节有瓜，要适当增加父本的种植量以保证授粉正常进行，如父本雌花较多且质量好可适当降低父本栽植比例。父本可适量密植，株距 15cm 左右。一般采用父母本按一定比例间隔种植的方式，在完全人工授粉情况采用父母本集中种植的方式。母本种在地块中间，父本种在地块四周，授粉结束后拔除父本以节约土地、增加通风透光、减少病虫害的发生。

杂交制种，父本必须在授粉前完成去杂程序，母本材料可适当后延，在授粉过程中也可去杂，一般为减轻授粉工作量，尽量提早。经化学药剂处理的材料去杂一般在结果初期进行选择，太迟会受到处理效果的影响。

授粉前正常管理，果实正常采收，以防植株徒长，母本在授粉开始前 2～3 天，务必把雄花、两性花和侧枝去干净。

3. 授粉方法

授粉前一天下午，选择亲本花冠变黄的大花蕾，进行束花（用嫁接夹或毛线将未开放花朵的花冠绑扎，限制花瓣展开即为束花），在自然隔离好的条件下，母本田里雌花可不束花。授粉时采摘当天开放且束好的雄花，在母本植株上寻找当天开放且束好的雌花进行授粉，授粉后用夹子夹住花瓣防止昆虫进入。在整个授粉期间，每天清晨都要逐行逐株仔细检查一遍，把母本上可能出现的雄花、两性花全部抹掉，同时把个别两性花、授精不良果实摘除。授粉期间父本也必须检查，要及时摘除雌花和果实，并且去掉侧枝，这有利于集中养分培育大雄花，增加花粉量。主蔓结瓜品种打掉全部侧枝。侧枝结果为主品种可留 2～4 个侧枝，侧枝上留一雌花两叶摘心。长势较弱，雌花节率高的材料，去杂结束后及时摘除不适宜授粉的雌花以促进植株的营养生长。下雨天和连续阴天一般不进行人工授粉。

田间管理和具体方法参见本节第一部分相关内容。

（二）露地防虫网隔离杂交制种

1. 露地防虫网隔离杂交制种的特点

露地防虫网杂交制种和露地空间隔离杂交制种相比，共同之处在于他们可以制种的地域有限，优点在于有防虫网首先可以在同一个地区繁育多个品种，其次不需要束花，减少用工，同时又可以在更大程度上保证种子的纯度。

2. 授粉前准备与授粉方法

露地防虫网隔离杂交制种不需要束花，授粉前和授粉期间要进行喷药杀虫，以预防昆虫授粉造成的混杂。其余与露地空间隔离杂交制种相同。

杂交授粉前一天傍晚，将父本上所有次日开放的雄花采摘下来，用一层干净的湿布包好，统一放入容器内，存放在 20～25℃阴凉处备用，授粉时可直接取用，授粉后不需要扎花瓣，其余授粉方法与“露地空间隔离杂交制种”相同。

3. 注意事项

为保证杂交种纯度，使用的防虫网要注意有无破损或在使用过程中有无机械损伤，经常检查，发现破损要立即修补，同时喷施杀虫剂杀灭进入防虫网的昆虫，人员出入时要及时关好出口。防虫网在授粉前覆盖好，然后喷施杀虫剂杀灭防虫网内的昆虫。

（三）塑料大棚和日光温室隔离杂交制种

1. 塑料大棚和日光温室隔离杂交制种的特点

塑料大棚和日光温室制种对地域和环境的要求较低，在甘肃省绝大部分地区均可进行，而且繁种产量较露地高，效益好，可以在同一个地区繁育多个品种，也不需要束花，但前期投入较大。日光温室繁种产量较塑料大棚高。

2. 授粉前准备与授粉方法

利用设施制种时在授粉前喷施一次杀虫剂，授粉过程中不用再喷施。较露地单株坐果数稍高，要适当稀植。下雨天不影响授粉，需要连续授粉，以增加坐果数。

3. 注意事项

设施繁种要在通风口和出入口设置防虫网，隔离昆虫，以保证种子纯度。设施条件下可以通过调节温度，延长授粉时间，提高结籽率。

第五节　甘肃黄瓜高产高效栽培技术

一、日光温室黄瓜高产高效栽培技术

（一）育苗

1. 种子选择及处理

黄瓜种子千粒重一般在22～42g。种子发芽力一般在4～5年，生产上宜采用1～2年的种子。无明显的生理休眠，但需后熟3个月左右，如果后熟时间不足或没有后熟，需要在冰箱低温冷藏1天或冷冻4小时，以保证发芽整齐。日光温室黄瓜生产需要选择耐低温弱光能力强、抗病、丰产的温室专用品种。称取足量种子用55℃的水浸种20分钟，再用药剂浸种，结束后洗净种子在30℃水中浸种4小时。

药剂浸种：用50%多菌灵可湿性粉剂500倍液浸种30分钟，或用福尔马林

300 倍液浸种 30 分钟，捞出洗净催芽可防治枯萎病和黑星病。

温汤浸种：将种子用 55℃的水浸种 20 分钟，用清水冲净黏液后沥干再催芽（防治黑星病、炭疽病、病毒病和菌核病）。

2. 催芽

将处理好的种子用湿毛巾包住，放在 28～30℃环境下。黄瓜种子发芽的温度为 15～40℃，最适温度为 28～32℃，高于 35℃发芽率显著降低，高温使芽的伸长受抑制，低于 12℃不能发芽。每隔 6～8 小时用温水淘洗一次种子，24 小时后开始发芽，待 70%种子露白即可准备播种。如种子出芽不整齐，将出芽种子挑出用湿布包住放在 22～26℃环境条件下，待其余种子出芽后集中播种。

3. 播种

黄瓜育苗采用营养钵或穴盘育苗。营养钵育营养土要求 pH 5.5～7.5，有机质 2.5%～3%，有效磷 20～40mg/kg，速效钾 100～140mg/kg，碱解氮 120～150mg/kg。孔隙度约 60%，土壤疏松，保肥保水性能良好。一般可用未种过蔬菜的大田土、充分腐熟的农家肥、蛭石（或珍珠岩或腐熟锯末或草炭土或炉渣）按 3∶2∶1 的比例混匀，每立方米营养土再加入磷酸二铵 1kg、硫酸钾 0.5kg，碾细混匀后过筛。穴盘育苗用商品基质，选择疏松透气的优质育苗基质，50 穴或 72 穴育苗盘。

定植前 35 天播种，播种前充分润湿基质，在水中按每千克土加入 50%多菌灵可湿性粉剂 1g，每个营养钵或每穴点播 1 粒种子，种子上覆盖 1～1.5cm 厚的营养土，并覆盖地膜保墒。

4. 苗期管理

播种后将温度保持在 28～30℃。幼苗拱土后，及时揭掉地膜，以免烫伤幼苗。幼苗出齐后至第 1 片真叶展开，为防止幼苗徒长，气温控制在白天 20～22℃，夜间 12～15℃；第 1 片真叶展开到定植前一周，适当提高温度促进幼苗生长，气温控制在白天 22～25℃，夜间 13～17℃；定植前一周炼苗以提高幼苗适应性，加大通风，降低温度，气温控制在白天 15～20℃，夜间 8～12℃，定植前切忌蹲苗。营养钵育苗要控制水分供应以防止幼苗徒长，观察在下午温度最高时幼苗叶片稍有萎蔫再灌水，灌水量要少，一般选择天气晴好的早晨，不需要追肥；穴盘育苗根据天气和基质干湿情况浇水，一般真叶展开前每天一次，真叶展开后每天早晚各一次，早晨浇水要浇透浇足，晚上根据基质干湿情况适当补水，防止幼苗缺水。第 1 片真叶展开后结合灌水每隔两天追一次肥，追肥用 2‰的尿素加磷酸二氢钾溶液，苗期结合浇水追施一次微量元素。

5. 嫁接

甘肃省越冬黄瓜栽培多采用嫁接育苗，通过嫁接，可有效地提高抗寒性、抗病性，且根系入土深，生长强壮。砧木种子多选择南瓜种子，应选择籽粒饱满、有光泽的优质种子。每亩用种 1.5～2kg。为使嫁接时两种幼苗粗度适宜，要注意调节播期。一般采用靠接法和插接法，靠接时先播种黄瓜，5～7 天后再播种南瓜；插接时两者可同时播种。

靠接法：去掉南瓜真叶，用刀片在子叶下 0.5～1cm 处按 35°～40°角向下斜切，深达茎粗的 1/2，切面长 0.5～0.7cm，然后在黄瓜苗子叶下 1.2～1.5cm 处按 30°向上斜切，深达茎粗的 3/5，切面长 0.5～0.7cm。将黄瓜、南瓜切口相互嵌入，使黄瓜子叶压在南瓜子叶上面，四片子叶呈十字形，用嫁接夹固定。

插接法：先把砧木的真叶去掉，用与黄瓜胚轴粗度相当的竹签从右侧子叶的主脉向另一侧子叶方向朝下斜插 5～7mm；黄瓜接穗在子叶下 0.8～1cm 处斜切 2/3，切口长 0.5cm，再从另一面下刀，把下胚轴切成楔形，然后拔出竹签插入接穗。

嫁接苗管理：嫁接后及时浇水，前 3 天白天 25～30℃，夜间 17～20℃，相对湿度 95%以上，10:00～16:00 遮阴；3 天后通风降湿，白天 22～25℃，夜间 14～17℃，相对湿度 70%～80%，逐渐缩短遮阴时间。6～8 天后撤掉小拱棚，转入正常管理。靠接法在 10～12 天断根，先试断根几株，如嫁接苗已经完全愈合好，不萎蔫时再进行全部断根。嫁接苗在嫁接后 20～25 天即可定植，但定植的深度不能过深，以防止嫁接部位接触土壤。保持土壤湿度，随时清除砧木的萌蘖。嫁接后第 2 天和第 9 天用 75%的百菌清 500 倍液在苗床内喷雾，预防病菌侵染。

（二）定植前准备

1. 整地

上一年度生产结束后选择温度较高的季节，深翻 30cm，灌水，密闭温室提高温度到 45℃以上进行高温闷棚 10～15 天。定植前灌足底水，施入底肥，深翻打碎耙平，扣棚积累地温。重施基肥，配方施肥，亩施优质农家肥 7000kg，尿素 40kg，油渣 200kg。采用宽窄行定植，宽行距 80cm，窄行距 40cm，株距 33～35cm，亩栽苗 2800～3200 株。一般种植密度春茬较密，越冬茬较稀，雌性系品种较其他品种稀。定植前覆盖无色透明地膜。

2. 温室杀虫消毒

定植前 7～10 天，亩用 80%敌敌畏乳油 250g 拌上锯末，与 2～3kg 硫磺粉混合点燃，密闭熏蒸一天，放风后无气味时定植。每平方米土壤用 40%多菌灵或 50%

甲基托布津 8～10g，兑水 3kg，掺土 6kg，混合均匀，撒于地面翻地消毒。

（三）定植

定植时间宜选在晴天上午进行，将带土坨的苗从营养钵中取出放于定植穴中，使土坨略高于垄面，定植前或定植后需覆盖无色透明地膜，以利于提高地温。定植后缓苗期 5～7 天，气温保持在白天 28～30℃，夜间 16～18℃，保持空气湿度。新叶展开，新根发出缓苗期结束，缓苗后缓苗水要浇透。

（四）定植后管理

1. 温度管理

黄瓜对温度的要求比较高，过高过低都不利于黄瓜生产。一般结果期要求温度在夜间 12～18℃，白天 25～32℃，幼苗期适温偏低。温度高于 35℃时会破坏光合与呼吸的平衡，易出现落花、化瓜和畸形瓜。如果出现连续 3 小时 45℃高温时，则叶色变淡，雄花不开，出现化瓜和畸形果。气温高达 50℃时，在短期内叶、茎发生坏死现象。黄瓜不耐寒，气温下降到 10～13℃，即停止生长；下降到 0～1℃则受冻害。黄瓜根系的最适温度范围 20～25℃，高于 25℃易引起根系衰弱和死亡，低于 20℃根系的生理活动减弱；下降到 12～13℃，则停止生长，引起植株下部叶片变黄；地温降到 8℃时，根系不能伸长。

结果期实行四段变温管理，既有利于黄瓜生长需要，又可有效地控制霜霉病等叶面病害的发生。一般上午光合作用最强，温度控制在 25～32℃；下午光照减弱，同时注意与夜间温度衔接，温度控制在 22℃±2℃；前半夜为促进养分运输，瓜条生长最快，温度控制在 17℃±2℃；后半夜为抑制呼吸，减少养分消耗，温度控制在 12℃±2℃。连阴天适时降低温度，减缓植株生长速度，预防徒长。

2. 湿度管理

黄瓜叶面积较大，蒸腾量大，根系浅，水肥吸收能力弱，因此对土壤水分和空气湿度要求严格。黄瓜理想的空气相对湿度是 65%～90%，苗期低、成株期高，夜间低、白天高。空气湿度低于 65%会影响光合且叶片容易僵化老化，高于 90%时叶面易结水露或水滴，为病害的发生提供了条件。黄瓜各个生育时期对水分的要求也不同，幼苗期要根据育苗方式控制水分供应，预防徒长；同时注意不要控水过度，形成小老苗。定植后要适当控水蹲苗，以促进根系发育。结果期必须保证充足的水分供应，为产品的优质、高产奠定基础。

3. 水肥管理

黄瓜喜湿怕涝，保持适宜的土壤含水量不仅有利于植株的正常生长发育，而且对调节地温、促进有机质分解和土壤微生物活动、调节土壤溶液浓度也起到了一定的作用。一般适宜的土壤湿度为土壤最大持水量的 60%～90%，结果期前需水量也较少，进入结果期需水量多，为 80%～90%。为降低空气湿度，日光温室栽培选择膜下滴灌或暗沟灌水。根瓜开始膨大时，浇第一次水。每隔 10～15 天浇一次水，要做到小水勤浇，具体浇水间隔时间随天气和土壤状况而定，浇水一般选择在晴天上午进行，浇水后要及时放风降低温室湿度，预防病害发生。

生产 1000kg 商品瓜所需的营养成分见表 4-2，其中 N∶P∶K=1∶0.5∶1.4。黄瓜各个生长阶段需肥量与生长量相关，其中以结果期需求量最大。结果期不但要保持果实的正常生长，还要维持植株的健康生长，否则营养生长变弱，植株长势变慢，对产量形成有重大影响。

表 4-2　生产 1000kg 商品瓜所需的营养成分

营养成分	需求量/kg
N	2.8～3.2
P_2O_5	1.2～1.8
K_2O	3.6～4.4
CaO	2.9～3.9
MgO	0.6～0.8

根据黄瓜品种特性和生育期长短，按照平衡施肥要求适时追肥。结瓜期结合浇水每次随水追施肥 10～15kg/亩，以氮肥和钾肥为主，配施磷肥。结瓜盛期还应叶面喷施 0.5%尿素和 0.2%磷酸二氢钾溶液，10～15 天一次。整个生育期叶面追施微量元素 2～3 次，在生产中不应使用未经无害化处理和重金属元素含量超标的城市垃圾、污泥和有机肥。

4. 光照管理

黄瓜喜强光、耐弱光，生育期间最适宜的光照度为 40 000～50 000lx，黄瓜的光饱和点为 55 000lx，光补偿点为 1500～2000lx。20 000lx 以下难获高产，1500lx 以下停止生长。日照时间长短对黄瓜的生育影响不明显。冬季日光温室黄瓜生产采用透光性好、无滴的膜，在生产过程中要随时保持棚膜表面清洁。天气晴朗时要尽早揭开保温覆盖物，后墙悬挂反光幕增加光照。

5. 植株调整

栽培黄瓜的蔓多数为无限生长类型，机械强度弱，保护组织不发达，易折断，节间较长，茎的叶腋着生卷须、侧枝及雌雄花，栽培品种多以主蔓结瓜为主。所以定植缓苗后要及时对植株进行吊蔓，吊蔓材料一般有尼龙绳、旧毛线、吊蔓挂钩、吊蔓滚轮等。由于主蔓结瓜，要将侧枝及卷须全部摘除。及时摘除病叶、老叶、畸形瓜，节约养分，改善植株间通风透光条件。植株长势较弱或花打顶时及时疏花蔬果，促进植株生长。植株生长过高时要及时落蔓，并摘除接触地面的老叶。

6. 采收

嫩瓜采收标准因品种而异，采收前期为促进植株生长，适当提早采收，根瓜要及时采收以利于植株生长和上部雌花坐瓜。结果盛期植株有相对充足的营养面积，正常采收即可。要及时采摘商品瓜和畸形瓜，冬季温度低，瓜条长速较慢，可适当延期采收，一般 2～3 天采收一次；春季温度回升，瓜条长速加快，一般 1～2 天采收一次。

（五）病虫害防治技术

日光温室由于高温高湿的环境条件，较长的栽培季节，病虫害发生严重。常见病害有霜霉病、细菌性角斑病、枯萎病、白粉病、棒孢叶斑病、炭疽病、黑星病等；虫害主要有蚜虫、斑潜蝇、蓟马、白粉虱等。

1. 霜霉病

霜霉病为真菌性病害。发病初期叶背面出现水浸状、黄色斑点，后病斑逐渐扩大，受叶脉限制，呈多角形。叶正面病斑初为黄色，后变黄褐色。湿度大时叶片背部病斑上长出灰黑色霉层。

主要发病原因：栽培品种不抗病，容易感染霜霉病；日光温室栽培环境湿度过大，为病害发生提供了适宜条件；栽培环境中存在病原。

预防方法：选择抗病品种，加强通风排湿；创造病害不易发生的湿度和温度条件，上午 28～32℃高温促进植株光合作用，抑制霜霉病；下午温度降至 20～25℃；控制灌水，采用膜下暗灌滴灌方式灌水，晴天上午灌水，灌水后及时打开通风口排湿。

化学防治：发病初期可选用 72.2%霜霉威水剂 800 倍液、50%烯酰吗啉水分散粒剂 1500 倍液、72.2%普力克水剂 800 倍液、72%霜脲·锰锌可湿性粉剂 800 倍液喷雾防治。

2. 细菌性角斑病

细菌性角斑病主要为害叶片，初期产生近圆形水浸状凹陷斑，后变褐色干枯，病斑扩大，受叶脉限制呈多角形；湿度大时，叶背面病斑上产生白色菌脓，病斑后期质脆，易穿孔。茎、叶柄及幼瓜条上病斑水浸状，近圆形，后呈淡褐色，潮湿时瓜条上病部溢出菌脓。

主要发病原因：种子带菌或者田间遗留的病残体带菌。

预防方法：选用抗病品种；种子消毒，用 50℃温水浸种 20 分钟，或用 72%农用链霉素可湿性粉剂 1000 倍液浸种 2 小时；加强栽培防病，无病土育苗，与非瓜类作物实行 2 年以上的轮作，及时清除病株、病叶、病瓜并深埋或烧毁。

化学防治：50%百菌清可湿性粉剂 800 倍液、30%噻唑锌悬浮剂 1000 倍液、70%甲霜铜可湿性粉剂 600 倍液、72%农用链霉素可湿性粉剂 4000～5000 倍液，以上药剂可交替使用，每隔 7～10 天喷一次，连续喷 3～4 次。

3. 枯萎病

枯萎病为真菌性病害。在整个生长期均能发生，可为害植株茎叶和果实，主要为害瓜蔓，发病初期受害植株表现为叶片中午萎蔫下垂，似缺水状，但早晚恢复，严重时萎蔫枯死。主蔓茎基部纵裂，撕开根茎病部，维管束变黄褐色到黑褐色并向上延伸。潮湿时，茎基部半边茎皮纵裂，常有树脂状胶质溢出，上有粉红色霉状物。

主要发病原因：连作造成土壤中病菌大量积累，种子带菌。

预防方法：选用抗病品种；嫁接防病；种子消毒，用 55℃温水浸种 20 分钟，50%多菌灵可湿性粉剂 500 倍液浸种 60 分钟；选用无病新土育苗，培育无菌壮苗；轮作，与非瓜类作物实行 5 年以上的轮作。

化学防治：发病初期可选用 2%春雷霉素水剂 600 倍液、50%福美双可湿性粉剂 600 倍液、70%甲基硫菌灵可湿性粉剂 600 倍液。以上药剂交替使用，连续喷药 2～3 次。

4. 白粉病

白粉病为真菌性病害。以叶片受害最重，其次是叶柄和茎，一般不为害果实，发病初期叶片正面或背面产生白色近圆形的小粉斑，逐渐扩大成边缘不明显的大片白粉区，发病严重时，叶面布满白粉，直至整个叶片枯死。

主要发病原因：品种不抗病；植株的病残体带菌；雨水及农事操作传播；高温高湿有利于病害发生。

预防方法：选用抗病品种；环境熏蒸，每 100m^2 用硫磺粉 0.25kg 加锯末或其他助燃剂点燃熏蒸，密闭熏闷一夜。

化学防治：发病初期可选用 40%氟硅唑乳油 8000 倍液、10%苯醚甲环唑水分散粒剂 900 倍液、40%腈菌唑悬浮剂 2500 倍液、50%醚菌酯水分散粒剂 4000 倍液等。

5. 棒孢叶斑病

棒孢叶斑病为真菌性病害。多在黄瓜生长中后期发生，以为害叶片为主，严重时蔓延至叶柄、茎蔓，叶片正、背面均可受害，中下部叶片先发病，再向上部叶片发展，初期病斑为黄褐色小点，后期叶片正面病斑略凹陷，病斑近圆形或稍不规则，少数多角形或不规则，病斑整体褐色，中央灰白色、半透明，叶片背面病斑着生大量黑色霉层，正面霉层较少。发病严重时，病斑面积可达叶片面积的 95%以上，叶片干枯死亡。

主要发病原因：种子带菌；植株病残体带菌；雨水及农事操作传播；高温高湿有利于病害发生。

预防方法：选用抗病品种；防治药剂效果差，以预防为主。

化学防治：发病初期可选用 50%咪鲜胺可湿性粉剂 1500 倍液、25%嘧菌酯悬浮剂 2000 倍液、40%腈菌唑悬浮剂 3000 倍液、35%苯甲·咪鲜胺水乳剂 1000 倍液、35%氟菌·戊唑醇悬浮剂 2500 倍液。

6. 炭疽病

炭疽病为真菌性病害。黄瓜炭疽病的典型症状是，病部呈红褐色或褐色，着生许多黑色小粒点，潮湿时病部产生粉红色黏稠状物。幼苗发病时，在子叶上出现半圆形或圆形病斑，茎基部受害出现黑褐色缢缩，幼苗倒伏。成株期发病，在茎和叶柄上形成圆形病斑，初呈淡黄色，后变成深褐色。叶片受害时，初期出现水浸状小斑点，后扩大成近圆形的病斑，红褐色，叶片上病斑多时，往往汇合成不规则的大斑块。后期病斑上出现许多小黑点，潮湿时长出粉红色黏质物，干燥时病斑中部易破裂形成穿孔。

主要发病原因：种子带菌；病菌随病残体在土壤中越冬，可通过雨水、灌溉水、农具操作和昆虫进行传播。

预防方法：选用抗病品种；种子消毒，用 55℃温水浸种 20 分钟，或用 40%甲醛水剂 100 倍液浸种 30 分钟；发病适宜温度 24℃，相对湿度 95%以上，叶面结露时易发病，温度小于 8℃、大于 30℃，相对湿度低于 60%病势发展缓慢。

化学防治：发病初期可选用 25%嘧菌酯悬浮剂 2000 倍液、75%百菌清可湿性粉剂 500 倍液、25%咪鲜胺乳油 2000 倍液、22.5%啶氧菌酯悬浮剂 1500 倍液等。

7. 黑星病

黑星病是真菌性病害。在黄瓜整个生育期均可侵染发病，为害部位有叶片、茎、卷须、瓜条及生长点等，以植株幼嫩部分如嫩叶、嫩茎、幼果为害严重，而老叶和老瓜不敏感。幼苗受害，子叶上产生黄白色圆形斑点，子叶腐烂，严重时幼苗整株腐烂。侵染嫩叶时，起初为褪绿的近圆形小斑点，进而扩大，病斑干枯后会穿孔，边缘呈星纹状。瓜条染病，起初为圆形或椭圆形褪绿小斑，病斑处溢出透明胶状物，后变为琥珀色，凝结成块。以后病斑逐渐扩大、凹陷，胶状物增多，堆积在病斑附近，最后脱落。

主要发病原因：种子带菌；植株病残体带菌；低温高湿的环境有利于发病。

预防方法：选育抗病品种；种子消毒，用 55℃温水浸种 20 分钟，或用 25%多菌灵可湿性粉剂 300 倍液浸种 1～2 小时。

化学防治：发病初期可选用 12.5%腈菌唑悬浮剂 2500 倍液、40%氟硅唑乳油 8000 倍液、25%嘧菌酯悬浮剂 1000 倍液等。以上药剂交替使用，连续喷药 2～3 次。

8. 虫害

日光温室虫害防治以预防为主，防虫要早、要勤，从发生阶段消灭害虫；虫害发生后使用对应的杀虫剂杀灭害虫。

防治措施如下。

（1）在通风口悬挂防虫网，防止户外害虫从通风口进入温室。

（2）培育无虫苗，定植前对温室进行杀虫剂熏蒸，杀灭温室内的害虫。

（3）清除上年种植的植株病残体，消灭越冬虫卵，悬挂黄板和蓝板诱杀。

（4）清洁田间，加强田间管理，培育健壮植株。

常见害虫及防治药剂见表 4-3。

表 4-3　常见害虫及防治药剂

害虫	喷药位置	防治药剂
蚜虫	全株	吡虫啉、氯噻啉、噻虫嗪、溴氰虫酰胺
白粉虱	叶片	吡虫啉、噻虫嗪、溴氰虫酰胺、敌敌畏（烟雾剂）、异丙威（烟雾剂）
斑潜蝇	叶片	阿维菌素、灭蝇胺、溴氰虫酰胺
蓟马	叶片	吡虫啉、噻虫嗪、溴氰虫酰胺、呋虫胺、多杀霉素、虫螨腈

二、塑料大棚黄瓜高产高效栽培技术

塑料大棚黄瓜栽培在甘肃一般为春提早茬口，多选择早熟、丰产、抗病的品种。种子处理、催芽、植株调整、病虫害防治参见本节“一、日光温室黄瓜高产高效栽培技术”。

1. 育苗

甘肃省春大棚黄瓜育苗在3月初到3月中旬，由于温度较低，育苗多在日光温室或有加温设备的连栋温室或塑料大棚内。育苗方式采用营养钵或穴盘育苗，由于黄瓜叶面积较大，过多易徒长，不利于培育壮苗，穴盘为72穴或50穴。苗龄一般为35～40天，根据外界环境和幼苗生长状况具体确定。

2. 苗期管理

早春外界温度白天高夜间低，室内高室外低，所以在早春育苗容易出现出苗不整齐，一般播种后在苗床上方搭设简易小拱棚，保持温度最低不低于25℃最高在30℃，待50%出苗后揭除小拱棚，有利于出苗整齐。幼苗出整齐后，气温控制在白天20～22℃，夜间12～15℃，天气晴朗时要适时通风，通风口如果距离苗床较近，缓冲空间小，要对其进行遮挡，以防冷风闪苗。第1片真叶展开后，气温控制在白天22～25℃，夜间13～17℃；定植前一周炼苗以提高幼苗适应性，加大通风，降低温度，气温控制在白天15～20℃，夜间8～12℃。

3. 定植

甘肃省塑料大棚黄瓜定植一般在4月上旬到下旬。定植前将整地、施肥、做畦、覆膜等工作提前完成，覆盖好棚膜，密闭棚室，使土壤温度尽快回升，到10cm地温不低于12℃，即可选择连续3天以上的晴天上午定植，定植后水要浇透，但不要过多，水浇不透不利于缓苗，太多会使土壤温度过低。定植密度因品种特性而定，一般要比日光温室密度大，亩定植3000～3200株。

4. 定植后管理

1）缓苗期

温度较低，主要以促进根系生长和培育健壮植株为目的。定植后及时关闭通风口，提高地温，棚内温度高于32℃后再少量通风，维持温度在28～32℃，增加棚内的湿度以利于缓苗，夜间要注意防寒，遇到降温天气可在棚内进行第二层覆盖，以防冷害发生。缓苗期大概7～10天，幼苗发新根、叶片开始生长时缓苗期结束。缓苗后温度控制在白天25～30℃，夜间10～15℃，苗期一般不浇水施肥，可适当喷施保护性物质以增强植株生长和耐低温性，中耕松土以促进植株生长。

2）结果期

结果初期温度不稳定时要避免突然降温，加强管理，温度控制在白天 25～30℃，不得超过 32℃，夜间不得低于 12℃。植株生长迅速，对水分和养分的需求变大，根瓜采收后开始浇水的同时进行第一次追肥，浇水选择在晴天上午进行，随水冲施。结果初期主要以促进植株生长为主，雌花节率高的品种要稍提早采收，果实采收过大会影响植株长势，一般 2～3 天采收一次。进入盛果期外界温度较高且稳定，此时植株长势旺，产生的营养面积足够果实生长，要按品种特性正常采收，一般隔天采收一次。盛果期的管理主要以水肥管理为主，此时期外界温度稳定，通过人工手段无法直接调控温度。由于温度较高，黄瓜的蒸腾速率快，需要的水分较其他时期多，一般 5～7 天浇一次水，要小水勤浇，一般在 11:00 前结束浇水或在 17:00 以后浇水，随水冲施肥料，每亩每次不得超过 15kg，每 10 天追肥一次。

三、白黄瓜栽培技术

白黄瓜为甘肃省特色黄瓜品种，俗称“板桥白”，有上百年的栽种历史，在庆阳市、平凉市等陇东地区大面积栽培。因其瓜色鲜亮、皮薄、口感脆嫩清爽，可当水果鲜食，也可做凉拌菜、炒食，还可腌制，具有较好的营养价值和医疗保健作用，深受消费者青睐。2009 年，板桥白黄瓜获国家农产品地理标志认证保护登记，是甘肃省为数不多的通过国家农产品地理标志认证的农产品之一。由于其作为地方品种，多为农家自留种，产量低，抗病能力差，多为粗放种植，经济效益低，虽然有大量市场需求，但较低的效益和种植其他蔬菜作物的高收入使得白黄瓜种植面积急剧下降，几乎消失。自 2000 年以来，甘肃省农业科学院蔬菜研究所对庆阳板桥白黄瓜进行开发利用，育成了两个白黄瓜杂交品种——甘丰袖玉和甘丰春玉，对白黄瓜产业发展起到了重要作用，使其栽培面积不断增加。但由于育种起步较晚，时间短，和其他类型黄瓜相比，对白黄瓜劣势性状的改良不够，在栽培中存在许多问题；同时由于其品种特性，长势较强、节间长、雌花节率高、果皮容易老化等，容易产生畸形瓜，对商品性产生较大影响，以下为白黄瓜栽培过程中容易出现的问题。

（一）育苗

白黄瓜主栽品种，都具有胚轴较长的特性（容易形成徒长苗），在育苗过程中要控制好温度，预防徒长，尤其在第 1 片真叶展开之前。春大棚育苗出苗期温度控制在 28～30℃，在 30%的幼苗出土后到第 1 片真叶展开前温度控制在 10～22℃。第 1 片真叶展开后温度保持在 15～25℃。定植前一周炼苗，以提高幼苗适应性，加大通风，降低温度，气温控制在白天 15～20℃，夜间 8～12℃。由于苗期温度管理较低，苗龄一般在 45～50 天。日光温室育苗一般在温度较高的季节，温度难以控制，此时育苗一般选择在露地，搭设简易小拱棚，设施内温度过高不利于培育壮苗。

（二）田间管理

白黄瓜生长势强，雌花节率高，生物量大，整个生育期的需水需肥量也大，在温度和光照条件良好的条件下需要及时补充水分和养分以促进植株和瓜条生长。结果盛期每 5～7 天浇一次水，随水每亩追肥 10～15kg。低温弱光天气植株生长缓慢，减少水肥供应，等天气转好以后，植株开始快速生长，再增加水肥供应。

白黄瓜雌花节位比较高，第 1 雌花一般在 3～5 节，在栽培前期根据植株长势情况适当疏花疏果，如植株长势较弱可提前摘去 5 节以下的雌花，如长势正常提前采收根瓜及 5 节以下瓜条。结果期在环境条件适宜时不需疏花疏果，遇到长时间低温或长时间的弱光天气（连阴天）时需适当疏出靠近生长点的花，同时采收标准要较正常瓜稍小，预防花打顶和长势变弱，保持健壮的植株。促进植株生长。

（三）采收

白黄瓜的两个主栽品种（甘丰袖玉和甘丰春玉）瓜条长（采收标准）分别为 16～18cm 和 12～15cm。春大棚栽培，环境温度较高，植株生长速度快，瓜条长速也快，前期采收稍小，后期可按正常标准采收，温度过高时瓜条需提前采收，采收不及时果肉容易变硬、果皮老化。冬季日光温室栽培，为促进植株生长和减少化瓜可提前采收，同时还可以提高口感和商品性，低温弱光天气尤其要提早采收。采收一般在上午温度较低时进行，采收后要及时放在阴凉的地方保存，高温容易引起瓜皮变色，影响商品性。

（四）异常天气管理

白黄瓜耐低温弱光能力较密刺黄瓜弱，冬季温室栽培常会遇到寒流或连阴和下雪等天气，春夏塑料大棚生产会遇到连续阴雨天气，对黄瓜生产带来很大影响。在栽培过程中遇到异常天气，由于缺乏光照，不能通风透气，使得设施内温度和地温下降，空气湿度无法排出，造成冷害、冻害、病虫害发生及植株长势变弱。针对异常天气，首先选择保温能力强的温室来生产黄瓜，保温被或草帘质量要合格；阴天外界温度不低时要尽可能揭帘见光，适当打开通风口通风排湿；控水控肥，尽量不浇水、不施肥、不喷药，如需用药尽量选择烟雾剂，以保证植株健壮为目的；摘除所有或部分幼瓜以防止花打顶或龙头收缩，保护植株，等待天气恢复正常；天气转晴后，不能立即揭开所有覆盖物，要缓慢逐渐揭帘，不可突然恢复到强光和高温，以防发生萎蔫，如发生萎蔫要立即放下保温被或草帘，待叶片恢复正常后再逐渐见光。

主要参考文献

方智远, 等. 2017. 中国蔬菜育种学. 北京: 中国农业出版社.

顾兴芳, 张圣平, 徐彩清, 等. 2003. 黄瓜雌性系诱雄方法研究. 北方园艺, (5): 41.

韩靖玲, 侯伯生, 李聪晓, 等. 2012. 雌性系黄瓜栽培管理关键技术. 长江蔬菜, (11): 26-27.

姜跃文, 王世文. 2009. 黄瓜雌性系诱雄效果的比较研究. 农业与技术, (2): 54-57.

李宝聚. 2013. 蔬菜病害诊断手记. 北京: 中国农业出版社.

杨双娟, 顾兴芳, 张圣平, 等. 2012. 黄瓜棒孢叶斑病(*Corynespora cassiicola*)的研究概况. 中国蔬菜, (4): 1-9.

杨寅桂, 娄群峰, 李为观, 等. 2007. 不同温度对黄瓜种子发芽的影响及耐热性比较. 中国瓜菜, (6): 5-7.

岳宏忠. 2008. 河西走廊地区雌性系黄瓜制种技术要点. 农业科技通讯, (4): 133-134.

赵帅, 杜春梅, 田长彦. 2014. 黄瓜枯萎病综合防治研究进展. 中国农学通报, 30 (7): 254-259.

中国农业科学院蔬菜花卉研究所. 2009. 中国蔬菜栽培学. 北京: 中国农业出版社.

朱红艳. 2016. 雌性系黄瓜诱雄制种技术. 上海蔬菜, (4): 8-9.

第五章　西　　瓜

第一节　甘肃西瓜生产现状

西瓜，学名 *Citrullus lanatus*（Thunb.）Matsum. & Nakai，一年生蔓生藤本。我国各地均有栽培，品种较多，其果形、外果皮、果肉及种子多样，以新疆维吾尔自治区、甘肃省兰州市、山东省德州市、江苏省溧阳市等地产品最为有名。西瓜果实为夏季水果，果肉味甜，能降温去暑；种子含油，可作消遣食品；果皮药用，有清热、利尿、降血压之效。

一、我国西瓜生产现状

我国西瓜生产有五大优势区：黄淮海西瓜设施栽培优势产区、华南西瓜优势产区、长江流域西瓜优势产区、西北干旱西瓜优势产区及东北西瓜优势产区。华东与华中是我国最大的西瓜产区，总产量占全国的 75%。2014 年，全国西瓜播种面积 185.23 万 hm^2，总产量 7484.3 万 t，单产 40.41t/hm^2，与 2013 年相比，播种面积增加了 2.4 万 hm^2，产量增加了 189.98 万 t，产量增幅 2.16%，单产提高 0.51t/hm^2。我国西瓜生产规模将在 5%～6%范围内震荡下滑，并且生产将向优势产区进一步集中。

随着农业产业化进程的推进，我国西瓜产业的组织化程度将大大提高。集中育苗与产销一体的生产经营大户将进一步增加，提高西瓜产业集约化、专业化、规模化和组织化水平将是西瓜产业发展的主导方向。近几年来，我国西瓜进出口贸易均呈逐渐减少的趋势，2014 年，我国西瓜进口 4.62 万 t，出口 20.1 万 t，出口与进口数量较 2013 年分别减少了 10.5%和 9.6%，但出口额增加 51.2%，进口额减少 21.1%（魏胜文等，2016）。

二、甘肃西瓜生产现状

甘肃省河西、陇中与陇东位于我国西北干旱西瓜优势产区，是我国最重要的商品西瓜与种子生产基地之一。2015 年，甘肃省西瓜种植总面积达 3.65 万 hm^2，其中商品西瓜 3.4 万 hm^2，西瓜种子生产面积 0.25 万 hm^2。商品西瓜总产量达 153.93 万 t，仅次于粮食、蔬菜和果树，居种植业的第 4 位，是甘肃省农民和农村经济来源的支柱产业之一（魏胜文等，2016）。

1. 商品西瓜生产现状

1）生产布局

甘肃省商品西瓜产区重点分布在陇东和陇中地区，占西瓜总生产面积的 80%以上，其中白银市种植面积最大，达 1.71 万 hm^2，其次是庆阳市和兰州市，面积分别为 0.83 万 hm^2 和 0.25 万 hm^2。

2）产量与品质

2016 年，甘肃省商品西瓜（含籽瓜）的产量为 45.67t/hm^2；西瓜中心可溶性固形物含量在 10.5%～12.5%。

3）品种结构

甘肃省西瓜生产主要以大果形中晚熟品种为主，主栽品种有金城 5 号、西农 8 号、金桥 5 号、陇抗 9 号与丰抗 8 号等，栽培面积约占全省西瓜总栽培面积的 60%以上。小果型早熟品种主栽品种有美丽、京欣 2 号、甘浓佳丽、黄肉京欣、全美 2K、全美 4K，重点分布在武威市和白银市保护地生产区，栽培面积约占全省西瓜总栽培面积的 20%左右。无籽西瓜品种在甘肃省种植较少，主要分布在陇南市徽县及酒泉市瓜州县和金塔县，主栽品种为黑蜜无籽 2 号、黑蜜无籽 5 号、郑抗 6 号、郑抗 2008 和津蜜 5 号。

4）产品加工与运销

陇东旱塬露地西瓜产品主要销往西安、重庆、成都等地，年销售量达 40 多万吨，占总产量的 70%。目前，甘肃省西瓜产品以鲜果上市销售为主，产品加工业尚未兴起，产品外销前，未进行预冷处理。开发西瓜加工产品少，东方瓜园系列籽瓜饮品已为甘肃省政府指定接待饮品。

2. 西瓜种子生产现状

1）生产分布区域及面积

甘肃省西瓜制种区域较为集中，主要分布在河西走廊的金塔县、肃州区、高台县、凉州区与古浪县等地，面积占甘肃省西瓜总制种面积的 95%以上，其中金塔县与高台县的制种面积最大，占总面积的 60%以上。近 5 年来，甘肃省西瓜制种面积在 0.2 万～0.28 万 hm^2 波动。

2）产量与效益

制种西瓜平均产籽量 397kg/hm^2、平均产值 7.8 万元/hm^2。甘肃省生产的西瓜种子几乎覆盖了全国西瓜种植区域，约占全国西瓜种子市场的 2/3，并且部分产品出口欧美及东南亚，创汇约 3000 万美元。

3）主要种子企业

一些国内外的知名种子企业如美国尤立种子公司、甘肃杰尼尔种子有限公司、合肥丰乐种业股份有限公司、甘肃敦煌种业股份有限公司、甘肃东方种子公司等均在甘肃省建立了稳定的种子生产基地和加工中心。制种企业已由2000年前的26家发展到2015年的60多家，其中，注册资本1000万元以上的种子生产、经营企业6家，500万～1000万元的14家，500万元以下的48家。

3. 存在问题

1）产品大量集中上市导致瓜价偏低、种植效益不高

不论是陇东旱塬露地晚秋西瓜，还是陇中的旱砂西瓜，产品上市期集中在7月20日至8月10日，在短短的20天，有近150万t西瓜产品集中上市，给市场销售带来巨大压力，直接造成瓜价偏低、种植效益不高。

2）连作障碍突出，死苗率较高的问题普遍发生

在甘肃省陇中旱砂西瓜产区，连续5～6年种植西瓜的砂田占50%以上，多年重茬带来的连作障碍问题严重，部分砂田西瓜的死苗率高达50%，平均死苗率达20%以上。

3）没有保鲜贮藏设施，不了解保鲜贮运技术

重点产区没有适宜西瓜保鲜贮藏的恒温库，产品运输前不预冷、运输期间没有降温手段。种植户与客商不了解保鲜贮运技术。尚未制定西瓜保鲜贮运技术规范，还没有组建西瓜产品保鲜运输技术研发团队。

4）种植机械化水平低、人工劳动强度大、效率低

目前缺少覆砂压砂、播种穴开挖、整枝、农药喷施与采瓜等机械，机械化种植水平低，新建砂田、播种与整枝人工劳动强度大和效率低的问题突出。

5）育种技术与手段落后，缺乏耐贮运、高品质、适宜简约种植的优良新品种

目前甘肃省农业科学院蔬菜研究所、甘肃农业大学园艺学院与兰州市农业科技研究推广中心及数十家企业从事西甜新品种选育研究，但目前均采用常规育种技术，与国际和国内先进育种单位相比，育种手段与技术落后，难以育成如“白兰瓜”享誉盛名的地方品种，导致甘肃省西瓜产业缺乏耐贮运、高品质、适宜简约种植的优良新品种。

6）没有研发简约化生产技术的专业团队

简约化生产技术是引领甘肃省西甜瓜产业未来发展方向的技术，但目前尚未建立包括农机设计、遥感、自动控制与栽培育种等高级专家技术组成的简约化生产技术研发团队，造成目前简约化生产技术处在引进与改制的初级水平，与国外基于GPS系统的精准简约化生产技术相比，差距非常大。

7）尚未建立健康种子生产技术体系

目前虽然制定了西甜瓜健康种子生产技术标准，出版发行了配套的技术光

盘，但技术标准尚未通过省级认证、发布实施。目前尚未建立健康种检测站与配备检测仪器和设备，还没有健康种子检测技术标准与评价体系。

4. 发展思路

1）加快适宜简约化栽培的优良新品种选育步伐

利用现代分子生物学技术，加快抗旱、高抗枯萎病、兼抗白粉病与蔓枯病及叶枯病，无杈或少侧蔓、中大果型、肉质紧实、脆、品质好、商品佳、耐贮运的西瓜种质资源创制，并育成适宜简约化栽培的优良西瓜新品种，为西瓜产业高效发展提供支撑品种。

2）积极示范推广优良品种

依据西瓜产区的气候、土壤和栽培特点，选择商品性好、抗病性强、品质优良、可溶性固形物含量达 12%左右的优良品种。如旱砂田与旱塬栽培区，重点选择抗旱性强、品质优良、耐贮运、商品性好的中晚熟品种。

3）大力示范推广简约化生产技术

重点是示范推广适宜甘肃省推广应用的中小型种瓜机械，如穴盘播种、嫁接、覆砂压砂、补灌施肥、农药喷雾、采瓜等机械；水肥一体化节水灌溉或补灌系统；西瓜产品加工设备与机械，如鲜瓜切片真空机；西瓜种子生产与种子加工设备与机械，实现西瓜生产轻简化、节本增效。

4）示范推广绿色产品种植技术

在重点产区示范推广西瓜（补灌）水肥一体化精准施肥技术，高效低毒、低残留的新农药标准化使用技术，示范“芽苗”坨播、穴盘苗“大坨”栽植与嫁接苗等技术，确保产品的绿色优质。

5）示范推广分期分批上市技术

在制定甘肃省西瓜产业发展规划，科学规划“绿洲旱塘”“旱砂田”“旱砂田小拱棚”与“旱塬垄沟集雨”等不同区域最佳经济播期（或育苗期）与定植期的基础上，示范推广本土化低成本的西瓜健康种苗生产技术；示范推广“育苗移栽”、“两膜一砂”（即砂田覆地膜并扣拱棚）、“多层覆盖”等标准化栽培模式，改变产区单一生产方式，促进产区多种生产方式的形成，以实现分期播种、分期定苗、分期采收，延长上市供应期，产品多元化均衡供应的目标。

6）产品电商技术

开发西甜瓜产品网上销售平台，与阿里巴巴、京东与天猫等电商平台对接，充分利用现代互联网与物流资源，实现种植者与运销商、超市、餐厅及个体消费者直接“面对面”的产品销售，达到建立“产品优质安全信誉”、自创“优质优价”，促进产品销售，提高效益的目标。

第二节　甘肃西瓜育种

一、育种现状

（一）育种目标

近半个世纪以来，甘肃省西瓜品种育种目标已实现了至少 4 次提升：①20 世纪 60 年代主要提纯选优地方农家品种。②进入 70 年代，开始由国外引入优良品种，主要是引自日本、苏联、美国等国的西瓜品种。③70 年代后期，甘肃省开展了西瓜育种工作，初期以常规育种为主。主要亲本材料是地方品种、日本品种和美国品种相互配组杂交，选育抗病、优质、高产的西瓜常规新品种，育成大果型、高产、抗枯萎病的中晚熟西瓜品种 118。④80 年代，甘肃省最早开展西瓜杂种优势的研究，育成中熟、高产、优质杂交种金花宝 P2，在国内率先生产杂交西瓜种子；90 年代，甘肃省金城系列西瓜杂交种在全国范围内推广应用，金城 5 号仍为目前北方旱作区主栽品种。21 世纪初，甘肃省西瓜育种水平迈上新台阶，甘肃省农业科学院蔬菜研究所育成的陇抗 9 号为北方旱作区对照品种。甘肃农业大学园艺学院育成的甜籽 1 号为西瓜与籽瓜杂交品种，抗病、耐旱，品质与风味佳，在西北地区推广应用面积大，同时设施西瓜育种也走在全国先进行列，西瓜新品种美丽是北方日光温室与塑料大的较好品种。

甘肃省西瓜育种除上述成就外，其相关领域也取得了显著进展。在西瓜种质资源的搜集、鉴定、研究、保存及创新，辐射育种，与分子标记等方面，均先后开展了大量工作，并已取得了可喜的进展。

为进一步促进甘肃省西瓜新品种选育研究取得更大突破，有力推动甘肃省西瓜产业的可持续发展，今后应明确如下育种目标。

1. 露地新品种选育

选育抗旱、高抗枯萎病、兼抗白粉病与蔓枯病及叶枯病，无杈或不整枝、中大果型、肉质紧实细脆、品质优、商品性好、耐贮运，适宜旱砂田与旱塬种植的中晚熟西瓜优良品种。

2. 保护地新品种选育

选育早熟、耐低温寡光照，中小果型、高抗枯萎病、兼抗白粉病与蔓枯病、肉质酥脆多汁、品质优、商品性好、耐贮运的西瓜优良品种。

3. 籽瓜新品种选育

选育抗旱、高抗枯萎病、兼抗白粉病与蔓枯病及叶枯病，无杈或不整枝、种子大、板正美观、蛋白质与不饱和脂肪酸含量高，瓤质细腻、风味佳、贮藏期长，适宜加工的籽瓜优良品种。

（二）主要育种单位及企业

甘肃省开展西瓜育种的主要科研单位有两家，分别是甘肃省农业科学院蔬菜研究所与兰州市农业科技研究推广中心。主要西瓜育种企业有武威安泰达种业有限责任公司、兰州丰金种苗有限责任公司和甘肃华园西甜瓜开发有限公司，开展籽瓜育种的单位为甘肃农业大学园艺学院。

（三）品种认定与登记

2011～2015 年，甘肃省共审定西瓜新品种 49 个，其中西瓜新品种 39 个，籽瓜新品种 10 个。“甜籽 1 号”选育与推广种增添了甘肃省“瓤籽”两用西瓜新类，并将鲜瓜食用期延长至次年 1 月。

（四）主要存在问题

1. 没有中长期育种目标

目前，甘肃省西瓜杂交育种虽然取得了较大成就，但仍没有走出“品种与品种杂交”，西瓜育种徘徊在引种与杂交的水平上，因此育种目标具有不确定性，没有中长期育种目标。

2. 现有育种目标不明确

虽然在西瓜育种目标中提出抗旱、高抗枯萎病与抗白粉病等，但由于长期育种经费投入不足，目前尚未建立西瓜抗旱种质资源鉴定与筛选体系，缺乏描述抗旱资源的指标参数；对西瓜抗枯萎病种质材料鉴定与筛选工作较落后，对育成品种的枯萎病抗性缺乏量化指标等，因此现有育种目标不清晰。

3. 缺乏稳定的科研经费支持，种质资源创新动力不足

由于缺乏稳定的科研经费支持，甘肃省西瓜育种没有明确的中长期育种目标，因而目前多数主要育种科研单位难以开展利用野生种质资源与优良栽培品种，进行多抗基因转育、高品质与耐贮基因聚合，抗旱与适宜机械采收性状集聚的种质资源创新研究，种质资源创新步伐缓慢，导致具有甘肃省区域特色的西瓜优良

新品种难以问世。

（五）发展对策

1. 加快种子资源精准鉴定步伐，为育种目标制定提供指标参数

利用分子技术创制了一批西瓜优异种质，加快对优质资源抗旱性、抗病性（抗不同生理小种）与高品质等性状的基因进行功能分析与精准定位，为西瓜育种目标的制定提供指标参数。

2. 提供稳定的科研经费支持，加快种质资源创制

通过省级财政渠道，提供稳定的科研经费支持，采用轮回杂交转育、多系谱杂交转育等方法，创制抗旱、耐低温、耐弱光、少侧枝与高品质等单系材料，推进多抗性、优质单系材料创制步伐，改变甘肃省西瓜新品种选育仍处于“品种与品种”杂交的低水平现状，实现西瓜杂交育种走向“品系与品系”杂交，为优良品种选育提供丰富的优异种质材料。

3. 加快新品种选育与产业化开发步伐，为甘肃省西瓜产业可持续发展提供支撑品种

在积极开展抗旱、耐瘠薄、耐贮运的西瓜与籽瓜新品种选育的同时，选育优良、早熟、抗病、耐低温与耐贮运保护地西瓜品种的选育研究，建立育成新品种转让或与企业参股共同开发的新品种推广机制，加快新品种育、繁、推一体化新体系的高效运行，加速新品种应用步伐，促进甘肃省西甜瓜产业可持续发展。

二、种质资源创新

近30年来，甘肃省西瓜育种单位与专家广泛搜集、创制了丰富的种质资源，并对种质资源的20多个性状的相关性进行了分析，揭示了部分性状的遗传规律。主要成就如下。

（一）特异西瓜种质资源收集

1. 无杈西瓜

甘肃省农业科学院蔬菜研究所西甜瓜新品种选育研究室 1980 年从新疆农业科学院引进，目前对该性状进行了转育研究。该种质材料来源为新疆石河子 141 团的技术员徐利元在苏联2号西瓜的生产田中偶然发现的安无杈。该材料植株除基部5节以下有弱侧枝外，在主蔓中、上部基本无分枝，而且主蔓粗短有弯曲，

叶片肥大，只有 1 对缺刻，3 个裂片，茎尖生长点在生长后期会停止生长，有自封顶现象。无杈性状受一对基因控制，对正常分枝性状呈隐性，可以通过杂交方法转育利用（林德佩等，1991）。

2. 短蔓西瓜

甘肃省农业科学院蔬菜研究所西甜瓜新品种选育研究室 1980 年引进，主要有两种基因型：一种称日本短蔓，属于细胞小的类型（*dw-1*），由 1 对隐性基因控制，叶色深绿、丛生，主蔓不明显，果实高筒形，皮色绿、有浓绿色网条，果肉红色，单瓜重 1～2kg；另一种称美国短蔓，属于细胞少的类型（*dw-2*），也由 1 对隐性基因控制，叶色浅绿有主蔓，果实圆形，皮色浅绿、有绿色网条，果肉红色，单瓜重 2～3kg。两种短蔓基因不等位，杂交后代表现为长蔓，但都有果实小、坐果难的缺点，因此作为纯短蔓品种直接利用价值较小。

3. 雄性不育种质资源

1）隐性核不育基因库的建立与应用

通过核型隐性基因株与多类型育种材料广泛杂交并辐射处理，以从其后代中选育农艺性状优良的雄性不育材料建立起西瓜雄性不育基因库，利用该雄性不育基因库可以选育多种类型的雄性不育系用于选配杂交组合。同时发现基因库中短蔓、浅色种皮及无毛 3 个性状均有可能与 *ms* 基因形成连锁，若用于标记 *ms* 基因，可以改良西瓜雄性不育系在生产上的应用（齐立本等，2003）。

2）雄性不育机制

以西瓜雄性不育两用系为材料，利用常规石蜡切片对其雄花芽组织和细胞形态发育过程进行了观察，结果表明，不育花药壁组织在发育过程中，没有分化形成正常的内壁、中层及绒毡层，不能为花粉母细胞的发育提供物质、能量和信息的传递，造成花粉母细胞在减数分裂期发生异常，不能形成正常的四分体，因而未能形成正常的花粉粒而导致败育（陈雨等，2008）。

（二）种质资源表型多样性

采用变异系数、多样性指数和聚类分析等方法，对国内外 783 份西瓜种质资源 24 个表型性状进行了遗传多样性研究。结果表明，西瓜种质资源 24 个表型性状的平均变异系数为 31.19%，其中种子覆纹颜色变异系数最大（70.90%），第 1 雌花节位最小（0.48%），24 个表型性状的平均遗传多样性指数为 1.68，叶纵径（2.29）、叶横径（2.24）、果实皮厚（2.24）、果实横径（2.23）、果实生育期（2.19）、茎节间长度（2.09）、果实纵径（2.07）、种子百粒重（20.7）、单瓜种子数（2.04）的多样性系数均较大，茎断面形状多样性指数最小（0.39）。基于 24 个表型性状，供试西瓜材料在欧氏距离为25时聚为两类：A类为普通西瓜种（*Citrullus lanatus*）；B类为药西瓜（*Citrullus colocynthis*）。在欧氏距离为20时聚为三类：A1为*Citrullus lanatus*的普通西瓜亚种（sp. *vulgaris*），A2为*Citrullus lanatus*的毛西瓜亚种（sp. *lanatus*），B类为*Citrullus colocynthis*的淡味药西瓜亚种（sp. *insipidus*）。在欧氏距离为15时A11为sp. *vulgaris*的普通西瓜变种（var. *vulgaris*），A12为sp. *vulgaris*的籽瓜变种（var. *megalaspermus*），A2为sp. *lanatus*的开普西瓜变种（var. *capensis*）。西瓜种质资源表型性状的变异程度和多样性指数较高，具有丰富的变异程度和多样性。欧氏距离25可作为西瓜属内划分物种的遗传距离，20可作为划分西瓜亚种的遗传距离，15可作为划分西瓜变种的遗传距离（潘存祥等，2015）。

（三）抗病种质资源

3个西瓜野生类型PI189225、PI296341和PI299379分别对西瓜蔓枯病、枯萎病和炭疽病具有抗性，并兼抗其他病害，抗病性遗传多由单显性或隐性基因控制。植株表现生长势强，晚熟，果实中大，无食用价值（张建农，1997）。

（四）籽用西瓜种质资源

1. 不同种质耐贮藏性差异

贮藏70天，品种甜籽1号、爽月、西籽1号和林籽3号的瓜皮厚度分别下降了33.6%、44.2%、31.3%和39.2%，瓜皮硬度从12.08kg/cm^2、11.67kg/cm^2、11.27kg/cm^{2}和11.85kg/cm^{2}分别下降到6.78kg/cm^2、6.33kg/cm^2、5.60kg/cm^{2}和6.65kg/cm^2。籽瓜风味西瓜品种间果实重量损失差异明显，分别为3.1%、3.5%、3.8%和2.8%。品种爽月细胞膜渗透率急剧上升至83%，瓜瓤变质成水状，失去食用价值。籽瓜风味西瓜整体上均比西瓜耐贮藏。不同品种的籽瓜风味西瓜具有不同的贮藏特性，以甜籽1号最耐贮藏和运输，西籽1号次之，爽月和林籽3号较差（王程和张建农，2015）。

2. 抗枯萎病新品系创制

B06和R09均为甘肃农业大学瓜类研究所培育的杂交一代抗枯萎病籽瓜新品系。B06为黑籽籽瓜，全生育期约130天，果实及种子生育期55～60天。植株生长强健，高抗枯萎病，兼抗蔓枯病。单株坐果1～2个，产籽率约2.5%。种皮黑边白心，黑边清晰均匀，较平整，种子出仁率约46%。在河西灌区产籽量1875～1950kg/hm^2。较耐干旱瘠薄，适宜有灌溉条件的沙荒地和重茬地种植。R09为红籽籽瓜，全生育期约110天，果实和种子生育期40～45天。植株长势强，肥水多易旺长，抗枯萎病，可连茬种植。单果重 2～2.5kg，产籽率约 2.6%。千粒重 180g 左右，出仁率约 48%。地膜覆盖灌溉栽培产籽量 $1875kg/hm^2$。采收晚时不易发生“胎萌”现象（陈年来等，2000）。

3. 籽瓜种质资源利用与耐贮性生理机制

1）籽瓜资源进化

对 4 个籽用西瓜、2 个野生西瓜和不同生态类型瓤用西瓜等 34 个品种（系）进行植株生长期及种子大小和果实相关性状的观察、RAPD 标记和聚类分析，结果表明，靖远大板在种子大小和千粒重、果实发育期、可溶性固形物含量等性状上与瓤用西瓜有明显的差异，多数性状表现极端类型，但其他性状未发现特殊表现。内蒙古白籽瓜和两个红籽瓜品种亦有一定的差异，但差异幅度较小；RAPD 标记和聚类分析显示，16 个引物共扩增出 157 条 DNA 带，其中 67 条表现多态性，占总带数的 42.68%；34 份材料中，两个野生类型与栽培品种遗传距离最远，野生类型之间的遗传距离也相对较远，大多数栽培品种之间的遗传距离较近，且生态类型没有特异性表现。由此表明西瓜栽培品种的遗传基础相当狭窄；籽用西瓜中靖远大板与多数瓤用西瓜亲缘关系相对较远，但其差异不足以形成一个新的变种；其余 3 个籽瓜品种与瓤用西瓜亲缘关系更近。

2）籽瓜耐贮性生理机制

以黑籽瓜品种靖远大板为材料，西农 8 号西瓜为对照，研究果实采后细胞壁结构及相关成分和酶活性的变化。结果显示：贮藏前期籽瓜果实硬度较大、中果皮原果胶含量呈上升的趋势，25 天后下降平缓，可溶性果胶含量随贮藏期的延长逐渐上升，后期变化比较平缓，一直维持在一个相对较高的水平；西瓜果实中果皮硬度、原果胶含量与籽瓜相比总体较低，且随贮藏时间的延长差距逐渐拉大，可溶性果胶含量相对较高。籽瓜果胶甲酯酶（pectinesterase，PE）、多聚半乳糖醛酸酶（polygalacturonase，PG）活性变化平缓，贮藏中始终呈缓慢上升或下降的趋势，而西瓜两种酶活性变化幅度较大，前期较低，贮藏中期达到一高峰，然后急速下降。超显微结构观察结果显示，贮藏期中果皮和果肉组织细胞壁、细胞膜系统逐步解离，表现为细胞壁中胶层、微纤丝分解，细胞膜被破坏和细胞器消失，西瓜相关结构大幅度地早于、重于籽瓜，至试验结束时，已基本丧失其原有的结构，而籽瓜还维持一定程度的完整性。贮藏期中，籽瓜超氧化物歧化酶（superoxide dismutase，SOD）活性持续升高、前期过氧化物酶（peroxidase，POD）活性逐步上升，至 35 天时达到最大值，此后开始平缓下降，而西瓜 SOD 和 POD 活性贮藏初期与籽瓜相当或接近，后期活性急剧下降；籽瓜超氧阴离子自由基产生速率和丙二醛含量整体较低，且增加幅度较小。由此认为，籽瓜贮藏期原果胶含量较高、PE 和 PG 活性变化平缓、超氧阴离子自由基产生速率低、丙二醛含量增加缓慢、

SOD 和 POD 活性持续稳定、细胞壁和细胞膜系统结构相对稳定的生理特征与耐贮性有关。对 30 个不同贮运性西（籽）瓜品种果皮显微结构观察结果显示，耐贮运型表现为果实表皮细胞角质层厚、外果皮细胞层数较多、石细胞团较大、排列较紧密等；不耐贮运型果实表皮细胞虽然角质化，但角质层或细胞间隙角质层薄，外果皮细胞层数、石细胞团较大幅度地减少，仁小，中果皮较小而密的细胞减少或消失；因此，西瓜果实贮运特性是由果皮各层结构综合作用的结果；黑籽瓜除具有耐贮运型西瓜果皮结构外，石细胞层状特征和较厚的果皮可能与更好的韧性有关。

3）籽瓜资源利用

选用靖远大板等 3 个籽瓜品种和两个西瓜品种（系）进行不同组合的杂交，其杂交组合和亲本的比较显示，籽瓜品种之间的杂交组合在多种性状上优势不明显，籽瓜与西瓜品种间的杂交，F_1 单瓜重大多表现超亲优势，果实发育期、可溶性固形物含量、贮藏期趋中，籽瓜果实风味的遗传也呈不完全显性表现。所有组合中，以靖远大板与西瓜自交系 02-15 的杂交组合在产量、果实品质、风味和抗病性等综合性状表现较优，具有良好的应用前景（张建农，2005）。

三、主要性状遗传规律研究

（一）种子大小的遗传规律

F_1 的种子大小趋向于小亲本，F_2 及 F_1 与大亲本回交后代的种子大小被明显分为两个群体，统计分析成 13∶3 和 1∶1 的分离比例，而 F_1 与小亲本回交后代的种子集中于一个群体中。在同一群体中，种子大小具有一定的分布范围，且不同后代的相应群体中与大亲本回交的后代种子整体偏大，与小亲本回交的后代种子整体偏小。由此认为，决定种子大小的基因为一对主效基因和一对隐性抑制基因，其中小种子为显性。还有数对微效基因对种子大小起着修饰作用，以至于在相应群体内接近数量性状的遗传（张桂芬和张建农，2011）。

（二）西瓜果实糖分含量遗传

西瓜果实葡萄糖、果糖含量属数量性状遗传，即多基因决定的性状，蔗糖含量可能由一对显性或不完全显性的主效基因决定着低水平的含量，还有数对基因决定着高蔗糖或低蔗糖的含量（范涛等，2014）。

（三）果实与种子相关性

单瓜重与单瓜种子重、种子粒数呈正相关，且相关性较强；单瓜种子重与千粒重、产籽率，种子粒数与产籽率呈正相关，相关性中等；单瓜重与千粒重，千粒重与种粒数、产籽率呈正相关，相关性较弱；而单瓜重与产籽率呈负相关；异质授粉对果实增大和种子数量的增加无促进作用，而对单瓜种子重和千粒重有明显促进作用（张建农，2003）。

四、育种技术研究

（一）杂优利用技术

西瓜杂优利用中的配合力分析：对 7 份西瓜亲本材料及其 12 个杂交组合的单瓜重和中心含糖量进行了亲本一般配合力（general combining ability，GCA）和杂交组合特殊配合力（specific combining ability，SCA）的分析。结果表明，平均单瓜重亲本 GCA 方差占总遗传方差的 25.62%，杂交组合 SCA 方差占总遗传方差的 74.36%；中心含糖量亲本 GCA 方差占总遗传方差的 87.42%，组合 SCA 方差占总遗传方差的 12.58%，选出了平均单瓜重和中心含糖量 GCA 相对效应值较高的亲本 4 份，SCA 相对效应值较高的杂交组合 1 份（刘东顺，1994）。

（二）辐射育种技术

甘肃农业大学瓜类研究所早在 20 世纪 70 年代开展了西瓜辐射育种。在分析总结国内西瓜辐射育种研究进展的基础上，现提出西瓜辐射育种的核心技术如下：350Gy 及以上剂量辐射可显著降低中等种子和小种子材料的西瓜第 1 雌花着花节位，但对大种子材料无显著影响；800Gy 及以上剂量辐射对西瓜果实性状产生显著的抑制作用，小种子材料比大种子、中等种子材料对辐射更敏感；随辐射剂量的增大，^{60}Co-γ 射线对西瓜着花和果实性状的抑制作用逐渐增强，西瓜干种子 ^{60}Co-γ 射线辐射的适宜剂量为 200～500Gy，不同质量西瓜干种子对 ^{60}Co-γ 射线辐射的敏感性表现为小种子材料>中等种子材料>大种子材料（陈亮等，2016）。

（三）抗旱育种技术

1. 抗旱性早期鉴定

干旱条件下，幼苗的干物质积累量、根冠比和叶片相对含水量均有不同程度的降低，抗旱性越弱则降幅越大；叶片细胞膜透性、脯氨酸含量则有不同程度的升高，抗旱性越弱则细胞膜透性越大、脯氨酸含量增幅越小。结合旱砂田栽培条件下各杂交组合的田间产量表现，可应用隶属函数评价法鉴定西瓜品种或育种材料的早期抗旱性。甘肃省农业科学院蔬菜研究所利用抗旱育种方法，选育出西瓜新品种陇科 11 号（刘东顺等，2008）。

2. 抗旱性综合鉴定

筛选确定的西瓜抗旱性鉴定指标为：正常灌水下的气孔特性（气孔长、宽，气孔密度）和西瓜叶片解剖结构（上表皮、下表皮、栅栏/海绵、栅栏/叶肉）；种子萌发期的发芽势绝对值和萌发抗旱指数，幼苗期干旱处理的叶绿素含量、气孔大小、株高胁迫指数、可溶性蛋白和 SOD 活性，大田直接鉴定的产量变幅（单果重变幅、单株结果数变幅）、产量抗旱指数和根冠比（孙小妹，2011）。

（四）分子标记辅助育种技术

对西瓜枯萎病菌生理小种 1 诱导的抑制差减杂交 cDNA 文库测序获得的 4000 条 EST 进行分析，经过前处理后拼接得到 1487 条 *unigene* 序列，全长为 759kb。在其中 978 条 *unigene* 序列中共检索出 2136 个 EST-SSR，出现频率为 53.4%。EST-SSR 的平均分布距离和平均长度分别是 1/0.36kb 和 19.59bp。EST-SSR 中的重复单元以二核苷酸和三核苷酸重复为主，二者在总 EST-SSR 中的出现频率为 98.08%。GA/TC 和 GAA/TTC 是二核苷酸和三核苷酸中的优势重复类型，分别占二核苷酸和三核苷酸重复的 25.78%和 12.97%。西瓜抗枯萎病相关 EST 资源的 SSR 信息分析为进一步建立西瓜 EST-SSR 标记和探索其在西瓜基因组学研究中的应用奠定了基础（冯建明等，2009）。

五、制种技术研究

（一）西瓜种子纯度鉴定的 SSR 标记

从 36 对 SSR 引物中筛选出 3 对（MCPI-5、MCPI-16、MCPI-17）稳定性强、可重复性好、在杂交种及其母本之间具有多态性的引物。将这 3 对引物中的 MCPI-5 和 MCPI-17 用于 267 株 T-1 杂交种群体纯度鉴定，显示种子纯度为 97.75%，与田间种植鉴定结果一致（蒋莉莉等，2016）。

（二）西瓜杂种一代种子纯度的 RAPD 鉴定技术

在 100 条引物中筛选出 4 条有特征条带的引物，其中 S92 号、S162 号、S181 号引物能使甜籽 1 号与其母本有效区分开来（闫鹏等，2007）。

（三）西瓜杂交制种蜜蜂辅助授粉应用技术

西瓜杂交制种采用蜜蜂授粉，解决了传统人工授粉中工作量大、雇工紧缺及授粉费用高的弊端，节约成本 7500 元/hm^2 左右，还有利于扩大种植面积（苏永全等，2013）。

（四）果实性状对产籽量的影响

对西瓜果实与种子性状中单瓜重、单瓜种子重、千粒重、单瓜种子粒数、产籽率及自交果实与杂交果实相关性状相关性的测定与分析发现，除单瓜重与产籽率为负相关外，其余性状均为正相关，因此，在以种子为目标产品的生产中，适当提高种植密度，增加果实数量，是增加种子产量的有效措施之一；自交果实与杂交果实的大小、单瓜种子数差异不显著，而自交果实与杂交果实在单瓜种子重、千粒重和产籽率上达到了极显著差异，这表明异质授粉对种子产量的增加有促进作用（张建农，2005）。

第三节　甘肃西瓜育种取得的成就与应用

甘肃西瓜杂交育种工作起始于 20 世纪 70 年代，1990～2016 年主要育成与推广应用如下优良品种。

一、金花宝 P2

（一）品种来源

甘肃省兰州市城关区种子公司高级农艺师何荣素培育成功的杂交一代优良品种，在 1984 年和 1988 年两次全国西瓜品种评比中均荣获第一名，被誉为全国“瓜王”，并获得了专利。

（二）特征特性

果实椭圆形，果皮底色淡绿、相间深绿色宽花条纹带，皮厚 1cm 左右。果肉鲜红，质地细脆、味甜、汁多、爽口，中心含糖量一般在 11%左右，中边梯度小。种子为麻籽，种仁饱满，产量高，平均产量 45 000～60 000kg/hm^2，高者 75 000～105 000kg/hm^2。杂交优势强，长势旺盛，熟性早，抗逆性强，生育期 100 天左右，后期不易倒秧，头茬瓜收获后二茬瓜生长迅速。同时此品种适应性广，耐瘠薄，在地力差的地里结的瓜不易变形且能获得较好的收成。

（三）适宜地区

适宜在全国各地栽培。

（四）推广应用情况

在全国 20 多个省市大面积推广，深受广大瓜农和消费者欢迎（张树森，1990）。

二、金城 5 号

（一）品种来源

原金城西甜瓜研究所于 20 世纪 80 年代中后期选育的杂交一代中晚熟西瓜品种。

（二）特征特性

全生育期 105～110 天。抗枯萎病性与西农 8 号相当。主蔓第 12～15 节出现第 1 朵雌花，以后每隔 4～5 节出现雌花。从开花至果实成熟需 38 天左右，果实椭圆形，果皮浅绿、覆有 16～18 条绿色条带，外观极美。皮厚而坚韧，耐旱性强。果肉粉红，肉质紧实，质地坚韧，极耐贮运，中心含糖量 10%以上。平均单瓜重 6～8kg，最大者达 15kg，植株长势强，易坐果，平均产量 55 000kg/hm^2，丰产性能好，适应性强。

（三）适宜地区

适宜在新疆维吾尔自治区、宁夏回族自治区、甘肃省、内蒙古自治区及陕西省部分西瓜主产区栽培。

（四）推广应用情况

近 20 多年来，为宁夏回族自治区、甘肃省、内蒙古自治区及陕西省部分西瓜主产区的主栽品种。

三、丰抗 88

（一）品种来源

甘肃省农业科学院蔬菜研究所选育的杂交一代中晚熟西瓜品种。

（二）特征特性

全生育期 105～110 天。抗枯萎病性与西农 8 号相当。主蔓第 12～15 节出现第 1 朵雌花，以后每隔 4～5 节出现雌花。从开花至果实成熟需 38 天左右，果实椭圆形，果皮浅绿、覆有 16～18 条绿色条带，外观极美。皮厚而坚韧，耐旱性强。果肉鲜红，肉质紧实，质地坚韧，极耐贮运，中心含糖量 10%以上。平均单瓜重 6～8kg，最大者达 15kg，植株生长势强，易坐果，平均产量 52 500kg/hm^2，丰产性能好，适应性强。

（三）适宜地区

有广泛的适应性，可重茬栽培，在旱作条件下抗旱性突出，我国北方地区可广泛种植，特别适宜半干旱半湿润条件下旱作栽培。

（四）推广应用情况

在山西省、河北省、山东省、河南省、陕西省、甘肃省、宁夏回族自治区及内蒙古自治区等地大面积推广种植（张广虎和陈卫国，2002）。

四、陇抗9号

（一）品种来源

甘肃省农业科学院蔬菜研究所育成的杂交一代种，母本为92A30，父本为92A45。

（二）特征特性

全生育期100天左右，果实成熟期33天。植株长势强健，第1雌花一般在第7～8叶节出现。果实椭圆形，浅绿底覆墨绿色窄条带，果皮硬度大、韧度高，贮运性好。平均单瓜重5～8kg，瓤色大红，质地酥脆，口感品质佳。省内区试（水浇地栽培）平均产量70 500kg/hm^2，较对照西农8号增产5.12%；生产示范（水浇地栽培）平均产量72 000kg/hm^2；国家区试（旱砂田栽培）平均产量30 000kg/hm^2。

（三）适宜地区

适宜在我国西北、华北、华中、华南及东北地区栽培。

（四）推广应用情况

在甘肃省陇中旱砂田和陇东旱塬、陕西省北部、内蒙古自治区等地推广应用面积超过200万hm^2（刘东顺等，2002）。

五、嘉优1号

（一）品种来源

嘉峪关市嘉峪关乡农业技术综合服务站以早花系选83-1-2为母本、久别利为父本组配的杂交种。1993年通过甘肃省农作物品种审定委员会审定。

（二）特征特性

中熟品种株分枝力强。主蔓长 350～430cm。茎植株长势强、抗枯萎病、耐重茬，在西北半干旱和华北半湿润气候条件下易坐果、丰产性好，果形、皮色美观，大红瓤、口感沙甜、品质优良，深受瓜农和消费者的欢迎。1997～1999 年在甘肃省庆阳地区平均折合产量 66 000kg/hm^2，较当地主栽品种金花宝 P2 增产 10.5%。

（三）适宜地区

有广泛的适应性，但不宜重茬栽培，在旱作条件下抗旱性突出，稀植可长成大果获得高产，果形、皮色美观，品质优良，特别适宜半干旱半湿润条件下旱作栽培，北方地区可广泛种植（张广虎和陈卫国，2002）。

（四）推广应用情况

在山西省、河北省、山东省、河南省、安徽省、陕西省、甘肃省、宁夏回族自治区及内蒙古自治区等地推广 3.50 万 hm^2。

六、美丽

（一）品种来源

甘肃省河西瓜菜科学技术研究所选育的早中熟一代杂种。

（二）特征特性

中早熟品种，雌花开放至成熟 33 天左右，果实圆形，皮色浓绿、覆墨绿色清晰条带，外观漂亮。瓜瓤大红，质地脆沙、汁多纤维细，中心可溶性固形物含量 12%左右，品质佳。皮坚韧不裂果、不易空心。平均单瓜重 6～8kg，平均产量 67 500kg/hm^2 左右，高者可达 90 000kg/hm^2。坐果整齐、抗性强。

（三）适宜地区

适应性广、易栽培。适宜在甘肃省、宁夏回族自治区与陕西省北部保护地栽培。

（四）推广应用情况

在甘肃省、宁夏回族自治区与陕西省北部等地的日光温室秋冬茬、早春塑料大棚中均有种植。目前为甘肃省日光温室的主栽品种之一。

七、陇丰早成

（一）品种来源

甘肃省农业科学院蔬菜研究所以94F03为母本、94F04为父本选育的中早熟杂一代西瓜品种。

（二）特征特性

全生育期90天左右，果实发育期约30天；植株长势中庸，耐低温；果实椭圆形，果形指数1.4，果皮底色翠绿、上覆15条左右墨绿色条带，果皮光洁美观；平均单瓜重3.0kg左右，瓜瓤大红色，酥脆可口，中心含糖量12%左右，不易裂果。甘肃省省内区试平均产量63 000kg/hm^2，较对照京欣1号增产8.74%；生产示范平均产量66 000kg/hm^2。

（三）适宜地区

适宜在我国西北、华北、华中、华南及东北地区栽培。

（四）推广应用情况

在山东省、河北省、河南省、辽宁省、陕西省、山西省、甘肃省等地早熟西瓜产区推广面积2.0万hm^2（刘东顺等，2002）。

八、陇抗黑秀

（一）品种来源

甘肃省农业科学院蔬菜研究所以99C25为母本、99H10为父本选育的中早熟杂一代西瓜品种。

（二）特征特性

全生育期100天左右，果实成熟期30天。植株长势中强稳健，分枝力强，极易坐果，主蔓第7节位左右着生第1朵雌花，以后每隔3～5节再现1朵雌花。果实椭圆形，果皮纯黑色，果面覆有蜡粉，皮硬；瓜瓤红色，肉质酥脆，风味好，中心可溶性固性物含量11.50%以上，耐贮运。甘肃省省内区试平均产量75 000kg/hm^2，较对照郑抗8号增产19.7%；生产示范平均产量76 500kg/hm^2。

（三）适宜地区

适宜在我国西北、华北、华中、华南及东北地区栽培。

（四）推广应用情况

在甘肃省、新疆维吾尔自治区、宁夏回族自治区累计示范推广 1700hm^2，增加西瓜产量 0.64 万 t，新增经济效益 851.62 万元。陇抗黑秀的示范推广为旱作区农业水土资源的高效利用提供了技术保障，实现了水土资源可持续利用、节本增效的目标（刘东顺等，2008）。

九、甘浓佳丽

（一）品种来源

兰州丰金种苗有限责任公司以自交系 96-07 为母本、98-B6 为父本选育的西瓜杂交一代品种。

（二）特征特性

早熟，全生育期 92 天左右，第 1 雌花着生于第 5～7 节，从开花至果实发育成熟 32 天左右。果实圆球形，果皮浓艳绿、上覆墨绿色中锯齿条带，外观美。果肉大红，肉质细嫩、脆嫩爽口，不易空心，中心含糖量 12%。植株生长旺盛，露地、保护地均可栽培，坐果整齐。抗病力强，果皮薄而有韧性，不易裂果，耐贮运。保护地栽培平均单瓜重 3.1kg 左右，露地栽培平均单瓜重 4.2kg 左右。

（三）适宜地区

适宜在甘肃省陇东、白银市、武威市等地栽培。

（四）推广应用情况

在甘肃省白银市、武威市与天水市等地推广栽培。

十、甜籽 1 号

（一）品种来源

甘肃农业大学以籽瓜为母本、西瓜为父本选育的一代西瓜杂交种。

（二）特征特性

极晚熟品种，全生育期 100 天左右。植株长势旺盛，茎较细长。雌雄异花同株，果实圆形，平均单瓜重约 5kg。果皮浅绿色、有深绿色条带，皮较厚、瓤色淡黄，质地柔软、细、汁多，中心可溶性固形物含量 7.0%，近果皮可溶性固形物含量 6.27%，具有籽瓜特殊的风味，果实极耐贮藏。

（三）适宜地区

适宜在我国东北、华北、西北及中原等地栽培。

（四）推广应用情况

在甘肃省、新疆维吾尔自治区、宁夏回族自治区及内蒙古自治区等地推广栽培（董秉业，2009）。

十一、林籽1号

（一）品种来源

甘肃华园西甜瓜开发有限公司以92707为母本、88708为父本选育的早熟、优质、高产杂交籽瓜一代品种。

（二）特征特性

植株生长健壮，抗病抗逆性强，适应性广，易坐果。全生育期95～103天。果实圆形，果皮浅绿色、覆深绿核桃纹；单瓜产籽250～480粒，种子纵径1.75cm，横径1.13cm，片面平整、黑白分明，翘片、二青片、秕籽极少，商品率在97%以上。每亩平均干籽产量160kg。

（三）适宜地区

适宜在新疆维吾尔自治区、内蒙古自治区、甘肃省、宁夏回族自治区及东北部分地区栽培。

（四）推广应用情况

在新疆维吾尔自治区、内蒙古自治区、甘肃省及宁夏回族自治区大面积推广栽培（刘瑾等，2011）。

十二、兰州大板2号

（一）品种来源

兰州市农业科学研究所以8710-7-7-14-2为母本、连续四代自交选择的靖远大板（85-2）为父本选育的杂交一代黑籽瓜品种。

（二）特征特性

植株长势旺盛，西瓜叶形缺刻较深，全生育期128天，属中熟品种，中抗枯萎病。平均单瓜重 2.5～3.5kg，果实高圆球形，皮色深绿、覆锯齿状条带，瓤白色，可溶性固形物含量 4%～5%，籽粒颜色黑白分明，瓜子板大、平整，纵径 18.43mm，横径 11.39mm。平均千粒重 325.5g，出仁率 39%；种仁营养成分高，蛋白质含量 38.7%，脂肪含量 40.4%，平均产籽量 1350kg/hm^2，比对照品种增产 26%。

（三）适宜地区

适宜在新疆维吾尔自治区、内蒙古自治区、甘肃省及宁夏回族自治区等地区栽培。

（四）推广应用情况

在甘肃省及宁夏回族自治区部分地区推广栽培（李金山等，1998）。

十三、兰州大板1号

（一）品种来源

兰州市农业科学研究所育成的黑籽瓜品种，由皋兰籽瓜（又名兰州大片）经系统选育而成。

（二）特征特性

植株长势旺盛，全生育期 125 天（比皋兰籽瓜晚 7 天）。叶近似小型果西瓜叶形，叶片羽状深裂，果实高圆球形，皮色黄绿、有深绿色宽条带。瓤白黄色，质细密、绵滑，可溶性固形物含量 5%，口感好。种皮颜色黑边黄白膛，中间有黑环，似猫眼睛，耐病害，耐贮运。种子平整，皮薄，出仁率 39%，板大，纵径 18.50mm，横径 11.28mm，平均千粒重 290g 以上。种仁富含蛋白质、氨基酸。蛋白质含量 39%，种子 100g 蛋白质含谷氨酸 21.53g，精氨酸 19.02g，且硫氨酸含量 3.56%，达到 FAO 规定标准。平均产籽量：旱砂田 1080kg/hm^2（对照皋兰籽瓜为 840kg/hm^2），增产 28.9%；水浇地 2025kg/hm^2（对照为 1600kg/hm^2），增产 25.7%。该品种产量高，商品性状好，明显优于当前生产用种。

（三）适宜地区

适宜在新疆维吾尔自治区、内蒙古自治区、甘肃省及宁夏回族自治区等地栽培。

（四）推广应用情况

本品种不仅在甘肃省推广种植，还在内蒙古自治区、新疆维吾尔自治区、宁夏回族自治区、陕西省等地推广栽培（李金山等，1992）。

第四节　西瓜良种繁育技术

健康种子指不带病原细菌、真菌和病毒，且净度、纯度、发芽率和水分指标符合 GB 16715.1—2010《瓜菜作物种子　第 1 部分：瓜类》的西瓜种子。

一、亲本原原种生产

原原种指育种专家育成的遗传性状稳定的品种或亲本的最初一批种子，其纯度为 100%。它是繁育推广良种的基础种子原原种。

（一）选地

宜选择海拔 1000～1400m，≥10℃年积温大于 3000℃，年降雨量少于 100mm 的地区。在适宜区内选择土层深厚、排水良好、疏松肥沃的沙壤土地块，与制种区域或葫芦科作物区的隔离距离不小于 2000m。

（二）制种技术

1. 茬口选择及整地与施基肥

宜 5～7 年内未种植过葫芦科作物的田块进行原原种生产。结合整地每亩施优质农家肥 5～6m^3，磷肥 50～60kg，磷酸二铵 15kg 或氮磷钾三元复合肥 20kg。整平地面后做塘，旱塘宽 1.8m，水塘宽 0.4m，沟深 0.4m、底宽 0.25m，南北向起塘为宜。塘做好后及时覆宽幅为 140cm 的地膜。

2. 播种

1）亲本种子处理

播种前将亲本种子进行消毒处理，用 10%磷酸三钠浸种 15 分钟后，任选如下一种方法再进行种子处理：用 1%的盐酸浸渍 5 分钟；或 1%次氯酸钙浸渍 15 分钟；或者过氧乙酸 1600μg/ml 处理种子 30 分钟；或甲醛（福尔马林）100 倍液浸种 1 小时，水洗，风干。

2）播种方法

用“丁”字形小口破膜点播法，每塘 2 行，每穴 1～2 粒；株距 40～50cm。结合播种，种穴内撒施拌沙子的辛硫磷，每亩用量 0.5kg，注意药剂要远离种子，以防发生药害。播种深度 3～5cm，上面覆盖 0.5cm 厚的细沙，以利于出苗。

3. 田间管理

1）查苗、定苗

播种后 7～10 天，应及时查苗、破膜放苗。遇雨天后及时疏松土壤破除板结，以利出苗，如遇晚霜冻注意防冻，二叶一心期定苗，每穴保苗 1 株。

2）整枝压蔓

进入甩蔓期进行整枝压蔓。一般采用双蔓整法。

3）水肥管理

4～5 片真叶时，若瓜秧苗小、长势较弱时，随水追施第 1 次肥料；追肥方法：距瓜根 15cm 处开穴施肥或膜下施肥，每亩施磷酸二铵复合肥 15kg、尿素 10kg。膨瓜期随水追施第 2 次肥料，每亩施氮磷钾三元复合肥 20kg、尿素 10kg。收获前 10～15 天停止灌水。

4. 自交授粉

1）清杂

授粉前进行 1～2 次田检，全部清除田间的杂异植株，以确保种子纯度。

2）授粉用具

用报纸卷成口径 1.2～1.5cm、长 3cm 的圆锥体隔离帽 4500～5000 个（隔离帽要用杀菌剂消毒）。用直径 1.2～1.5cm、长 8～10m 的红色塑料管制作标记环。授粉人员每亩需 2～3 名。

3）套花

每天下午选择第 2 天开放的雄、雌花（花瓣米黄色）的花蕾，及时套上隔离帽，并在植株旁插标记。

4）自交授粉

8:00 左右无露水后便可进行授粉。其方法是先将同株雄花花粉轻轻涂抹在同株雌花柱头上后，继续给雌花套上隔离帽，并在果柄处套上标记环。

5. 病虫害防治

1）蚜虫

始发期，喷洒 50%抗蚜威可湿性粉剂 1000 倍液、10%吡虫啉可湿性粉剂 1500 倍液、5%吡虫啉·丁硫克百威乳油 1500 倍液，采收前 10 天停止用药。

2）白粉病

在生长前期的初发期，喷 50%硫悬浮剂 300 倍液，或用硫磺粉，每隔 5～7 天，喷洒 2～3 次。如果在授粉前期用百菌清加少量磷酸二氢钾，可有效防治白粉病，同时防止药害导致的落花落果，每隔 5～7 天喷一次，连续喷 3～4 次。

3）枯萎病

在开花坐果期，可用 40%超微多菌灵 300 倍液、农抗 120 水剂 50～100 倍液或甲基托布津 1000 倍液进行灌根，每株 500ml 药剂，3～5 天后再灌一次即可，对发病初期效果较好。如果发生严重，则将病株清除并深埋，然后用白灰封塘消毒，对其周围的植株也进行灌根，可减少田间经济损失。

4）细菌性角斑病

开始发现病株时，喷洒 30% DT 杀菌剂 500～600 倍液、70%甲霜铝铜 250 倍液、瑞毒铜 600 倍液，每 7～10 天喷一次，连续喷 2～3 次，可有效防治。

6. 种瓜采收与考种

1）清杂

采收前认真清理病果、烂果、无标记果。采收标准：西瓜坐果节及其前后的卷须已枯黄，果柄茸毛稀疏或脱落，果实表面蜡粉减退，果实发亮，光泽感强，手摸有光滑感或用手指弹瓜发出浊音的为成熟瓜。

2）优选单系

西瓜亲本原原种生产一般采用四系谱法，母本采用三系谱法。每系种植株数不少于 50 株，采收前认真调查亲本不同系谱植株、果形、果皮与坐果等整齐度，先选中整齐度最高的单系，然后给不同单系的整齐度进行排名。严格淘汰有性状分离的单系。

3）选择优良单瓜

重点选择最优单系的优良单瓜，并按不同系谱进行编号。

4）考种

分别考察单瓜重、皮色、条带数、果皮厚、中心与近果皮的可溶性固形物含量、瓤色、果形指数、风味、种子大小、种皮色等。

5）留种

对不同编号的优良单瓜，重点是综合分析最优单系的优良单瓜性状（单瓜重、皮色、条带数、果皮厚、中心与近果皮的可溶性固形物含量、瓤色、果形指数、风味、种子大小、种皮色等），选留果实外观、瓜瓤与种子等性状与亲本高度一致的单瓜种子做原原种。

父本原原种：按每单瓜编号留种，以便以后生产原种用。

母本原原种：按单系选留 5～10 个优良单瓜混合留种，一般选留两个优良单系的混留种子。

7. 种子收获

1）掏种与种子发酵

果实采收后，后熟 3～4 天，再将果实破开，然后用不锈钢刀将杂交果瓜瓤连同种子一同掏入塑料容器内（不接触瓜皮），种子与果汁、果肉一同发酵 24～48 小时。注意：无籽西瓜种子收获要注意“三快”——快采、快洗和快晾，不能发酵。

2）种子清洗

当果肉、果汁与种子完全脱离后，用清水冲洗 3～4 遍，直至冲洗干净种子表面的黏液。

3）种子药剂处理

任选其中一种方法：用 1%盐酸浸渍 5 分钟，或以 1%次氯酸钙浸渍 15 分钟，或者过氧乙酸 1600μg/ml 处理种子 30 分钟（无籽瓜种子不能用酸处理），接着水洗、风干；用甲醛（福尔马林）100 倍液浸种 1 小时，水洗，风干；或用分装的 100%原液 Tsunami（苏纳醚）∶水=1∶80 混合消毒液（消毒液∶湿种子比例为 2∶1）。用塑料纱网袋或散种子倒入盛装消毒液的塑料大桶或容器中浸泡 15 分钟，浸泡时要不停地搅动种子，到时间后将种子捞出，平摊在塑料纱网上晾晒干。

4）种子精选入库

用手工或机械精选风干的种子，挑出畸形、色泽差、霉变等不符合质量标准的种子。将精选种子包装好及时入库，专人管理。

二、亲本原种生产

（一）选地

宜选择海拔 1000～1400m，≥10℃年积温大于 3000℃，年降雨量少于 100mm 的地区。在适宜区内选择土层深厚、排水良好、疏松肥沃的土地块，与制种区域或葫芦科作物区的隔离距离不小于 2000m，最好周边全为粮食作物种植田或荒漠中的无葫芦科作物种植的小绿洲。

（二）制种技术

1. 整地与施基肥

结合整地每亩施优质农家肥 5～6m^3，磷肥 50～60kg，磷酸二铵 15kg 或氮磷钾三元复合肥 20kg。整平地面后做塘，旱塘宽 1.6m，水塘宽 0.4m，沟深 0.4m、底宽 0.25m，南北向起塘较好。塘做好及时覆宽幅为 140cm 的地膜。

2. 播种

1）亲本种子处理

播种前将亲本种子进行消毒处理，用 10%磷酸三钠浸种 15 分钟后，任选如下一种方法再进行种子处理：用 1%盐酸浸渍 5 分钟；或 1%次氯酸钙浸渍 15 分钟；或过氧乙酸 1600μg/ml 处理种子 30 分钟；或甲醛（福尔马林）100 倍液浸种 1 小时，水洗，风干。

2）播种方法

用“丁”字形小口破膜点播法，每塘 2 行，每穴 1～2 粒；株距 30～35cm。结合播种，种穴内撒施拌沙子的辛硫磷，每亩用量 0.5kg，注意药剂要远离种子，以防发生药害。播种深度 3～5cm，上面覆盖 0.5cm 厚的细沙，以利于出苗。

3. 田间管理

1）查苗、定苗

播种后 7～10 天，应及时查苗、破膜放苗。遇雨天后及时疏松土壤破除板结，以利出苗，如遇晚霜冻注意防冻，二叶一心期定苗，每穴保苗 1 株。

2）整枝压蔓

进入甩蔓期进行整枝压蔓。一般采用单蔓整法。

3）水肥管理

4～5 片真叶时，若瓜秧苗小、长势较弱时，随水追施第 1 次肥料；追肥方法：距瓜根 15cm 处开穴施肥或膜下施肥，每亩施磷酸二铵复合肥 15kg、尿素 10kg。膨瓜期随水追施第 2 次肥料，每亩施氮磷钾三元复合肥 20kg、尿素 10kg。收获前 10～15 天停止灌水。

4. 清杂

开花坐果期与果实采收期，田检 2～3 次，全部清除田间的杂异植株，以确保种子纯度。

5. 病虫害防治

1）蚜虫

始发期，喷洒 50%抗蚜威可湿性粉剂 1000 倍液、10%吡虫啉可湿性粉剂 1500 倍液、5%吡虫啉·丁硫克百威乳油 1500 倍液，采收前 10 天停止用药。

2）白粉病

在生长前期的初发期，喷 50%硫悬浮剂 300 倍液，或用硫磺粉。每隔 5～7 天喷一次，喷 2～3 次。如果在授粉前期用百菌清加少量磷酸二氢钾，可有效防治白粉病，同时防止药害导致的落花落果，每隔 5～7 天喷一次，连续喷 3～4 次。

3）枯萎病

在开花坐果期，可用 40%超微多菌灵 300 倍液、农抗 120 水剂 50～100 倍液或甲基托布津 1000 倍液进行灌根，每株 500ml 药剂，3～5 天后再灌一次即可，对发病初期效果较好。如果发生严重，则将病株清除并深埋，然后用白灰封塘消毒，对其周围的植株也进行灌根，可减少田间经济损失。

4）细菌性角斑病

开始发现病株时，喷洒 30% DT 杀菌剂 500～600 倍液、70%甲霜铝铜 250 倍液、瑞毒铜 600 倍液，每 7～10 天喷一次，连续喷 2～3 次，可有效防治。

6. 种瓜采收与考种

1）清杂

采收前认真清理病果、烂果。

2）优选单系

西瓜亲本原种生产一般采用三系谱法，母本采用二系谱法。每系种植株数不少于 150 株，采收前认真调查亲本不同系谱植株、果形、果皮与坐果等整齐度，先选中整齐度最高的单系，然后给不同单系的整齐度进行排名。严格淘汰有性状分离的单系。

3）选择优良单瓜

重点选择最优单系的优良单瓜。

4）考种

分别考察单瓜重、皮色、条带数、果皮厚、中心与近果皮的可溶性固形物含量、瓤色、果形指数、风味、种子大小、种皮色等。

5）决选

对不同编号的优良单瓜，重点是综合分析最优单系的优良单瓜性状（单瓜重、皮色、条带数、果皮厚、中心与近果皮的可溶性固形物含量、瓤色、果形指数、风味、种子大小、种皮色等），选留从果实外观性状至果皮、瓜瓤与种子等性状与亲本高度一致的单瓜种子做原种。

父本原种：按每单系留种，以便今后再生产原种用。严格淘汰有性状分离的单系。

母本原种：选留 2 系优良单瓜混合留种。

7. 种子收获

1）掏种与种子发酵

果实采收后，后熟 3～4 天，再将果实破开，然后用不锈钢刀将杂交果瓜瓤连同种子一同掏入塑料容器内（不接触瓜皮），种子与果汁、果肉一同发酵 24～48 小时。注意：无籽西瓜种子收获要注意“三快”——快采、快洗和快晾，不能发酵。

2）种子清洗

当果肉、果汁与种子完全脱离后，用清水冲洗 3～4 遍，直至冲洗干净种子表面的黏液。

3）种子药剂处理

任选一种方法：用 1%盐酸浸渍 5 分钟，或 1%次氯酸钙浸渍 15 分钟，或过氧乙酸 1600μg/ml 处理种子 30 分钟（无籽瓜种子不能用酸处理），接着水洗、风干；用甲醛（福尔马林）100 倍液浸种 1 小时，水洗，风干；或用分装的 100%原液 Tsunami（苏纳醚）∶水=1∶80 混合消毒液（消毒液∶湿种子比例为 2∶1）。用塑料纱网袋或散种子倒入盛装消毒液的塑料大桶或容器中浸泡 15 分钟，浸泡时要不停地搅动种子。到时间后将种子捞出，平摊在塑料纱网上晾晒干。

4）种子精选入库

用手工或机械精选风干的种子，挑出畸形、色泽差、霉变等不符合质量标准的种子。将精选种子包装好及时入库，专人管理。

三、西瓜健康种子生产技术（杂交种）

（一）制种地的选择

宜选择海拔 1400m，≥10℃年积温大于 3000℃，年降雨量少于 100mm 的沙漠与农耕交错地带。在适宜区内选择土层深厚，排水良好，疏松肥沃，远离马铃薯、棉花、甜菜地的壤土或沙壤土地块，与制种区域或葫芦科作物区的隔离距离不小于 2000m。

（二）制种技术

1. 茬口选择与整地与施基肥

宜 5～7 年内未种植过葫芦科作物的田块进行西瓜制种。结合整地每亩施优质农家肥 5～6m^3，磷肥 50～60kg，磷酸二铵 15kg 或氮磷钾三元复合肥 20kg，施肥应符合 NY/T 496—2010《肥料合理使用准则　通则》。整平地面后做塘，旱塘宽 1.4m，水塘宽 0.4m，沟深 0.4m、底宽 0.25m，南北向起塘较好。塘做好及时覆宽幅为 140cm 的地膜。旱塘上覆 30cm，水塘内覆 80cm，地要压紧按牢，预防大风沙侵袭。地膜用量 60kg/hm^2。为预防病虫害发生，起塘时每亩用杀菌剂 1kg（如多菌灵、百菌清等）喷雾或拌沙子撒施，进行土壤消毒。

2. 播种

1）亲本种子处理

播种前将亲本种子进行消毒处理，用 10%磷酸三钠浸种 15 分钟后，任选如下一种方法再进行种子处理：用 1%盐酸浸渍 5 分钟；或 1%次氯酸钙浸渍 15 分钟；或者过氧乙酸 1600μg/ml 处理种子 30 分钟（无籽瓜种子不能用酸处理）；甲醛（福尔马林）100 倍液浸种 1 小时，水洗，风干。河西地区父本在 4 月中下旬播种，母本在 5 月上旬播种，父本比母本提前播种 10 天。

2）播种方法

父母本的种植比例为 1∶10。父本株距 15cm，点播后搭起小拱棚。母本用“丁”字形小口破膜点播法，每塘两行，每穴 1～2 粒；株距 20～25cm。大籽西瓜母本每亩保苗 3200 株，小籽西瓜母本每亩保苗 3600 株，结合播种，种穴内撒施拌沙子的辛硫磷，每亩用量 0.5kg，注意药剂远离种子，以防发生药害。播种深度 1.5～2.5cm，上面覆盖 0.5cm 厚的细沙，以利于出苗。

3）挂牌标记

父母本播种后及时在田间挂牌，并标记清楚制种户姓名、制种面积、密度、品种或组合代号，便于管理。

3. 田间管理

1）查苗、定苗

播种后 7～10 天，应及时查苗、破膜放苗。母本田遇雨天后及时疏松土壤破除板结，以利出苗，如遇晚霜冻注意防冻，二叶一心期定苗，每穴保苗 1 株。

2）整枝压蔓

进入甩蔓期进行整枝压蔓。父本：一般不整枝压蔓，若雄花不足时，对主蔓摘心，促其侧枝生长，待授粉期结束后全部清出。母本：采用单蔓整枝，整枝同时抹去雄花花蕾，一般在瓜前与瓜后用土块进行压蔓。

3）水肥管理

全生育期适宜灌水量为 2000～2200m^3/hm^2，灌水 5～6 次。在播种至开花期第 1 次灌水，灌水量为 450m^3/hm^2；开花至坐果期第 2 次灌水，灌水量为 300m^3/hm^2；坐果至果实成熟期第 3～5 次灌水，每次灌水量为 300m^3/hm^2，收获前 10～15 天停止灌水。4～5 片真叶时，若瓜秧苗小、长势较弱时，随水追施第 1 次肥料；追肥方法：距瓜根 15cm 处开穴施肥或膜下施肥，每亩施磷酸二铵复合肥 15kg、尿素 10kg。膨瓜期随水追施第 2 次肥料，每亩施氮磷钾三元复合肥 20kg、尿素 10kg。

4. 杂交授粉

1）清杂

杂交授粉前进行田检 1～2 次，全部清除田间与父本、母本植株相异的杂异植株，以提高杂交种子纯度。

2）授粉用具

用报纸卷成口径 1.2～1.5cm、长 3cm 的圆锥体隔离帽 4500～5000 个（隔离帽要用杀菌剂消毒）。用直径 1.2～1.5cm、长 8～10m 的红色塑料管制作标记环。授粉人员每亩需 2～3 名。

3）去雄

每天下午选择第 2 天开放的母本雌花去雄，去雄雌花为花瓣米黄色尚未开放的花蕾。去雄方法是用镊子将花轻轻撕开，将缠绕到柱头上的三瓣雄蕊完全取下，注意不要碰伤柱头及子房，去雄后要及时套上隔离帽，并在植株旁插标记。

4）采集花粉

6:00 前将当天能开放的父本花采摘后集中在小玻璃瓶内放在阴凉通风干燥处使花蕾自然散粉，否则花粉质量会下降而影响坐果率。

5）授粉

8:00 左右无露水后便可进行授粉。其方法是先将前一天下午取过雄蕊的雌花隔离帽取下，然后将雄花花粉轻轻涂抹在雌花柱头周围，并在果柄处套上标记环。授粉后的雌花要继续套上隔离帽。

5. 病虫害防治

主要病虫害为蚜虫、白粉病和枯萎病。按照“预防为主，综合防治”的方针，坚持“以农业防治、物理防治为主，化学防治为辅”的高效安全防治原则，应符合 GB/T 23416.3—2009《蔬菜病虫害安全防治技术规范　第 3 部分：瓜类》标准。化学农药使用按 GB 4285—1989《农药安全使用标准》和 GB/T 8321—2009《农药合理使用准则》（所有部分）执行。

1）蚜虫

可用 1.8%阿维菌素乳油 2000 倍液，或 70%吡虫啉（艾美乐）水分散粒剂 1000 倍液，或 48%毒死蜱（乐斯本）乳油 1000 倍液喷雾防治。每亩用药液量 60～90kg，每隔 7～10 天喷一次，连喷 2～3 次。

2）白粉病

发病初期用 10%苯醚甲环唑（世高）水分散粒剂 1500 倍液，或 43%戊唑醇（好力克）乳油 3000～4000 倍液，或 30%丙环唑苯醚甲环唑（爱苗）乳油 3000～4000 倍液，或 25%嘧菌酯（阿米西达）悬浮剂 1500 倍液等交替进行叶面喷雾，每隔 5～7 天喷一次，连喷 2～3 次，每亩用药液量 60～90kg。

3）炭疽病

选用 10%苯醚甲环唑水分散粒剂 1500 倍液和 25%嘧菌酯悬浮剂 1500 倍液交替喷雾即可。为了减轻炭疽病的发生，可在生长期间喷施叶面肥，增施磷钾肥，降低土壤、空气相对湿度，实行轮作倒茬。

4）枯萎病

可用 40%超微多菌灵 300 倍液、农抗 120 水剂 50～100 倍液或 70%甲基托布津 1000 倍液进行灌根，每株 500ml 药剂，3～5 天后再灌一次即可，对发病初期效果较好。如果发生严重，则将病株清除并深埋，然后用白灰封塘消毒，对其周围的植株也进行灌根，可减少田间经济损失。

5）细菌性角斑病

开始发现病株时，喷洒 30% DT 杀菌剂 500~600 倍液、70%甲霜铝铜 250 倍液、瑞毒铜 600 倍液，每隔 7～10 天喷一次，连喷 2～3 次，可有效防治。

6. 种瓜采收

采收前认真清理自交果、病果、烂果、无标记果。

采收标准：西瓜坐果节及其前后的卷须已枯黄，果柄茸毛稀疏或脱落，果实表面蜡粉减退，果实发亮，光泽感强，手摸有光滑感或用手指弹瓜发出浊音的为成熟瓜。

7. 种子收获

1）掏种与种子发酵

果实采收后，后熟 3～4 天，再将杂交果实破开，然后用不锈钢刀将杂交果瓜瓤连同种子一同掏入塑料容器内（不接触瓜皮），种子与果汁、果肉一同发酵 24～48 小时。注意：无籽西瓜利子收获要注意“三快”——快采、快洗和快晾，不能发酵。

2）种子清洗

当果肉、果汁与种子完全脱离后，用清水冲洗 3～4 遍，直至冲洗干净种子表面黏液。清水水质符合 GB 5749—2006《生活饮用水卫生标准》标准。

3）种子处理

干热处理，先 38℃预热 1 小时后，温度调整为 48℃，1 小时后再调整为 58℃，2 小时后最终将温度调整为 68℃，烘 4 小时。

4）药剂处理

任选一种方法：用 1%盐酸浸渍 5 分钟，或 1%次氯酸钙浸渍 15 分钟，或过氧乙酸 1600μg/ml 处理种子 30 分钟（无籽瓜种子不能用酸处理），接着水洗、风干；用甲醛（福尔马林）100 倍液浸种 1 小时，水洗，风干；或用分装的 100%原液 Tsunami（苏纳醚）：水=1：80 混合消毒液（消毒液：湿种子比例为 2：1）。用塑料纱网袋或散种子倒入盛装消毒液的塑料大桶或容器中浸泡 15 分钟，浸泡时要不停地搅动种子。到时间后将种子捞出，平摊在塑料纱网上晾晒干。

5）种子精选入库

用手工或机械精选风干的种子，挑出畸形、过大、过小、色泽差、霉变等不符合质量标准的种子。将精选种子包装好及时入库。

8. 种子标准

种子质量符合 GB 16715.1—2010《瓜菜作物种子　第 1 部分：瓜类》标准，具体质量指标如下（表 5-1）。

表 5-1　西瓜种子质量指标

类别	级别	纯度不低于/%	净度不低于/%	发芽率不低于/%	水分不高于/%	果腐病率不高于
亲本	原种	99.7	99.0	90.0	8.0	0.0001
	良种	99.0	99.0	90.0	8.0	0.0001
常规种	一级	98.0	99.0	90.0	8.0	0.0001
	二级	95.0	99.0	85.0	8.0	0.0001
杂交种	一级	98.0	99.0	90.0	8.0	0.0001
	二级	95.0	99.0	85.0	8.0	0.0001

细菌性果腐病种子带菌率低于万分之一（10^{-4}）。

种子带果腐病率用瓜菜细菌性果腐病菌检测方法。

第五节　甘肃西瓜高产高效栽培技术

一、日光温室西瓜高产高效栽培技术

西瓜喜温喜光、较耐旱不耐寒，温度在 12℃以下，正常的生理机能会被破坏，温度在 0℃以下，叶、花、果易受冻，因此，日光温室栽培西瓜关键是调节好温度。另外，要严格选择好温室及土壤环境，温室必须建在保肥、保水、供氧能力强，土壤质地疏松，土层深厚，排灌方便，前茬未种过葫芦科作物的砂壤土或轻壤土上。要求温室建造得符合标准规范，采光和保温性能优良，配套设施齐全。

（一）砧木和接穗品种选择

1. 砧木品种选择

选择砧木要从亲和性、抗病性、丰产性、抗寒性及不影响西瓜品质等方面综合考虑，适宜于作西瓜嫁接砧木的作物依次有瓠瓜、南瓜、冬瓜等。目前，生产上使用较多的砧木品种有：京欣砧 1 号、京欣砧 2 号、京欣砧 3 号、京欣砧 4 号，京欣砧冠、京欣砧王，甬砧 1 号、甬砧 3 号、甬砧 5 号，将军，超丰 F1，刚强 1 号、刚强 2 号等。

2. 接穗品种选择

接穗西瓜品种选择早熟、耐低温寡光照、皮薄而韧、瓤质酥脆、多汁、品质好、耐贮运、商品性佳的优良品种，如美丽、早春红玉、小兰、早佳、京欣 2 号等。

（二）育苗

1. 穴盘选择

砧木育苗一般选用 50 孔 PVC 专用育苗穴盘，接穗育苗选用方形育苗穴盘。在使用前应进行消毒处理，采用 2%漂白粉充分浸泡 3 分钟，用清水漂洗干净备用。

2. 基质选择

选用质优价廉的商品专用基质。

3. 育苗场地及器材杀菌消毒

对即将投产的育苗场地、大棚、棚膜（保温被）、泡沫塑料及器具包括配好肥料的基质，用 38%甲醛 50 倍液喷雾消毒，药剂量为 30ml/m^2，然后封闭 48 小时，5 天后待甲醛蒸发完，每平方米基质再加 75%百菌清 100g 消毒，或采用 20%甲基托布津 800 倍液喷淋。专业育苗场地需进行高温闷棚。具体方法：在夏季休闲期，清除棚内杂物后，密闭大棚并检查修补好破损棚膜（最好用新棚膜），进行高温闷棚，在夏季强日照条件下，棚温迅速升高，1 周内可以灭除棚内多数活体动植物病原体。在此基础上，深翻土壤 25～30cm，大水漫灌，覆盖地膜，连续暴晒 15 天左右，使棚温在 70～80℃，土温达到 60℃。

4. 砧木、接穗的浸种催芽及播种管理

1）砧木和接穗播期的确定

根据幼苗出圃日期确定砧木播期，夏季在供苗前 25 天、冬季在供苗前 40 天

对砧木种子进行浸种催芽，砧木种子浸种催芽7天后接穗种子浸种催芽。具体播期要根据各地气候条件适当调整。采用顶插接和断根嫁接，葫芦砧木以第1片真叶展开时嫁接为宜；南瓜砧木以第1片真叶露心时为宜，即接穗出苗2天，在将展未展之际嫁接。以此推算，葫芦砧木应较接穗提前5～6天播种，南瓜砧木应提前3～4天。当外界气温较低时，可增加砧木与接穗播种的间隔时间，以确保嫁接时砧木大小合适。

2）种子消毒处理

无论是接穗西瓜种还是砧木葫芦南瓜种，浸种前应晒种，11月晴天晒种5～6小时即可。对带有病毒病的种子，将干种子置于72℃恒温干热条件下处理72小时（不含在处理前将种子逐步升温处理降低含水量的时间），可有效钝化病毒，对可能带有细菌性果斑病的种子，可用福尔马林100倍液浸种30分钟，或用300～400倍春雷霉素浸种30分钟，或用1%盐酸浸种15分钟，或用72%农用硫酸链霉素2000倍液浸种30分钟，或Tsunami（苏纳醚）1∶80（与水的体积比）浸种15分钟，再用清水将种子彻底冲洗干净后催芽。

3）浸种催芽

砧木浸种用55℃温水浸泡种子，并不断搅拌，待水温降至30℃时停止搅拌并取出种子，再用0.1%漂白粉消毒10分钟，用清水洗净后在室温下浸种，浸种时间南瓜12小时，瓠瓜24小时，西瓜6～8小时，浸种后用清水冲洗2～3遍，搓掉种子表面的黏液，准备催芽。将泡好的种子用洁净的湿布包好置于25～30℃室内催芽，每天用温水洗种1～2次，等到60%以上种子露白时，选已出芽的种子播种。

4）砧木播种育苗

露白的种子直接播种于50孔穴盘或营养钵中，播种深度3～4cm，注意将种子平放，胚根朝下，以减少“戴帽”苗。采用顶插接法，砧木1穴播种1粒。

5）接穗播种育苗

接穗种子推荐撒播于塑料平底盘中，塑料盘底部均匀铺1层厚4cm左右的基质，然后将种子均匀撒在基质上，密度以种子不重叠为宜，然后覆盖3～4cm厚的蛭石。也可采用72孔穴盘，每孔播种5～7粒，覆盖基质后浇透底水，用95%绿亨1号可湿性粉剂3000～4000倍液喷洒苗床，覆膜保温，以白天28℃、夜间18℃为宜。

6）嫁接

嫁接前的准备采用顶插接和断根嫁接，葫芦砧木以第1片真叶展开时嫁接为宜，南瓜砧木以第1片真叶露心为宜，接穗出苗后两天，在子叶将展未展之际嫁接。嫁接要在温室或棚内进行，并适当遮光，温度控制在20～25℃为宜。嫁接前要搭建嫁接棚，规格可根据苗床大小和穴盘宽度而定，棚宽应尽可能充分利用苗床空间，棚高一般在 0.9m。棚架上依次覆盖棚膜和遮阳网。嫁接签、刀片、嫁接夹等工具都要用 75%医用酒精消毒。嫁接操作应在操作台（桌凳皆可）上进行，高度以嫁接时方便省力为好。嫁接前一天用 72.2%霜霉威盐酸盐 700 倍液+医用硫酸链霉素 400 万～500 万单位（加水稀释至 15kg）的混合液喷洒砧木和接穗，直到叶片滴水为止。为预防嫁接苗细菌性果斑病的发生，嫁接前可用 72%农用硫酸链霉素 500 倍液加春雷霉素 600 倍液喷淋。

（1）嫁接操作：以南瓜为砧木时由于南瓜子叶较大，为避免对嫁接成活率产生影响，可在嫁接前一天将砧木 2 片子叶各剪去一半。葫芦砧木子叶较小，无需采用此工序。

（2）除萌：除去砧木生长点。

（3）插入嫁接签：将嫁接签紧贴子叶叶柄中脉基部向另一子叶叶柄基部呈 45°左右斜插 5～8mm，嫁接签稍穿透砧木表皮，露出嫁接签尖。

（4）削接穗：用刀片在接穗子叶节基部以下 1～2mm 处开始斜削 1 刀，切面长 5～7mm。

（5）将接穗插入砧木中：取出嫁接签，将切好的接穗迅速准确地斜插入砧木插孔内，同时使砧木与接穗子叶交叉成“十”字形。

（6）移入嫁接棚：将嫁接后的穴盘苗迅速移入嫁接棚进行嫁接后的管理，嫁接棚需覆盖塑料薄膜保湿。

（7）嫁接后的管理：嫁接后 1～3 天，温度控制在白天 28～30℃，夜间 23～25℃。春季育苗如温度过高可采取遮阳降温或膜上喷水降温，保持温度在 32℃以下。

光照管理：白天覆盖遮阳网遮光，清晨、傍晚可适当见光，时间要短，保证嫁接苗不萎蔫。嫁接后 4～6 天温度适当降低，温度控制在白天 26～28℃，夜间 20～22℃。应适当通风透光，并逐渐延长光照时间，加大光照强度。嫁接 1 周后伤口愈合，逐渐加大通风量，温度管理逐渐恢复正常。其后温度管理随着嫁接苗生长逐渐降低，温度控制在白天 22～25℃，夜间 18～20℃。如遇低温雨雪天气或连阴天气，应及时加温保暖、适当补光。

（8）除萌蘖：嫁接时砧木虽已抹除真叶和生长点，但仍会萌发新的萌蘖，影响接穗生长发育。嫁接后应尽早、反复多次去除萌蘖。

（9）病虫害防治：苗期主要害虫有蚜虫、蓟马、潜叶蝇、菜青虫等，除挂设黏虫黄板和蓝板进行物理防治外，还可选用 10%吡虫啉 1000 倍液、50%灭蝇胺可湿性粉剂 5000 倍液、5%啶虫脒乳油 3000～4000 倍液等进行化学防治。苗期主要病害是猝倒病、疫病和炭疽病等，可用 25%嘧菌酯悬浮剂 1500 倍液，或用 72.2%霜霉威盐酸盐 400～600 倍液、25%甲霜灵可湿性粉剂 1500 倍液等喷雾防治；细菌性果斑病可用 2%春雷霉素可湿性粉剂 600 倍液喷雾防治。

（10）嫁接苗出圃的壮苗标准：子叶完整，茎秆粗壮，嫁接口愈合良好，接穗真叶3～4片，叶色浓绿，根系完好，不带病虫。嫁接苗出圃前1周逐渐降温锻炼，以白天22～24℃、夜间13～15℃为宜，并适当控制灌水量。运输嫁接苗的容器有纸箱、木箱、木条箱、塑料箱等，应依据运输距离选用不同包装容器。包装容器应有一定的强度，能够承受一定的压力和长途运输中的颠簸。远距离运输时，每箱装苗不宜太满，防止嫁接苗呼吸热伤害。在装箱过程中应注意不要破坏嫁接苗根系，以免影响其定植后的缓苗生长（别之龙，2012）。

（三）整地施肥

定植前10～15天（即10月初）扣棚，上好草苫，整平土地，结合深翻施充分腐熟的优质农家肥150 000kg/hm^2，饼肥1500～3000kg/hm^2，尿素300kg/hm^2、过磷酸钙1500kg/hm^2、硫酸钾450kg/hm^2，翻耱耙匀，浇足底水。

（四）温室消毒

温室在整地施肥后，利用太阳能高温闷棚5～7天。同时每亩用80%敌敌畏乳油0.25kg拌锯末分堆点燃，密闭熏蒸一昼夜后放风，待无味时再进行室内操作。温室内使用的农具一并放入温室内共同消毒。

（五）定植

当嫁接后的西瓜苗长至二叶一心，8～10cm高，温室内10cm地温稳定在15℃以上时，选晴天定植。定植前7～10天，南北向开沟起垄，垄高20～25cm、垄距40cm、垄宽80cm，垄面中间开宽20cm、深15cm的小沟（暗灌水沟），有条件的可在沟内安装滴灌或渗灌。整平垄面，覆盖地膜。定植时在垄上按株距60～80cm交错划破地膜，挖深10cm的定植穴，取出营养钵中的嫁接苗与营养土块一起栽入穴内（定植前一天可在营养钵内浇少量水，有利取苗）。坐水栽苗，水下渗后覆土，将膜口对好并壅土封严，每亩栽苗1400～1600株。

（六）定植后管理

1. 水肥管理

1）浇水

定植后浇一次缓苗水，水量不宜过大；果实长至鸡蛋大小时，浇膨瓜水一次，果实膨大期，每隔15～20天灌水一次，果实采收前10天停止浇水。

2）追肥

坐果期（瓜鸡蛋大小），追肥一次，结合灌水追施氮磷钾三元复合肥150～

225kg/hm^2。

2. 温度管理

定植后，温度控制在白天 30～34℃、夜间 15～24℃；缓苗后，温度控制在白天 28～32℃、夜间 14～21℃，超过 32℃时放风降温排湿，夜间最低温度超过 18℃时可适当通风；开花坐果期，温度控制在白天 25～32℃、夜间 15～23℃；果实膨大期，温度控制在白天 25～36℃、夜间 15～24℃。

3. 整枝留瓜

采用双蔓整枝，留主蔓，在主蔓 3～5 节上选留一条健壮的侧蔓，其他侧蔓全部摘除。坐果前需整枝 3～4 次，在主蔓长 50～60cm、基部侧蔓长 15cm 时，每间隔 3～5 天整枝一次。选留主蔓或侧蔓第 2 雌花所结的果实。

4. 吊蔓吊瓜

主蔓长 30～50cm 时，将西瓜主蔓吊起缠绕于绳子上。侧蔓平铺垄面，封垄后摘心。当西瓜直径约 10cm 时，用承载力超过 4～5kg 的尼龙网兜吊瓜，以防坠秧。

5. 人工授粉

西瓜第 2～3 朵雌花开放时，可在 9:00～12:00 摘下雄花与雌花柱头对涂，1 朵雄花可涂 2～3 朵雌花。无籽西瓜栽培前需配栽一定数量的有籽西瓜作为授粉品种。

6. 留瓜

待幼瓜长至鸡蛋大小，开始褪毛时，进行选留瓜，一般选留主蔓上第 2～3 朵雌花坐瓜，每株一般留 1 个发育良好的瓜。

（七）病虫害防治

主要虫害为蚜虫，其次是斑潜蝇；主要病害有白粉病和炭疽病。

1. 蚜虫

可用 1.8%阿维菌素乳油 2000 倍液，或 70%吡虫啉（艾美乐）水分散粒剂 10 000 倍液，或 48%毒死蜱（乐斯本）乳油 1000 倍液喷雾防治。每亩用药液量 60～90kg，每隔 7～10 天喷一次，连喷 2～3 次。

2. 白粉病

合理密植，注意通风透光，发现病株及时浇水，增加相对湿度。发病初期用10%苯醚甲环唑（世高）水分散粒剂 1500 倍液，或 43%戊唑醇（好力克）乳油3000～4000 倍液，或 30%丙环唑·苯醚甲环唑（爱苗）乳油 3000～4000 倍液，或25%嘧菌酯（阿米西达）悬浮剂 1500 倍液等交替进行叶面喷雾，每 5～7 天喷一次，连续喷 2～3 次，用药液量 900～1350kg/hm^2。

3. 炭疽病

选用 10%苯醚甲环唑（世高）水分散粒剂 1500 倍液和 25%嘧菌酯（阿米西达）悬浮剂 1500 倍液交替喷雾即可。为了减轻炭疽病的发生，可在生长期间喷施叶面肥，增施磷钾肥，降低土壤、空气相对湿度，实行轮作倒茬（张丽萍，2011）。

（八）采收

从西瓜授粉后 3 天算起 35～60 天，出现果实附近几节的卷须枯萎、茸毛脱落、蒂部内凹、瓜面条纹散开清晰可见、蜡粉褪去、果皮光滑发亮等现象时，说明果实已经成熟，即可采收上市（贾纯社和柳大为，2011）。

二、塑料大棚西瓜高产高效栽培技术

（一）品种选择

1. 接穗品种

选择耐低温、耐弱光、抗病性强、品质优、商品性好的品种。例如，山东省潍坊昌乐盛世种业选育的全美 2K、全美 4K，京欣 2 号、京欣 4 号，麒麟瓜系列和早春红玉系列品种，早佳等。

2. 砧木品种

京欣砧 1 号、京欣砧 2 号、京欣砧 3 号、京欣砧 4 号，京欣砧冠、京欣砧王，甬砧 1 号、甬砧 3 号、甬砧 5 号，将军，超丰 F1，刚强 1 号、刚强 2 号等。

（二）育苗

宜在日光温室内进行育苗。播种育苗时间一般在 1 月下旬，砧木应比接穗早播 3～5 天，当砧木子叶出土后，即可催芽播种西瓜。选晴天上午播种。具体育苗方法参照本节“一、日光温室西瓜高产高效栽培技术”中的“（二）育苗”技术。

（三）整地施肥

前茬作物收获后，要彻底清理塑料大棚，把原先准备好的鸡粪及复合肥掺匀后全部施入定植带，基肥施用量为腐熟农家肥 75 000kg/hm^2、饼肥 1500kg/hm^2，氮磷钾三元复合肥 450kg/hm^2，过磷酸钙 1500kg/hm^2，然后翻耕 2 遍，使肥料与土壤混合均匀。

（四）定植

定植前准备：定植前 10 天扣好大棚膜并覆盖好棚内的二层膜，定植前 5～7 天顺沟浇水，造足底墒。定植前 2～3 天在瓜畦上覆盖地膜。定植时间一般在 3 月上中旬，定植时注意天气变化，选择晴天定植。定植方法：定植时应保证幼苗茎叶和根系所带营养土块的完整，嫁接口应高出畦面 1.0～2.0cm。一般定植 10 500～12 000 株/hm^2，定植后瓜田全部覆盖地膜并扣好拱棚膜。

（五）田间管理

1. 缓苗期管理

棚内气温宜控制在白天 30℃左右，夜间 15℃左右。若底墒、定植水充足，缓苗期间不需要额外浇水。

2. 伸蔓期管理

1）温度

棚内气温控制在白天 25～28℃，夜间 13～20℃。

2）水肥管理

缓苗后浇足缓苗水，若土壤墒情良好，在开花坐果前不需再浇水。若棚内土壤干旱，可在瓜蔓长到 30～40cm 时再浇一次小水。在伸蔓初期结合浇缓苗水，追施速效氮肥 75kg/hm^2，施肥时在瓜沟一侧，离瓜根 15cm 远处开沟或挖穴施入。

3）整枝

一般采用双蔓整枝。坐果前要及时整枝，除保留主蔓与 3～5 片叶间生长最强的侧蔓外，其他全部抹除，坐果后应减少抹杈次数或不抹杈。

3. 开花坐瓜期管理

1）温度

棚内气温控制在白天 28～30℃，夜间不低于 15℃。

2）水肥管理

一般不进行追肥，严格控制浇水。当土壤墒情影响坐果时，可浇小水。

3）人工授粉

每天 9:00～11:00 用雄花的花粉涂抹雌花的柱头进行人工辅助授粉。

4）留瓜

待幼瓜长至鸡蛋大小，开始褪毛时，进行选留瓜，一般选留主蔓上第 2～3 朵雌花坐瓜，每株一般留 1～2 个发育良好的瓜。

4. 后期管理

1）温度

适时放风降温，把大棚内气温控制在白天 35℃以下，夜间不低于 15℃。

2）水肥

当幼瓜为鸡蛋大小并开始褪毛时浇第 1 次水，此后当土壤表面早晨潮湿、中午发干时再浇一次水，连浇 2～3 次，每次浇水一定要浇足，当果实基本定型后停止浇水。结合第 1 次浇水追施膨瓜肥，以速效化肥为主，追肥量为氮磷钾三元复合肥 75.0～112.5kg/hm^2，也可追施饼肥 1125kg/hm^2，注意避免伤及西瓜茎叶。

3）翻瓜

果实停止生长后要进行翻瓜，翻瓜要在下午进行，朝一个方向翻，每次翻转角度不超过 30°，需翻 2～3 次。

（六）病虫害防治

1. 防治原则

按照“预防为主，综合防治”的植保方针，坚持“以农业防治、物理防治为主，化学防治为辅”的无害化防治原则。

2. 农业防治

选用高抗多抗品种；采取嫁接育苗；培育适龄壮苗；控制好各生育时期的温湿度；清洁棚室；合理肥水管理；合理布局，轮作换茬。

3. 物理防治

棚内每公顷悬挂 450～600 块黄色诱虫板；铺设银灰色地膜；在通风口设置防虫网。

4. 化学防治

西瓜常见病虫害为猝倒病、白粉病、炭疽病、霜霉病、枯萎病、蚜虫等。

1）猝倒病

用甲霜福美双可湿性粉剂 500~600 倍液喷雾或用干细药土（70%甲基托布津：干细土为 1∶300）撒于苗基部。

2）白粉病

发病初期用 43%戊唑醇（好力克）乳油 3000～4000 倍液，或 30%丙环唑·苯醚甲环唑（爱苗）乳油 3000～4000 倍液，或 25%嘧菌酯（阿米西达）悬浮剂 1500 倍液等交替进行叶面喷雾，每隔 5～7 天喷一次，连喷 2～3 次，用药液量 900～1350kg/hm^2。

3）炭疽病

选用 10%苯醚甲环唑（世高）水分散粒剂 1500 倍液和 25%嘧菌酯（阿米西达）悬浮剂 1500 倍液交替喷雾即可。为了减轻炭疽病的发生，可在生长期间喷施叶面肥，增施磷钾肥，降低土壤、空气相对湿度，实行轮作倒茬。

（七）采收

为提高大棚早熟西瓜果品质，避免生瓜上市，授粉时应做好标记，一般在授粉后 30 天左右进行采收，采后需对西瓜产品进行分级，贴上标签，用纸箱包装销售，以获取更高的经济效益（朱富春，2016）。

三、旱砂西瓜无公害栽培技术

旱砂田是指地表铺盖了一层厚 6～10cm 的粗砂砾或卵石夹粗砂的旱地田块。主要分布在海拔 1500m 左右，年日照时数 2600 小时，年平均降水量 250～350mm，无霜期 180 天，年平均气温 9.1℃的区域及周边相似区域内。

（一）品种选择

选用中晚熟、耐低温、耐旱、耐贮运、抗病性强、品质优、丰产性好的优良品种，如金城 5 号、陇抗 9 号、丰抗 88、陇科 11 号、陇抗黑秀等。

（二）播种

西瓜种子质量应符合 GB 16715.1—2010《瓜菜作物种子　第 1 部分：瓜类》标准。用种量 3～4.5kg/hm^2。

1. 种子处理

以下方法任选其一。

（1）种子播前用 1%盐酸浸渍 5 分钟，或 1%次氯酸钙浸渍 15 分钟，或 100%原液 Tsunami（苏纳醚）80 倍水混液浸泡 15 分钟。

（2）将西瓜种子放入 70℃温水浸种 20 分钟，然后在常温下继续浸种 6～8 小时。

（3）用种子重量 0.4%的 50%福美双可湿性粉剂拌种。

2. 播种时期

4 月上旬至 4 月下旬。

3. 播种方法

采用宽窄种植方式，宽行 80cm，窄行 70cm。在窄行两边按“丁”字形穴播，株距 100cm。播种方法：刨开砂层至土层后做小穴，穴深 6～10cm，压实穴洞周边，松穴底土层，将 2～3 籽种子播入土层，种子平放，相距 2～3cm，后覆细砂 2～3cm。如果土壤干燥，每穴灌 100ml 的水后再播。亩种 700～750 穴，播后覆宽幅 70cm 的地膜。

4. 砂地管护与施基肥

1）铺砂

选择好铺砂的地块，耕翻 1～2 次，深度 30～40cm，然后再施入腐熟优质农家肥 37 500～45 000kg/hm^2，磷酸二铵 225～300kg/hm^2，硫酸钾 225～300kg/hm^2，油渣 120～500kg/hm^2 或玉米面及豆类面 375～450kg/hm^2。将肥料均匀撒施地面后，耕翻混匀，整细土块，整平地表后开始铺砂。

2）砂粒标准

粒径为 0.50～6.0cm，卵石与粗砂比例为 6∶4，每亩用卵石与粗砂 50～70m^3。

3）铺砂标准

卵石 30～42m^3/亩，粗砂 20～28m^3/亩。铺砂厚度 6～10cm，其中卵石厚不超过 5cm，摊平整细，薄厚一致。铺好的旱砂田可种植 15～20 年，也可种植 30 年以上。

4）砂田管护

当年作物收获后，及时清洁田园，拔除杂草，用砂耧松耕 2～3 次。来年开春再用砂耧浅耕砂面一次，以利砂面保墒。

5）施基肥

施肥应符合 NY/T 496—2010《肥料合理使用准则　通则》要求。按宽行 80cm、窄行 70cm 的规格，秋季刨开宽行砂层后，施入优质农家肥 75 000～90 000kg/hm^2，浅翻地后耙平并镇压实地面，重新铺好砂层。播种前在窄行中间条施化肥，施纯氮 150kg/hm^2、五氧化二磷 90kg/hm^2、氧化钾 120～135kg/hm^2。

（三）田间管理

1. 补种

及时查苗，发现缺苗，应用催好芽的种子及时补种。

2. 放苗

出苗后由于膜下穴内温度易达 30～40℃，应注意及时破膜放苗。破膜放苗方法：正对幼苗顶部用手指将地膜捅开一孔径约 2cm 的小孔，并将瓜苗通过该孔放出膜外后，用砂砾封严孔口。放苗应在 8:00～9:00 或 16:00 以后进行。

3. 定苗

间苗定苗应在幼苗团棵前后进行，每穴留 1 株健壮苗，定苗后用砂砾把穴窝填平。

4. 压蔓

从瓜蔓长出 4～5 片叶以后，在主蔓上开始用砂压蔓，以后每隔 4～6 叶压主、侧蔓各一次，共 3～4 次。重点是在瓜前与瓜后压好蔓，防止大风吹乱瓜秧，蹭破瓜皮。

5. 留瓜与翻、垫瓜

在主蔓 8～12 节内选第 2 雌花留瓜，同时可在侧蔓上选第 1 雌花和第 2 雌花备用，当幼瓜长至鸡蛋大小时，即可选留形好果，及时摘除根瓜与偏头、凹蒂与凸肚等畸形幼瓜；在膨瓜期，将瓜轻轻转动，进行翻瓜 2～3 次，每次转动角度不可过大。果实膨大期内，雨后天晴时，及时翻瓜，使果实受光均匀，果皮着色良好一致。

6. 追肥

在 5～6 片叶时，结合自然降雨进行第 1 次追肥，追肥量穴追磷酸二铵 150kg/hm^2，尿素 140kg/hm^2。膨瓜期结合人工点浇补水进行第 2 次追肥，穴追磷酸二铵 150kg/hm^2，硫酸钾 75～150kg/hm^2，其后叶面喷洒 0.1%～0.5%的磷酸二氢钾 1～2 次。

7. 锄草

在定苗后及时中耕锄草，拔除大草及病株。

（四）病虫害防治

西瓜主要病虫害有枯萎病、炭疽病、果腐病、蚜虫等。防治原则始终贯彻“预防为主，综合防治”的植保方针，优先使用物理防治、生物防治技术。使用化学农药时，应执行 GB 4285—1989《农药安全使用标准》、GB/T 8321—2009《农药合理使用准则》（所有部分）执行。

1. 地下害虫防治

结合施基肥，撒施 50%辛硫磷毒砂 15.0～22.5kg/hm^2，防治蝼蛄、蛴螬、金针虫等地下害虫。

2. 蚜虫

在田间蚜虫点片发生阶段要重视早期防治，连续用药 2～3 次，用药间隔期 10～15 天。可选用的药剂噻虫嗪（阿克泰）可分散粒剂 4000～5000 倍液（每亩用量 8～12g），或 20%啶虫脒（莫比朗）可溶性液剂 2000 倍液（用量 120～180g/hm^2），或 70%吡虫啉（艾美乐）可分散粒剂 6000～7000 倍液（每公顷用量 90～150g）。

3. 红蜘蛛

虫害发生初期，每隔 7～10 天，喷洒 1.8%农克螨乳油 2000 倍液 1～2 次，采收前 10 天停止用药。

4. 枯萎病

发现病株时，用 50%多菌灵可湿性粉剂 600 倍液灌根，或重茬宝 500 倍液喷雾防治，或用 60%琥·乙膦铝可湿性粉剂 350 倍液灌根，每株灌药液 100ml，10 天灌一次，连防 2～3 次。

5. 蔓枯病

发病初期，用 75%百菌清可湿性粉剂 600 倍液或 9281 农药 300 倍液喷雾防治，每隔 7～10 天防治一次，连防 2～3 次。

6. 炭疽病

发病初期，用 70%甲基托布津可湿性粉剂 1000～1500 倍液，或农抗 120 水剂 300 倍液，或 77%可杀得可湿性粉剂 500 倍液喷雾防治。

7. 白粉病

发病初期,每隔 7～10 天喷洒农抗 120 水剂 300 倍液或武夷菌素水剂 100~150 倍液，或 20%三唑酮乳油 2000 倍液一次，连喷 2～3 次。

8. 果腐病

发病初期，每隔 7～10 天喷洒 47%加瑞农可湿性粉剂 800 倍液，或农用链霉素 4000 倍液，连喷 2～3 次。

（五）采收

当西瓜坐果节及前后的卷须已枯黄，果柄茸毛稀疏或脱落，果实表面蜡粉减退，果实发亮，光泽感强，手摸有光滑感或用手指弹瓜发出浊音的为成熟瓜。瓜带柄采收。若长途运输，可适当早采，就近销售，适当推迟采收。

四、旱塬高垄西瓜栽培技术

旱塬高垄西瓜栽培技术是陇东庆阳市瓜农总结出来的一项具有地方特色的西瓜种植技术。适宜区域的海拔 1100～1600m，年平均降水量 450～580mm，平均海拔 1450m，年平均气温 10.5℃，无霜期 140～184 天，≥10℃有效积温 2600℃，年平均日照时数 2800 小时，属典型的偏干旱半湿润旱作雨养农业区。

（一）茬口选择与整地施肥

1. 茬口选择

西瓜地最好选择透气性好的砂质土壤，前茬以糜子、谷子或玉米为佳。西瓜最忌连作，连作易发生枯萎病。

2. 整地施基肥

春播前，实施机械深翻，耕深 25～30cm，随即耙塘，做到地面平整、土壤细碎、上虚下实，达到镇压提墒、封土保墒的目的。整地时，用 40%辛硫磷乳油 100ml 拌炒熟的谷皮或谷子 30～45kg/hm^2 制成毒饵，均匀地撒在地表，结合整地深翻入土。目标产量 90 000kg/hm^2 以上的田块，施优质农家肥 60 000～75 000kg/hm^2、尿素 360kg/hm^2、18%过磷酸钙 1050～1125kg/hm^2、50%硫酸钾 20～30kg/hm^2 作基肥，将肥料结合整地施入。

3. 化学除草

整地后趁墒用 50%乙草胺乳油 2250ml/hm^2 兑水 450kg/hm^2，或 42%丁异莠去津悬浮剂 3750ml/hm^2 兑水 1500kg/hm^2 均匀喷洒在垄面，施药后随即覆膜，可有效防除膜下杂草。

4. 起垄覆膜

采用机械或人工起垄覆膜，垄距 2m，垄高 10cm，宽 1m，要求垄面“直、平、实”。覆膜后用小碗口大小的光滑凸面锤头在垄膜面双行垫留移栽小穴，穴深 5～6cm，行距 40cm，穴距 50cm，预留 9000～12 000 穴/hm^2。选用宽 1200mm、厚 0.01mm 的地膜，用膜量 75～90kg/hm^2。

（二）选用优良品种

选择中晚熟、抗病、优质、高产的西瓜品种，如金城 5 号、西农 8 号、金花一号、陇抗 9 号、景丰宝等。

（三）培育壮苗

1. 育苗方式与准备

采用穴盘育苗技术，选用 50 孔 PVC 专用育苗穴盘，接穗育苗选用方形育苗穴盘。在使用前应进行消毒处理，采用 2%漂白粉充分浸泡 3 分钟，用清水漂洗干净备用。选用质优价廉的商品专用基质。对即将投产的育苗场地、大棚、棚膜（保温被）、泡沫塑料及器具包括配好肥料的基质，用 38%醛 50 倍液喷雾消毒，药剂量 30ml/m^2，然后封闭 48 小时，5 天后待甲醛蒸发后，进行播种育苗。

2. 浸种催芽

先将种包放在 70℃的温水中浸泡 10～15 分钟，同时不断搅动种包，然后将种子浸泡在 30～40℃的水中 6～8 小时，浸种后用清水冲洗 2～3 遍，搓掉种子表面的黏液，准备催芽。将泡好的种子用洁净的湿布包好后置于 26～30℃室内催芽，每天用温水洗种 1～2 次，等到 60%以上种子露白时，选已出芽的种子播种。

3. 播种及苗期管理

将露白的种子播于 50 孔穴盘中，播种深度 4～5cm，注意将种子平放，胚根朝下，以减少“戴帽苗”。每穴播 1 粒露白种子，播后覆盖基质，浇透底水，用 95%绿亨 1 号可湿性粉剂 3000～4000 倍液喷洒苗床，覆膜保温，以白天 28℃、夜间 18℃为宜。出苗后及时揭膜，并适当降低夜温与控水控肥。苗期害虫主要有蚜虫和潜叶蝇等，除挂设黏虫黄板和蓝板进行物理防治外，还可选用 10%吡虫啉 1000 倍液、5%啶虫脒乳油 3000～4000 倍液等进行化学防治。苗期主要病害是猝倒病、疫病和炭疽病等，可用 25%嘧菌酯悬浮剂 1500 倍液喷雾，或用 72.2%霜霉威盐酸盐 400～600 倍液、25%甲霜灵可湿性粉剂 1500 倍液等喷雾防治，细菌性果斑病可用 2%春雷霉素可湿性粉剂 600 倍液喷雾防治。

嫁接苗出圃的壮苗标准为子叶完整，茎秆粗壮，真叶 2～3 片，叶色浓绿，根系完好，不带病虫。苗出圃前 1 周逐渐降温锻炼，以白天 22～24℃、夜间 13～15℃为宜，并适当控制灌水量。

推荐培育健康嫁接苗，具体技术参照本节“一、日光温室西瓜高产高效栽培技术”中的“（二）育苗”技术。

（四）适期定植

西瓜高效栽培应突出一个“早”字，当 5～10cm 土层温度稳定在 10℃，苗龄达到 25～30 天时即可移栽，适宜移栽期为 4 月 20～25 日。按预留的穴用小刀破膜移栽，栽后随即灌水让钵体坐实，再用土封好膜口。栽植 9000～12 000 株/hm^2。

（五）田间管理

1. 整枝压蔓

幼苗四叶一心时摘心，三蔓整枝，即在主蔓 5～8 节附近留 2 条侧蔓，坐果前要及时抹除多余的侧枝，将瓜蔓引向垄的两边伸展，一般每隔 3～4 节压一次。

2. 选留幼瓜

选留主蔓 15 节前后第 2 雌花或第 3 雌花的幼瓜比较合适，主蔓第 1 雌花应及早抹掉，每株只留 1 个瓜。瓜未坐稳前不要掐头，当瓜坐稳有鸡蛋大小时再掐头，注意整枝打杈，抹掉侧枝侧芽。在瓜蔓疯长不能坐瓜时，常将茎蔓捏伤以控制徒长。

3. 水肥管理

伸蔓期，每亩用磷酸二氢钾 100g 兑水 30kg 叶面喷施。一般在坐瓜前多不浇水，禁施氮肥，特别干旱时可浇点小水。在幼果坐稳鸡蛋大小及膨瓜期各浇一次水肥，亩追肥量均为磷酸二氢钾 8kg+尿素 10kg。接近成熟前一周停止浇水。

（六）病虫害综合防治

西瓜移栽初期用2%农抗120水剂100倍液灌根防治猝倒病。伸蔓期，用75%百菌清可湿性粉剂800倍液或50%多菌灵可湿性粉剂800倍液，与40%氟硅唑乳油800倍液交替喷施，间隔5～7天交替一次，以防止枯萎病、炭疽病、蔓枯病的发生与蔓延；用25%嘧菌酯悬浮剂1500倍液喷施防治白粉病。每亩用10%吡虫啉可湿性粉剂10g兑水30kg叶面喷施防治蚜虫，也可田间张挂黄色粘虫板来扑杀蚜虫及白粉虱，以预防病毒病发生。对发病严重的植株应及时拔除。

（七）适时采收

待西瓜停止膨大，果柄茸毛消失，着花部位凹陷，果皮富有光泽，果面条纹和网纹鲜明，尤其是触地部位呈现黄色或辅助以手指弹敲果皮，声音沉稳有弹性、稍有混浊感的可初判为熟瓜可摘（慕兴中，2017）。

主要参考文献

别之龙. 2012. 西瓜甜瓜嫁接育苗安全生产技术规程. 中国瓜菜, 25 (1): 49-52.

陈亮, 李玉明, 杨世梅, 等. 2016. ^{60}Co-γ 射线辐射对西瓜着花及果实性状的影响. 中国瓜菜, 29 (6): 5-9.

陈年来, 安力, 陶永红, 等. 2000. 籽瓜抗枯萎病新品系 B06 和 R09 的选育. 中国西瓜甜瓜, (3): 10-13.

陈雨, 张建农, 刘炬. 2008. 西瓜雄性不育花芽显微结构观察. 甘肃农业大学学报, 43 (5): 67-70.

董秉业. 2009. 瓤用籽瓜甜籽 1 号在宁夏中部干旱带试种成功.中国瓜菜, (2): 63.

范涛, 张莉, 张建农. 2014. 西瓜果实糖分含量遗传特性研究. 甘肃农业大学学报, 49 (4): 69-72.

冯建明, 郭绍贵, 吕桂云, 等. 2009. 西瓜抗枯萎病相关 EST-SSR 的信息分析. 华北农学报, 24 (3): 87-91.

贾纯社, 柳大为. 2011. 日光温室秋冬茬西瓜嫁接高效栽培技术. 中国农技推广, 27 (8): 30-32.

蒋莉莉, 张高原, 张建农. 2016. 西瓜杂交组合 T-1 种子纯度鉴定的 SSR 标记研究. 西北农林科技大学学报 (自然科学版), 44 (6): 93-98.

李金山, 杨来胜, 张延河, 等. 1998. 黑籽瓜新杂交种兰州大板二号. 兰州科技简报, 27 (3): 7-10.

李金玉, 杨来胜, 张延河, 等. 1992. 兰州大板 1 号籽瓜. 中国西瓜甜瓜, (2): 43-44.

林德佩, 王桐, 王叶筠, 等. 1993. 少侧蔓突变西瓜的株形与遗传基因 *b1* 的研究. 园艺学报, 20 (1): 97-98.

刘东顺. 1994. 西瓜杂优利用中的配合力分析. 西北农业学报, 3 (3): 57-61.

刘东顺, 齐立本, 赵晓琴, 等. 2002. 优质抗病丰产西瓜新品种陇抗 9 号的选育. 甘肃农业科技, (9): 23-26.

刘东顺, 杨万邦, 赵晓琴, 等. 2008. 西北旱砂田西瓜抗旱性鉴定指标与方法初探. 中国蔬菜, (7): 17-21.

慕兴中. 2017. 镇原县西瓜—冬油菜“一膜两用”高效栽培模式. 中国农技推广, 33 (1): 37-38.
潘存祥, 许勇, 纪海波, 等. 2015. 西瓜种质资源表型多样性及聚类分析. 植物遗传资源学报, 16 (1): 59-63.
齐立本, 刘东顺, 于庆文. 2003. 西瓜隐性核不育基因库的建立与应用. 甘肃农业大学学报, 38 (2): 175-178.
闰鹏, 张建农, 陈雨. 2007. 西瓜和甜瓜杂种一代种子纯度的 RAPD 鉴定.甘肃农业大学学报, 42 (2): 43-46.
孙小妹. 2011. 西瓜抗旱性鉴定指标与方法研究. 兰州: 甘肃农业大学硕士学位论文: 1-73.
王程, 张建农. 2015. 籽瓜风味西瓜中不同品种储藏差异研究. 中国农学通报, 31 (16): 66-72.
魏胜文, 乔德华, 张东伟, 等. 2016. 甘肃省西甜瓜产业发展报告. 甘肃省农业科技发展研究报告: 547-562.
张广虎, 陈卫国. 2002. 几个西瓜新品种的特征特性及栽培技术. 甘肃农业科技, (7): 36-37.
张桂芬, 张建农. 2011. 西瓜种子大小的遗传规律. 江苏农业科学, 39 (4): 216-217.
张建农. 2005. 籽用西瓜种质资源利用和耐贮性生理机理的研究. 兰州: 甘肃农业大学博士学位论文: 1-84.
张丽萍. 2011. 甘肃凉州日光温室西瓜一年四茬栽培技术. 中国蔬菜, (5): 54-56.
张树森. 1990. 西瓜“金花宝”(原 P2) 品种简介. 新疆农垦科技, (2): 30-31.
朱富春. 2016. 塑料大棚西瓜早熟栽培技术. 农业工程技术, 36 (34): 61-63.

第六章 甜 瓜

第一节 甘肃甜瓜生产现状

甘肃大部地处黄土高原，土壤肥沃疏松，年降雨量在 400mm 以下，气候干燥，日照长，昼夜温差大，适宜各种瓜类生长。甜瓜栽培历史悠久，品种繁多。据东汉班固的《前汉书·地理志》记载："敦煌，中部都尉治部广侯官杜林以为古瓜州，地生美瓜""其地今犹出大瓜，长者狐入瓜中食之，首尾不出。"西晋《广志》云："瓜之所出，以辽东、庐江、敦煌之种为美。"表明甘肃省古代即为主要的西甜瓜产区，所产的瓜个大、质优。长期以来，广大瓜农在生产过程中培育和引进多种多样适宜于本地栽培的甜瓜品种，兰州市所产白兰瓜从 20 世纪 50 年代开始出口外销，在国际市场享有较高的声誉。

一、分布区域

生产上种植的甜瓜可分为薄皮甜瓜（东方甜瓜，英文名 oriental melon）和厚皮甜瓜（西洋甜瓜，英文名 western melon）两大类群。在甘肃省栽培品种约 50 个。早期以地方品种为主，如白兰瓜、克克齐和各种毛甜瓜等，20 世纪 80 年代新育成的品种，如兰甜五号已推广生产，白兰瓜的新品系 73-2、76-22、76-25 等逐步更新原栽培种，自新疆维吾尔自治区引进的甜瓜品种也不断扩大生产。薄皮甜瓜在甘肃省各瓜区都有少量种植，以兰州市、天水市秦安县、庆阳市平凉市泾川县等为主要产地；厚皮甜瓜主要分布在兰州市及其附近县和河西各瓜区，兰州市、酒泉市、敦煌市（市辖区、瓜州县和金塔县）、武威市民勤县等地都是厚皮甜瓜的主要产地。

甘肃省白兰瓜 1956 年开始外销，随后几年，铁旦子、新疆甜瓜也开始出口，受到国际市场的好评。甜瓜中，综合性状较好或具特色的优良品种有金塔寺、白脆瓜、铁旦子、白兰瓜、黄河蜜、醉瓜、黄绿皮克克齐、花皮网纹甜瓜等。主要分布在酒泉市（市辖区、瓜州县和金塔县）、武威市民勤县、兰州市皋兰县及白银市靖远县等地区。其中敦煌市（市辖区和瓜州县）以哈密瓜类型品种为主，酒泉市金塔县是甜瓜种子生产的主要区域，武威市民勤县、白银市靖远县以玉金香、银蒂和黄河蜜为主，兰州市皋兰县则包括玉金香、丰甜 4 号、丰甜 7 号、银岭等十几个早熟、中熟类型的厚皮甜瓜品种。河西地区大部分露地栽培，近年来保护地栽培面积有逐渐扩大的趋势。皋兰县及其周边地区则以日光温室、塑料拱棚栽培为主。甘肃省薄皮甜瓜面积 7 万～8 万亩，其中天水市秦安县以多层覆盖春提早塑料拱棚栽培为主，庆阳市西峰区、平凉市泾川县和灵台县等地主要是塑料大棚栽培。白银市靖远县等地以保护地栽培为主，少量露地栽培。

甘肃省地处我国东部季风区、西北干旱区和青藏高原气候区三大自然气候区的交汇地，同时又深居内陆，地理坐标跨度大（32°N～43°N、94°E～108°E），海拔较高，地形较为复杂。这种独特的地理位置与地形地貌，形成了甘肃省大部分地区少雨干旱，年、日温差较大，太阳辐射强烈，日照时间长等气候特征，非常适宜瓜类作物生长。且瓜类栽培历史悠久，生态类型多样，区域化特征非常明显。根据以上特点将甘肃省甜瓜主产区分为如下 3 个栽培区。

（一）河西走廊温带栽培区

本区包括酒泉市、张掖市、武威市等地区及嘉峪关市、金昌市，以酒泉市敦煌市和金塔县、瓜州县，武威市民勤县为主要产区。甜瓜类栽培面积约 10 万亩。栽培方式主要是露地旱塘地膜覆盖栽培。本区属温带干旱气候，全年降水量不足 200mm。气候干燥，日照充足，年日照 2800～3300 小时。昼夜温差大。适宜瓜类生长季节近 4 个月，瓜类品质非常优良。栽培采用旱塘形式。甜瓜以厚皮甜瓜、大果型为主，如西州蜜、银蒂、白兰瓜、克克齐，各种毛甜瓜、棒子瓜、网纹甜瓜等。该地区也是甘肃省乃至全国重要的甜瓜良种生产基地，包括酒泉市金塔县、张掖市高台县和武威市凉州区。良种生产面积每年保持在 3.5 万亩左右，区内入住了我国绝大部分西甜瓜种子生产企业，也有许多国外知名种子企业在该区建立了长期的种子生产基地，是我国主要的甜瓜优质种子生产基地。

（二）中部温带半干旱栽培区

本区包括兰州市、白银市定西市及临夏回族自治州的部分县市。以兰州市皋兰县、白银市靖远县为主要产区。甜瓜类栽培面积 3 万多亩。本区大部分地区属温带半干旱气候，全年降水量 250～450mm，年日照时数 2400～2800 小时。适宜瓜类生长季节 4 个月，瓜类品质优良。栽培方式以砂田为特色。近年地膜覆盖，高畦栽培发展很快，保护地栽培日益扩大。以厚皮甜瓜白兰瓜为主，薄皮甜瓜也有一定数量的栽培。本区特产有兰州白兰瓜、兰州醉瓜、金塔寺、盛开花等。

（三）东部温带半干旱栽培区

本区包括天水市、平凉市、庆阳市。以天水市秦安县、平凉市庄浪县和泾川县、庆阳市宁县栽培面积较大。甜瓜类栽培面积 7 万～8 万亩。本区年降水量 500～650mm，年日照时数 2100～2700 小时，适宜瓜类生长季节 4 个多月，瓜类栽培采用保护地高畦或平畦，或春提早多层覆盖塑料大棚栽培。甜瓜仅能种植薄皮甜瓜，秦安县的白脆瓜、千玉200等较为有名。

二、栽培方式

栽培季节中，露地栽培多以4月下旬至5月上旬播种，8月采收为主，秋季可延后至9月上旬；皋兰县塑料大棚栽培2月左右播种，6月上中旬采收，日光温室秋冬茬栽培在靖远县有少量栽培，多于8月下旬至9月上旬播种，元旦至春节上市。

（一）砂田栽培模式

砂地又称“铺砂地”或“石子田”，是地表铺盖了一层厚7～15cm粗砂砾或卵石加粗砂的田地，多见于我国西北干旱半干旱地区，是广大劳动人民在长期适应干旱少雨及盐碱不毛之地的耕作实践中创造出来的独特抗旱耕作形式，属土壤覆盖和免耕制度范畴。砂田的土种一般为咸灰土，母质为冲洪积物。至今，甘肃省兰州市、白银市、酒泉市等地仍有大面积的砂田用于西瓜、甜瓜和籽瓜栽培。近年来，随着水果蔬菜无公害生产的兴起及与设施农业的结合，甘肃省砂田有不断壮大发展的趋势，现稳定在67万亩左右。

砂田是兰州市皋兰县甜瓜的主要栽培模式，皋兰县现有西甜瓜砂田面积约11.88万亩，占全县总耕地面积的27.4%。什川乡在市县技术人员的指导下于传统砂田栽培的基础上独创了“三膜一砂”甜瓜设施栽培模式。种植的甜瓜品质优良、口感好，成为兰州市无公害甜瓜的主要生产基地。白银市平川区将砂田的保温性能与日光温室的自然光结合起来种植西甜瓜，配套反光膜保温技术、捕虫板杀虫技术和农家肥施用等技术，发展绿色无公害西甜瓜，五年来共计示范推广日光温室砂田西甜瓜约3.48万亩，平均亩产3870kg，亩净增产值159.4元。白银市在景泰县、会宁县等地，也有少量露地砂田甜瓜种植，甘肃省酒泉市现有砂田面积3000余亩，分布在玉门市、金塔县及肃州区的钟尖与泉湖二乡，主要种植西甜瓜，亩产量3000～4000kg。近年来，随着非耕地农业的快速发展，肃州区发展了大量日光温室砂田设施栽培，中等大小的厚皮甜瓜和绿皮薄皮甜瓜被广泛栽培。

1. 砂田的铺设

铺砂一般在冬季地冻以后至春季土地解冻之前进行。因为冬季不但有充足的劳动力，而且由于土壤结冻，铺砂后砂土不致混合。铺砂田的砂砾一般从河滩或山腰砂层中采取。选择鸡蛋大小的粗砂状的砂石。颜色要清亮。以不含泥土的为最好。粗砂和石块的比例为（4∶6）～（3∶7）。水砂田每亩用砂砾量为20～24m^3。铺砂的方法是在秋作物收获后，对土地进行深耕、施肥和冬灌。待土壤结冻时，整平地面，用石镇压紧实，将砂砾按照一定距离堆放。耙开铺平，注意薄厚一致。

2. 播种方式

甜瓜选用新砂田栽培，效果最好，二年砂田在前作收后，要注意清洁田园。必须砂、土两清，均采用点播法，为了管理方便，一般采用宽窄行“丁”字形播种，露地栽培的在临断晚霜前，3 月下旬至 4 月上旬，有保护设施的可提前到 3 月上中旬，按距离将播种点用小铲把砂刮开 4～5 寸[①]马蹄形穴。疏松土壤，轻拍实，再开一长 6～8cm、宽 2cm、深 1cm 左右的播种沟，大粒种子每穴放 3～4 粒，小粒种子每穴放 7～8 粒，播后覆土拍光，将刮开的细砂仍覆土上，厚约 2cm，大砂砾拣出放在穴旁。一般甜瓜株行距：宽行 0.85m、窄行 0.5～0.66m、株距 0.85m 左右，如白兰瓜、醉瓜每亩 1060 株，薄皮甜瓜每亩 1200 株。

3. 施肥、灌水

全面铺砂后，砂田耕作受到限制，一般结合施肥进行播种，由于比较费工，一年仅施一次肥，为了施肥方便，采用宽行与窄行相间，隔年互换施肥，即两年将一块地播耕、施肥一遍。施肥的时间在头年前作收获后或翌春播种前，亦有在幼苗已有 4～5 片真叶时施入，根据群众经验，认为头年施肥最好，肥料能充分分解，有利于瓜的吸收。施肥的具体方法是：在头年的宽行内，用砂刮子紧挨窄行边开 2 尺[②]宽的地面，扫净余砂，按每亩施炕粪或土粪 3000kg 左右，均匀撒入行间，深翻 13～15cm，再耙平压实，铺回砂砾。次年再错开施肥行位置进行施肥。当瓜坐住后，用 0.2%磷酸二氢钾施根外追肥，有利于改善瓜的品质。水砂田种瓜，在头年秋后灌足冬水，当瓜坐住有拳头大小时，可灌一水，促进瓜的生长，如雨水充足，亦可不灌。

4. 整枝、压蔓

中部地区甜瓜主要采用十二蔓整枝法，其具体做法是：当甜瓜主蔓长至 10 片真叶时，留 8 叶摘心，主蔓基部发出的 4 条子蔓（称四大叉），向四方牵引，用石块轻压节间，留 3～4 叶再摘心，上部 4 条子蔓，下面的 2 条留 1～2 叶摘心，基部四大叉发出的孙蔓（称小叉），从内向外按 3、2、1 数留叶摘心、以后发出的侧蔓超过四大叉长度即摘心，整个植株俯视呈一圆形，侧视呈半圆形。农民称此种整枝法为“天棚”整法。

---

① 1 寸=1/30m。

② 1 尺=1/3m。

5. 间瓜、留瓜

甜瓜一株可坐多瓜，如全留下，分散养分，瓜小、质劣，一般在瓜坐住后，进行定瓜，选看生早、瓜形整齐的留下，其余及早间除。大果型品种，如白兰瓜、醉瓜、克克齐、花皮网纹甜瓜等多数每株留一瓜，小果型品种及薄皮甜瓜，如铁旦子、急瓜子、金塔寺、白脆瓜等每株留 2～4 瓜。

（二）旱塘加盖小拱棚栽培模式

这种栽培模式是瓜州县、金塔县等地的主要栽培模式，哈密瓜品种选用西州蜜 25 号、宝丰蜜、金蜜 3 号、新蜜杂 6 号、金蕊蜜 4 号、康丰蜜等。白兰瓜品种选用瓜州王子 1 号、瓜州王子 2 号，银蒂 2 号、银蒂 3 号、银蒂 4 号等。栽培的最佳播种期为 3 月下旬至 4 月上旬，较露地栽培提前 30 天。

1. 作塘

塘分塘（旱塘）和沟（水塘）两部分。旱塘是瓜蔓着生延伸的地方，水塘是浇水的地方，旱塘和水塘的宽窄因瓜植株大小而异。近 10 年内未种过瓜的土地在前作收获后，深耕地、晒垡、次年春季土壤解冻后及时浅耕，耙塘保墒，随即作塘。一般大果型甜瓜如花皮网纹甜瓜、克克齐等旱塘宽 1.4～2m、水塘宽 0.75～1m。作塘时，先按距离画好印线，沿水塘中心线用犁开沟，随即将表土分培于水塘两侧成 50°的斜坡，用木板拍平整坚实，以免浇水时塌陷，为了提高土壤温度。更好保墒，坡面还可覆盖地膜和细砂。旱塘的表面成凹形。不能进水。以保持土壤疏松和较高的温度。

2. 播种

在瓜播种前 4～5 天浇淹埂水，深度不要超过水塘的 1/2，使水徐徐渗入土埂，不宜浇满水塘，这样土壤疏松绵软，有利出苗，并参看水印修整塘顶。在临断霜前，4 月下旬至 5 月上旬在水印上方 15cm 等高处按株距开穴播种，株距 40～50cm，每穴大粒种子 3～4 粒，小粒种子 7～8 粒，覆土拍平。每亩大果型品种 1100～1500 苗，小果型品种 2400～3000 苗。

3. 施肥、灌水

施肥可在作塘前进行，按预定的播种线开沟，沟深 10～15cm，顺沟施入高质量的有机肥，一般用土粪 10 000 余斤[①]，苦豆子 600 斤，作塘后，施肥沟正好位

① 1 斤=0.5kg。

于植株根下方，集中供瓜生长需要，亦有在塘修好后，幼苗已有4～5片叶时，在旱塘两侧瓜根下方10cm处开深10～15cm、宽15～18cm的施肥沟，把半斤左右的苦豆子顺向填入沟底，再施一锨圈肥，用脚踏实，盖土拍光。河西地区由于雨水少，蒸发量大，灌水次数较多，播种前后灌头水，称安根水，幼苗期、伸蔓期、瓜坐住后及膨大期都需灌水，在瓜临近成熟前不再灌水，以免裂果和降低品质。每次灌水，水面不要超过水沟的2/3处。

4. 晒塘、换土

旱塘栽培瓜，在瓜苗有2～3叶时，中午过后将秧苗周围10cm处土除去晒一晒，再将塘心表土替换根部，可增高土温，促进幼苗生长，并除杂草，减少病虫害，称换小土。幼苗后期，将塘心土翻置塘外根际，掩盖茎蔓基部拍实，可护根，防风吹，且利抗旱。将塘心土深翻25cm，使充分风化，利于次年作物生长，称换大土。

5. 整枝、压蔓

河西地区旱塘栽培甜瓜多采用双蔓整枝和三蔓整枝，具体做法不一，如急瓜子当主蔓有6～7叶时，留5叶摘心，基部2条子蔓坐瓜困难，宜早除，留第3、第4条子蔓，其上坐瓜。花皮网纹甜瓜等留主蔓及第2、第3条子蔓向旱塘中心延伸，发秧越多，瓜越大，与邻近瓜秧接头则摘心，白棒子、榆树皮、八棱甜瓜等主蔓有4～5叶摘心。留2条子蔓，子蔓基部1～2节着生孙蔓坐瓜，其他孙蔓随时摘除，至瓜坐定后，对子蔓、孙蔓再行摘心。克克齐等主蔓4～5叶摘心，发出子蔓5叶打顶，其上发出孙蔓坐瓜后，瓜前留2～3叶摘心，其余侧枝全除掉。河西地区风害较大，多采用暗压蔓，一般压3～5次。

（三）日光温室栽培模式

这种栽培模式是武威市、白银市、兰州市等地区甜瓜的主要栽培方式。有早春茬和一大茬两种方式。一大茬一般多于8月下旬至9月上旬播种，元旦至春节上市；早春茬甜瓜一般在1月下旬至2月上旬播种，5月上旬至6月中旬收获，6月下旬拉秧，主要用于日光温室厚皮甜瓜生产。品种为银蒂、银峰、密世界、状元、台农二号、丰田4号等。两垄中心距1.4～1.6m，垄面宽0.9m，垄沟宽0.5m，垄沟深0.3m，

（四）多层覆盖塑料大棚栽培模式

秦安县西川镇、叶堡乡、何家坪等地生产薄皮甜瓜的主要栽培模式。采取塑料大棚三层覆盖栽培技术，5月中旬上市，亩产量1800～2500kg。亩产值高达

2.5 万～3.5 万元。主要品种为西甜一号、陕甜六号、千玉、白皮脆瓜。一般于播种前 15～20 天扣棚，大棚跨度 6～8m，高度 1.8～2.2m。设置二层膜骨架，内膜选用厚 1.0mm 以上的醋酸乙烯无滴膜，内膜选用厚 0.01mm 的地膜，有一排立柱的大棚选用两幅内膜，三排立柱的大棚选用 4 幅内膜，每幅内膜相接处用夹子夹住，内膜底部用土压住，从而使内膜形成比较独立的保温系统。内外膜之间相距 20cm 以上。按照大棚走向起垄，垄面宽 60cm，垄沟宽 40cm，垄高 15cm。2 月上中旬选择连续晴天播种，每垄呈"品"字形点种 2 行，株距 45～50cm，播种前 2 天在点播处浇水渗穴，每穴浇水 0.5kg，点播时用小铁铲将土捣碎，每穴播 2 粒，播深 2cm，播种时注意种子平放以防戴帽出土。亩保苗密度 2000 株左右。

定植完成后，搭小拱棚，先将竹子或树枝弯曲成拱形插于垄上，间距 1～1.5m，拱顶部距垄面 20cm，再将宽 1.2m、厚 0.01mm 的地膜覆盖于拱上，膜四周用土压紧。

三、生产中存在的问题

甜瓜是世界性的大宗水果，甜瓜栽培面积和产量居世界水果的第 9 位。我国是西甜瓜生产和消费大国，生产面积和产量均居世界第 1 位，约占世界总面积和总产量的 50%以上。甘肃省是我国重要的瓜类生产省份之一，生产历史悠久，特别是河西走廊种植的甜瓜以其瓤口好、品质优、香甜味美而享誉省内外，然而在 20 世纪 80 年代以前甘肃省瓜产业发展缓慢，基本处于自发状态，品种老旧、种植零散，满足不了市场需求。20 世纪 80 年代以后随着农业科学技术的普及应用、品种更新换代和栽培技术及生产管理水平的大幅提升，栽培方式有了较大改进。突出表现在露地地膜覆盖栽培、大小拱棚栽培、日光温室反季节栽培等模式的广泛应用及杂交品种的推广。通过这些实用技术的推广使甜瓜提早了上市时间，提高了产量，改良了品质，增加了瓜农的经济效益，使甘肃省瓜产业生产水平上了一个新台阶，种植面积也呈现逐年增加的态势，甜瓜已成为甘肃省重要的经济作物和主产区瓜农增收的支柱产业。但近几年来，甘肃省甜瓜生产中也暴露出了一些急待解决的问题，传统产业面临新的挑战。

（一）研究工作滞后，基础投入不足

20 世纪 80 年代以前，甘肃省甜瓜生产基本沿用传统的地方品种，这些品种的品质不及国外已经改良的新品种，同时，又缺乏系统的良种繁育体系，因此，混杂退化比较严重，80 年代以来，甘肃省的园艺工作者逐步开展了瓜类作物品种改良，甜瓜已选出了一些优良品种（系），其中一部分品种至今仍在生产上应用，但是和国外或国内发达地区的品种相比，还具有一定的差距，尤其是在甜瓜品种选育方面，不论在品质、整齐度、适应性上都存在一定差距。

目前甘肃省内从事甜瓜育种的单位主要有甘肃省农业科学院蔬菜研究所、甘肃农业大学瓜类研究所、兰州市种子管理站、酒泉市农业科学研究所、甘肃省河西瓜菜科学技术研究所等科研教学和开发单位。其中甘肃省农业科学院蔬菜研究所从事甜瓜育种 40 多年，搜集并整理了一大批甜瓜类种质资源，选育出了以甘甜 1 号、银珠、甘甜玉露、甘甜雪碧为代表的甜瓜优良品种，积累了丰富的育种经验。甘肃农业大学瓜类研究所在甜瓜育种、栽培生理研究方面做了大量工作，选育出的黄河蜜甜瓜品种至今仍是甘肃省晚熟甜瓜生产的主栽品种。另外如玉金香、银蒂等甜瓜品种多年来一直是部分瓜产区的主栽品种。然而随着瓜类产业的发展及种植面积的扩大，瓜类病虫害的防控、安全无公害产品的生产、耐旱品种的选育及与之相配套的旱作栽培技术研究的滞后已经严重制约了甘肃省瓜产业的健康良性发展。

（二）市场体系不健全，产业化水平较低

目前，甘肃省甜瓜生产主要以一家一户分散生产经营为主，由于这种生产方式规模小、专业化程度低，缺乏集约化经营的系统技术支撑，还不能做到产前、产中、产后一条龙服务，无法形成产业化优势。加之产品销售渠道不畅，主要的瓜产区很少有功能比较完善的专业市场，更缺少直通国内各大城市的产品快速销售通道，从而难以形成强有力的市场竞争力。因此如何更好地发挥地方政府的管理和服务功能，强化技术服务体系建设，形成技术服务到位、瓜农专业合作组织健全、销售渠道畅通的甜瓜现代农业产业体系将是摆在甘肃省瓜产业发展面前的关键问题，只有形成著名的产地、安全的产品、优质的品牌，才能将区域优势化作产业优势，甘肃省的甜瓜产业才可以在发展的道路上实现跨越。

四、发展思路

（一）科学合理布局，发挥区域优势

充分发挥甘肃省在气候资源、产区环境资源及瓜类栽培历史悠久的社会资源等诸方面的优势，联合省内各相关科研推广及果品营销机构，组建甘肃省瓜产业发展的支撑团队，对全省瓜产业布局及与之相配套的品种更新、产品安全生产技术、品牌建设、瓜农专业合作组织完善等问题进行系统研究，为甘肃省瓜产业健康持续发展提供强有力的技术保障。

（二）明确指导思想，推广优良品种

随着人们生活水平的不断提高和科技的不断进步，消费者对瓜产品的品质要求也越来越高，总体市场需求趋势是达到“四化”，即优质化、小型化、多样化和

安全化。以选育或引进推广抗旱、优质、高产品种为突破口，在科学总结各产区成熟栽培技术的基础上，积极引进推广国内外西甜瓜优良品种和先进的无公害产品生产技术，大幅度提升甘肃省瓜产业的发展水平。

（三）加强组织领导，重视产业服务体系建设

在瓜产区地方主管部门的协调下积极组建瓜农专业合作组织，充分发挥瓜协等民间专业组织的功能，以优化品种结构、提高种植效益、扩大生产规模为目的，加强技术培训、加快新品种新技术的推广应用速度，重视全程服务型龙头企业的培育，加强技术服务体系和质量监控体系建设，形成布局科学化、生产规模化、服务专业化、产品无害化的现代产业技术体系，促进甘肃省瓜产业健康持续发展。

第二节　甘肃甜瓜育种

一、育种现状

（一）基本情况

近十多年来，甘肃省厚皮甜瓜生产面积有限，但相关厚皮甜瓜的研究特别是育种研究得到了很大的发展，以至对西北地区厚皮甜瓜生产和品种的更新起到了重要的作用。甘肃省河西瓜菜科学技术研究所于20世纪90年代末期选育出早熟厚皮甜瓜品种“玉金香”，并以其早熟、优质、高产、抗病等优点迅速占领了西北地区的早熟市场，并一度较大面积地推广至内地，成为国产厚皮甜瓜的重要主栽品种；随后选育出的中熟品种“银蒂”以其高产、优质、抗病等优点大面积地应用于除新疆哈密瓜栽培区以外的西北地区，成为又一个露地和保护地兼用主栽品种；而近年来选育出的银蒂系列、脆红玉等新品种在综合性状更上一层楼。甘肃省兰州市农业科学研究所利用黄河蜜类品种与哈密瓜类品种杂交，选育出在一定程度上保持哈密瓜特性，但其适应性更广的杂交一代品种，在内蒙古自治区河套地区及甘肃省民勤县等地区大面积推广，极大地拓宽了哈密瓜类品种的种植区域和面积，而近年来新选出来的同类型品种综合性状更优，如甘肃华园西甜瓜开发有限公司选育的超蜜宝、天香蜜，兰州金种缘瓜菜种子研究所选育的2031等。甘肃农业大学通过一系列的杂交选育，于20世纪初选育出杂交一代品种黄河蜜6号，该品种在品质和抗病性等方面显著地优于原品种，并且在原品种的提纯复壮方面做了有效的工作，使黄河蜜系列作为甘肃省厚皮甜瓜主栽品种之一延续至今。甘肃省农业科学院蔬菜研究所选育了甘甜1号、银珠、甘甜玉露、甘甜雪碧等优良品种。近年来，在白兰瓜类型品种、薄皮早熟甜瓜品种的抗白粉病选育等方面也做了大量工作，在生产中各类品种也有一定的面积，为促进甘肃省乃至西北地

区厚皮甜瓜生产发展做出了重要贡献。

甘肃省甜瓜种植有着悠久的历史，也是全国著名的甜瓜产区。由甘肃农业大学选育的黄河蜜瓜称雄甘肃省甜瓜产地和全国市场近 20 年，甜瓜品种甘蜜宝在内蒙古自治区作为主栽品种长盛不衰十几载。玉金香甜瓜品种自育成推广以来，在北京市大兴区全国西甜瓜擂台赛上雄居霸主地位十余届，除甘肃省大面积推广外，已成为宁夏回族自治区、陕西省、云南省的主栽品种，在河北省、四川省、贵州省、安徽省、河南省、吉林省、黑龙江省均有较大面积栽培。另外还有银蒂、薄皮甜瓜甘甜 1 号等品种也在甘肃省和我国其他地区大面积推广。

目前甘肃省内从事西甜瓜育种的单位主要有甘肃农业科学院蔬菜研究所、甘肃农业大学和甘肃省河西瓜菜科学技术研究所。其中甘肃省农业科学院蔬菜研究所从事西甜瓜育种 40 多年，搜集并整理了数千份西甜瓜种质资源，积累了丰富的育种经验。甘肃农业大学则侧重于西甜瓜遗传学和生理学的基础理论研究，先后有多篇研究论文在国内外核心期刊发表，特别是西甜瓜生理生态研究方面在国内处于先进行列，并且选育出了黄河蜜等一批优良甜瓜品种。甘肃省河西瓜菜科学技术研究所虽然成立才 20 多年，但是其事业发展良好，是甘肃省民营种子企业的优秀代表，在全国西甜瓜育种界也享有盛誉。另外还有 20 多家各具特色的民营企业从事西甜瓜品种的选育和推广工作。

（二）育种工作进展

1. 主要品种

鉴于设施栽培的迅速发展和消费结构的小型化，甘肃省农业科学院蔬菜研究所又及时选育出了甘甜 1 号、甘甜 2 号、甘甜 S5、甘甜 S13 等薄皮甜瓜新品种，白兰瓜类甘甜玉露、甘甜雪碧、甘甜早蜜等特色甜瓜品种。甘肃省河西瓜菜科学技术研究所也推出了玉金香、银蒂系列品种、脆红玉、红状元、红蜜保等特色甜瓜新品种。其他一些西甜瓜科研单位及研发企业也根据市场需求，选育或引进了一批适合甘肃省瓜产业发展需要的优良品种，为甘肃省西甜瓜产业的健康发展奠定了良好的基础。

2. 抗病育种

白粉病是甜瓜最主要的病害，而且生理小种众多，抗病育种非常复杂。与国外相比，我国甜瓜白粉病小种鉴定工作相对滞后，对鉴别寄主也缺乏统一的引进和整理。20 世纪 20 年代，美国开始抗白粉病育种研究，从印度等国引进了许多的野生抗性种质资源，对其国内的病原菌及生理小种进行了广泛透彻的研究，日本在甜瓜白粉病的生理小种鉴定方面研究的比较深入，对小种的种类、致病性及分布都做了全面细致的研究，而且已经选育出了许多抗白粉病小种的品种。

甘肃省农业科学院蔬菜研究所在甘肃省的甜瓜主产区，选定了 5 个县区，采集了不同气候类型下的甜瓜白粉病样本，分别代表了河西走廊干旱区（金塔县）、中部半干旱地区（靖远县、永靖县、皋兰县）及亚热带湿润区（陇南市）的气候类型，并且采用国际通用的 13 份甜瓜白粉病鉴别寄主，利用人工接种鉴定的方法，对来自 5 个县区的 10 份甜瓜白粉病菌进行了鉴定，通过这些材料，确定了甘肃省主要的白粉病的生理小种。初步确定了甘肃省甜瓜主产区的白粉病菌主要为瓜单囊壳白粉菌的 2 个生理小种，即小种 1 和 2France，优势生理小种是小种 1。另外在靖远县鉴定出生理小种 7，为国内初次报道的甜瓜白粉病生理小种。

3. 生物技术的应用

近年来，由于国内保护地甜瓜面积的逐年扩大，为白粉病病原菌的活体越冬提供了极大的便利，致使白粉病已成为我国甜瓜栽培过程中的主要病害，给生产造成了巨大损失。白粉病使甜瓜果实不能正常成熟，严重影响了瓜的品质和产量，大大降低了甜瓜生产的经济效益。针对这一情况，甘肃省农业科学院蔬菜研究所的科研人员与有关单位合作，应用现代生物技术方法 RNA 干扰（RNA interference，RNAi），使已经获得的甜瓜 *MLO* 基因表达沉默，结合实验室筛选和田间鉴定从而获得具有广谱和持久白粉菌抗性且农艺性状优良的甜瓜创新种质资源材料，应用这些材料通过杂交育种方法选育出既适宜露地早熟栽培，又适宜日光温室反季节生产的优质特色抗病甜瓜新品种。

另外，甘肃农业大学的科研人员利用分子标记技术，在现有抗病甜瓜材料中寻找抗白粉病的基因，并将其转入优良育种材料中，以期筛选出综合农艺性状优良、又高抗甜瓜白粉病的新品种。

通过基因克隆及 RNAi、分子标记辅助育种技术，可以在 3～4 年内完成过去通过常规育种十几年才能完成的抗白粉病育种种质资源创新，而且可以获得广谱、持久抗性材料，从根本上解决甜瓜白粉病对甘肃省甜瓜产业发展的为害。

（三）存在问题与发展对策

1. 种质资源匮乏地方品种遗失

甘肃省作为甜瓜的主要发源地，历史上属于重要的甜瓜产区，哈密瓜、白兰瓜、薄皮甜瓜资源丰富，地方品种多样。但是随着杂交品种的逐步推广，一些含有优良抗性基因的农家品种逐步被杂交一代品种取代。这些杂交一代品种，遗传背景狭窄，抗病基因单一，育种者过分强调了品质或者产量等单一性状，而忽略了生态多样性的综合评价选择。现实情况是，近年来，甘肃省甜瓜枯萎病、白粉病发病率呈上升趋势。因此广泛搜集引进抗病种质资源，通过生物技术结合杂交育种，开展聚合育种，创制优良抗性种质应该是甘肃省今后一段时间的主要育种目标。

2. 科研经费投入不足、育种手段落后

甘肃省近年来大多品种来源于公司或者企业自主研发，省级育种单位由于经费所限，不能连续性开展育种工作，项目经费仅能维持基本的研究方向，在资源搜集、种质创制、品种选育方面，缺乏持续有力的支持。育种团队人员流失严重，创新乏力，是甘肃省甜瓜育种工作者面临的主要难题。相比其他省份对于基础研究的重视，甘肃省没有一个专业的省级重点瓜类基础研究实验室，基础研究落后，仅靠“一把尺子一杆秤”开展育种工作，效率低下，大多数依靠少量的骨干材料进行重复的组合配比，难以创新出具有区域优势和地方特色的好品种。

我国目前的科技体制下，育种工作是一项公益事业，需要政府持续稳定的经费支持和人员投入，没有长期的工作积累就不会有突破性的品种。在政府持续稳定的经费支持的同时，育种工作也要积极走进生产、走向市场，进一步拓宽经费来源和渠道，改善育种科研条件和手段。要从市场需求和生产实际确定育种目标，充分发挥科研院所的人才和资源优势及种子企业的市场和资金优势，加大合作创新力度，让市场反哺育种，使育种工作走向良性循环。

3. 对于产业的重视程度不够，推广体系不健全

白兰瓜作为甘肃省最为特色的农产品，曾经享誉全国，甚至出口海外。但是随着品种退化和栽培区域的萎缩，使得白兰瓜的栽培区域从兰州市向北推进。由于河西地区强烈的光照条件和沙化地质因素，加速了白兰瓜的品种演变和抗性退化。主要表现为皮色变粗加网，肉质纤维增加，糖分有余香味不足，抗性退化不耐贮运。由于各种原因，白兰瓜提纯复壮工作一直没有引起相关单位的足够重视，使得这一兰州市曾经的名片逐渐淡出了国人的视线。

下一步，要重视兰州市白兰瓜的提纯复壮工作和生产基地建设工作，加强组织领导，优化产业布局，让兰州市白兰瓜这张名片再次靓丽。

二、种质资源创新

（一）甜瓜种质资源概况

甜瓜（*Cucumis melo* L.），别名香瓜、脆瓜、果瓜、哈密瓜，为葫芦科甜瓜属一年生蔓性草本植物，染色体数 $2n\times2=24$。果实营养丰富，是一种色、香、味俱佳的世界性重要水果，以鲜食为主，也可进行加工制作成瓜干、瓜脯、瓜汁、瓜酱及腌渍品等，中国、俄罗斯、西班牙、美国、伊朗、意大利、日本等国普遍栽培，以中国产量最高。

1. 甜瓜起源与分类

甜瓜（*Cucumis melo* L.）为著名植物分类学家林奈于1753年首次定名。同期定名的甜瓜近缘植物还有观赏甜瓜（*C. dudaim*）、蛇形甜瓜（*C. melo* var. *flexuosus*）和野生甜瓜（*C. chate*）。

此后，1784年桑伯格（Thunberg）、1805年威尔德洛（Willdelow）、1828年塞林格（Seringe）、1832年雅坎（Jacquin）等又分别发现并定名了东方甜瓜（*C. melo* var. *conomon*）、毛甜瓜（*C. melo* var. *pubescens*）、网纹甜瓜（*C. melo* var. *reticulatus*）、粗皮甜瓜（*C. melo* var. *cantalupensis*）、马尔他甜瓜（*C. melo* var. *maltensis*）；普通甜瓜（*C. melo* var. *vulgaris*）、凤梨甜瓜（*C. melo* var. *saccharinus*）、冬甜瓜（*C. melo* var. *indorus*）。

1859年，法国瓜类专家罗典（Naudin，1815—1899）第一个对甜瓜进行了系统的分类，将甜瓜分为10个类群（tribe，相当于分类学上的变种variety）。

（1）凤梨甜瓜 *C. melo* var. *saccharinus*。

（2）粗皮甜瓜 *C. melo* var. *cantalupensis*。

（3）网纹甜瓜 *C. melo* var. *reticulatus*。

（4）冬甜瓜 *C. melo* var. *indorus*。

（5）蛇形甜瓜 *C. melo* var. *flexuosus*。

（6）野生甜瓜 *C. melo* var. *agrestis*。

（7）柠檬甜瓜 *C. melo* var. *chito*。

（8）观赏甜瓜 *C. melo* var. *dudaim*。

（9）红皮甜瓜 *C. melo* var. *erythraeus*。

（10）酸甜瓜 *C. melo* var. *acidulus*。

罗典的分类是对前人的总结，包括了世界上主要的甜瓜类群，因此沿袭至今，一直为人们所公认。但罗典分类中将没有根本差别的凤梨甜瓜与网纹甜瓜划分为两大类群较为不妥。但在罗典之后，苏联、东欧学者相继对甜瓜分类提出了不同的观点。他们分类法的主要特点是提高了甜瓜的分类地位，将甜瓜类植物独立成一个属，下分若干种或亚种、多个变种，他们分类法的主要依据是甜瓜的演化历程和地理生态起源及农业生物学特性。但是却忽视了甜瓜类植物大量种质资源之间没有任何生殖隔离、可以任意相互杂交、染色体数相等最本质的遗传共性，而这也正是划分种（species）的主要标准。因此，他们的分类没有得到世界其他地区学者的认同。

近代，随着研究手段的现代化及人们搜集种质资源的广泛与深入，通过多方面研究对甜瓜分类提出了新的论点。其中最有代表性的是美国的威特克和日本著名甜瓜专家藤下典之。他们分类的突出优点在于，既继承了罗典分类法中的合理部分，又在现在研究的基础上弥补了罗典的不足，增加了新的研究成果。

我国地域辽阔，气候多样，属于中亚生态型的新疆维吾尔自治区、甘肃省自古是厚皮甜瓜的产区，华北、东北、华中是薄皮甜瓜的产区，甜瓜的类型、品种十分丰富。我国农业工作者根据植物学、生态学、农业生物学特征特性，将甜瓜分为两大类，即厚皮甜瓜和薄皮甜瓜。厚皮甜瓜包括起源于中亚、东南亚、西亚，现在广泛分布于亚洲、欧洲、美洲、大洋洲的网纹甜瓜、橙皮甜瓜和冬甜瓜等。

2. 甜瓜种质资源的分布

随着现代人们的频繁交往、交换和搜集，甜瓜的种质资源在不同地区之间广为交流。但是，甜瓜野生种和地方品种都是在特定的生态条件下演化形成的，因此有相对集中的分布区域。

藤下典之分类中的各种变种甜瓜的大致分布如下。

（1）网纹甜瓜：原产中亚，在欧洲分化出多个品种，主要分布于欧洲各国、日本、美国、中亚各国（包括我国新疆维吾尔自治区）。网纹甜瓜生育期较长、雄花两性花同株，果肉厚，绿色或橙色，可溶性固形物含量高，可超过 20%，果肉软或脆，口味极甜，耐贮藏运输，香气不浓或无香气。

（2）冬甜瓜：主要分布于美国、我国新疆维吾尔自治区和甘肃省及中亚。生长势旺盛，生育期较长。性型为雄花两性花同株。果大，圆形或椭圆形。果肉成熟后变软而多汁。果皮光滑无网纹，白色或有网纹。果实耐贮藏性好，缺乏香气。种子大。

（3）粗皮甜瓜：原产西南亚，现在主要分布于南欧各国和美国、澳大利亚，是这些国家的主栽品种，多为早熟、中熟品种。性型为雄花两性花同株。果实圆形或近圆形、果皮黄褐色，表面粗糙，有突起的组网纹或瘤状物，多有 10 条浅沟。果肉多为橙色，肉质软而多汁，可溶性固形物含量中等。多有异香，瓜熟蒂落。

（4）薄皮甜瓜：原产我国，主要分布于我国，朝鲜和日本也有栽培。我国自古广泛栽培，品种繁多。生育期较短，果实较小，多 0.5kg 以下。果皮白色、绿色、黄色或间具各色条斑。果面光滑，有的品种有浅沟。果肉脆质或粉质（面），香气浓郁，瓜熟蒂落。

（5）越瓜：原产我国，是甜瓜中与薄皮甜瓜的次生起源地相同、亲缘关系最近的变种，主要分布于我国华北、华中、华南及南亚，日本和朝鲜也有栽培。生长势旺盛，多雌雄异花同株。果实长圆筒形或长椭圆形，0.4～3kg。果皮白色、绿色或有深绿色条纹。果面光。果肉白色或浅绿色。含糖量很低，味淡，无香气。肉质酥脆或较致密，可供生食，做凉菜、炒食或腌渍。

（6）观赏甜瓜：原产西亚或北非，各国栽培较少，我国有少量栽培供观赏。生长势较弱，叶较小而茸毛较多，多雌雄异花同株。单性结实力强，果实小，100～150g，深黄色，圆形或近圆形，果面光滑，成熟后散发出浓郁的芳香。

（7）毛甜瓜：原产南亚至西亚，现在在印度、巴基斯坦等南亚国家种植，我国新疆维吾尔自治区有少量栽培。生长势旺盛。性型为雌雄异花同株。茎、叶和果实上密布茸毛。种子大，果实长椭圆形，重3～4kg，成熟后粉碎状开裂，没有香气，以嫩果炒食。

（8）*Seikan melo*：原产东亚，朝鲜和我国有栽培。植物学性状类似薄皮甜瓜。种子小，如芝麻粒形。

（9）蛇形甜瓜：原产伊朗、阿富汗等中亚和近中东国家，这些国家现有栽培。生长势强，叶大，雄花两性花同株。果实圆筒状，弯曲细长可达1.6m，重2～3kg。果皮无裂纹，微有棱。成熟后果肉松软，味淡，含糖量低，无香气。嫩果肉质脆，可炒食或腌渍。

（10）野生甜瓜或杂草甜瓜：甜瓜的初生起源地是非洲中部的干旱荒漠，在那里有甜瓜的原始野生祖先。自1753年林奈在《植物种志》中第一次报道野生甜瓜以来，罗典、德坎道尔曾报道在非洲尼罗河流域有甜瓜的野生和半野生种。200多年来，许多研究者先后在非洲、亚洲、欧洲的近30个国家发现了野生甜瓜和杂草甜瓜，我国山东省、四川省、河北省、陕西省、河南省、新疆维吾尔自治区等地都有发现，多数被认为是栽培甜瓜的逸散野外、长期野生化而形成的杂草甜瓜（返祖）。野生甜瓜或杂草甜瓜的植株抗病性很强，茎细长，叶小，各器官都小。多为完全花株型，每节都可发生结实花结实，单株可结果几十至上百个。果实小（10～70g），果径3～6cm，果实表面光滑，成熟后黄绿色，果肉极薄（1～2mm），味酸涩，可溶性固形物含量很低。未成熟的幼果胎座有强烈的苦味。

尽管甜瓜在世界各地分布广泛，但各变种有相对集中的分布地域，其中变种类型最多、品种最丰富的地区是我国、印度和中亚各国。这些地区过去是甜瓜的原产地，如今也是甜瓜的重要产区。

（二）甜瓜种质资源创新与利用

随着市场的变化及栽培条件、栽培技术的改进，现代园艺作物育种所要改良的目标性状也在不断变化，除了对丰产、抗病、质优、早熟性状越来越具体以外，又提出了一些新的目标。而种质资源是育种工作的基础，进行种质资源的更新也是大势所趋。种质资源创新的途径包括三方面：一是育种过程中产生的新品系、品种及种质材料；二是天然变异，即通过天然杂交及自然突变所产生的新类型和新物种；三是通过远缘杂交、组织培养、染色体工程、基因工程等多种手段综合种属间优良性状，形成育种工作者可利用的新的种质资源及栽培植物品种和类型。

甜瓜种质资源的创新是在原有甜瓜资源的基础上，利用远缘杂交、胚挽救技术、体细胞杂交、体细胞无性系变异、基因工程、辐射诱变、航空诱变等技术和手段来进行品种的改良。

1. 远缘杂交

远缘杂交具有能创造新的作物类型、能利用异属和异种的特殊有利性状、能丰富甜瓜种质资源作物的变异类型、创造新的雄性不育源、探索研究生物进化等重要意义。因此，远缘杂交在园艺作物遗传育种中被广泛应用。厚皮甜瓜种质具有薄皮甜瓜种质所不具备的多种抗性资源，含糖量高、果实膨大速度快、耐弱光能力强、肉质颜色鲜艳等。它们存在地理远缘关系，厚皮甜瓜与薄皮甜瓜进行种内杂交，可拓宽种质，合成新的杂种优势群。研究表明，厚皮甜瓜种质不能直接被用来与薄皮甜瓜配制杂交种，直接配成的杂交种，其果肉厚、熟期晚，也会失去薄皮甜瓜特有的风味。厚皮甜瓜种质需经过改良，利用改良后具有多生态血缘的骨干自交系与薄皮甜瓜材料进行种间杂交，可采取杂交（薄皮×厚皮）、三交（薄皮×厚皮）×薄皮、回交（厚皮×薄皮 2）3 种杂交方式。经品种间杂交，成功获得了一批带有厚皮甜瓜血缘的凤梨型和薄厚中间型骨干系（李德泽等，2006）。东北农业大学西甜瓜育种研究室利用 T02-1（选自美国引进的厚皮甜瓜）×T02-16（选自农家品种小白瓜种）获得了优质、高产的薄厚中间型甜瓜东甜 001。

育种者总是首先采用最容易获得的种内变异作为改良基础。然而在育种实践中种内变异有时并不能提供栽培品种所急需的抗病或抗逆性，如对甜瓜的根结线虫的抗性等。这时，通过种间杂交从野生种中引入种间变异就非常重要了。同时，通过种间杂交及随后的染色体加倍，还可以获得异源多倍体。从基因组构成上讲，成功地培育一个异源多倍体，实际上就是合成了一个过去不存在的新型物种，其意义是非常深远的（陈劲枫等，2004）。Chen 等（1994）在我国云南省发现并采集到 1 个甜瓜属珍稀野生种 *C. hystrix* Chak.。这个野生种在形态上与黄瓜比较一致，但染色体数却与甜瓜相同，通过同工酶分析发现尽管这个野生种与栽培黄瓜具有不同数目的染色体，但两者却有相对较近的亲缘关系（Chen et al.，1997），Chen 等（2003）利用这种特殊亲缘关系实现染色体 $2n$=14 和 $2n$=24 之间的种间杂交。由于种间杂交 F_1 代植株具有单数染色体 $2n$=19，没有育性，Chen 和 Kirkbride（2000）对染色体进行了加倍，获得 $2n$=38 的异源四倍体（allotetraploid）植株，创造了新物种。这个新物种可被用作桥梁，目标是将野生种中有价值的性状转移到商业化生产的甜瓜和黄瓜中（陈劲枫，2008）。

2. 胚挽救技术

王爱云等（2006）指出，胚挽救技术是指在受精完成后易发生胚败育的杂种胚，在其停止发育前将其与母体分离，进行人工培养而获得杂种植株的技术。根据外植体的不同，胚挽救技术包括子房培养、胚珠培养和胚培养。由于试验条件的限制及远缘杂交胚比正常胚弱小等，很难从子房中直接剥离出幼胚进行胚培养。而且子房培养与胚珠培养和胚培养相比，实验操作较为简便，而且能够获得比较满意的结果，因此，子房培养应用相对要广泛一些。庄飞云等（2006）将 CCl（华南型黄瓜 *C. sativus i.*，$2n$=14）与 C1-33（甜瓜属人工异源四倍体的一个株系，$2n$=38）进行杂交，获得了 3 个果实，其中 1 个果实含有大约 180 个胚，胚胎拯救成活率接近 80%，染色体数为 26 条，为异源三倍体。

3. 体细胞杂交

体细胞杂交又称原生质体融合，是指两种原生质体（去掉了细胞壁的细胞）间的杂交，它不是雌雄配子间的结合，而是具有完整遗传物质的体细胞之间的融合。因此，杂交的产物——异型核细胞或异体核中将包含双亲体细胞中染色体的总和及全部细胞质。原生质体融合的方法由最初的 $NaNO_3$ 法，至后来的钙离子高 pH 法、PEG 法及最近的电融合法、琼脂糖融合法，融合效率不断提高，尤其是电融合法已获得了相当广泛的应用。在原生质体培养的基础上，通过原生质体融合的方法可使亲缘关系较远物种间的基因得到重组，既可以克服自然条件下有性杂交的局限，也可以在遗传背景尚未明确的情况下，重组或转移单基因或多基因控制的性状，从而为植物种质创新和品种改良开辟新的技术途径。葫芦科植物研究中，通过原生质体培养获得再生植株的研究较多，而研究原生质体融合的报道较少。李仁敬等（1994）将新疆甜瓜与西瓜原生质体通过 PEG 介导，在高 Ca^{2+} 和高 pH 条件下融合，得到了远缘属间体细胞杂种，进一步培养获得了融合愈伤组织。张兴国等（1998）用相似的方法将黄瓜和南瓜原生质体融合获得了体细胞杂种愈伤组织。林伯年（1994）通过原生质体电融合技术，获得了两种不同甜瓜原生质体融合愈伤组织，遗憾的是均未能获得杂种再生植株。由于体细胞的不亲和性，甜瓜×黄瓜的体细胞杂种细胞在愈伤组织阶段就停止了分裂（Jarl et al.，1995）。

4. 体细胞无性系变异

植物细胞或原生质体经愈伤组织再生植株的过程可能伴随着广泛的变异，这种变异称体细胞无性系变异。组织培养获得的再生植株中存在着丰富的遗传变异，这些变异的产生是由于组织培养改变了正常的细胞分裂周期，异染色质 DNA 复制延迟，从而在细胞分裂过程中使带有异染色质区的染色体发生了断裂，染色体发生畸变，诱发转座因子这些变异可能是原来自然界不存在的可遗传变异，可用于作物的遗传改良。另外利用组织培养可严格控制环境条件的优势，模拟各种自然灾害条件，如控制培养基中盐的浓度、酸碱性或添加对作物为害大而且流行的病菌毒素等，利用这些特异性选择培养基，筛选出抗自然灾害、抗药或抗病的细胞系或再生株，作为作物遗传改良宝贵的资源。组织培养过程中的无性系体细胞变异出现自然加倍获得四倍体再生植株具有成功率高、可一定程度避免嵌合体的产生及条件易调控等优点（Sauton，1990；Fassuliot et al.，1992）。贾媛媛等（2009）通过未成熟胚子叶的组织培养创造体细胞无性系变异，诱导出了齐甜 1 号的同源四倍体甜瓜，激素质量浓度以 BA 3.0mg/L 为佳，加倍率为 14.3%。

5. 基因工程

甜瓜基因工程是利用分子克隆技术，分离、提取或人工合成具有抗病、抗虫、提高品质等某一特性的基因片段，并利用根癌农杆菌介导或基因枪等技术转入甜瓜植株，可获得前所未有的甜瓜新种质，这是拓宽种质资源范围的一条有效途径。Ayub 等（1996）首次将反义 ACC 氧化酶基因转入 Charentais 甜瓜，果实采前仅为对照的 1%，证实乙烯的产生被阻断，延长了货架期和改善了品质。

6. 辐射诱变

辐射诱变可作为直接育种手段，利用少数性状的突变，在较短时间育成新品种，同时也可利用诱发的特殊变异类型，丰富育种种质资源。其具体做法是利用诱变因素，诱发甜瓜遗传基因的突变，获得常规育种方法难以得到的变异类型，之后结合田间常规育种方法，经鉴定、淘汰、选择、多代自交，将变异类型固定为具有某种优良性状的新材料，最后，选配杂交组合培育新品种。在甜瓜育种实践中，辐射诱变技术与常规育种相结合，效果显著，其中辐射诱变的方法有以下 3 种应用较多：利用 ^{60}Co-γ 射线辐射、重离子辐射育种和航空诱变。

7. 航空诱变

随着育种手段的提高，航空诱变（空间诱变）作为高科技时代的产物，已经被运用于多个科研领域。吴明珠等于 1996 年将甜瓜皇后 92 纯系干种子搭载于返地球卫星上，在空间飞行 15 天，随后经过多代选育及品系比较试验，最后选育出抗病自交系皇后 97 系，综合性状（单瓜重、可溶性固形物含量、肉质风味）都优于对照皇后 92，并且通过选配组合，培育出新品种金龙。朱方红等（2000）对一个薄皮甜瓜进行了航空诱变，诱变后成苗率提高了 3%，生长势加强，单瓜重提高了 17.3%。王双伍等（2010）经航天搭载的 4 个纯系甜瓜种子，在 8 代的品比筛选和 2 代的抗性筛选后得到了在早熟、产量、抗病性等目的性状上明显优于对照的两个材料，并加以利用。

甘肃省是我国最古老的甜瓜栽培区域，长期以来，引进、培育、驯化了许多的地方品种，这些品种具有良好的适应性、抗病性、丰产性。但是随着栽培代数的增多，许多地方品种开始退化，个别种质资源甚至遗失。为此，甘肃省农业科学院蔬菜研究所作为甘肃省主要瓜菜育种单位，搜集整理了许多甘肃省地方品种，现将主要的特色地方品种分述如下。

（三）甘肃省甜瓜地方品种整理

1. 甘肃省主要薄皮甜瓜地方品种

1）榆瓜

栽培历史：农家品种。

分布地区：民勤县。

特征：植株生长势中强。叶大，肾形，绿色，子蔓、孙蔓坐瓜，以嫩瓜采收，每株可结多个。平均单瓜重1kg左右，瓜椭圆形，纵径21cm、横径13cm，果形指数1.61，表皮灰绿色，上有10绿色细条，老熟后出现粗网纹，脐小，嫩瓜皮薄，种瓜皮部加厚，嫩瓜肉绿白色。老熟后浅橘色，厚3.5cm左右。果不易脱把。种子腔大，种子易离瓤。种子大，浅黄色，平均千粒重58.5g。

特性：早熟，出苗后80多日开始采收。嫩瓜质脆，汁中多微甜，老熟后质柔，汁多，微香，含糖量6%～8%，品质下。瓜子耐贮，植株抗寒，抗病力较强。平均亩产量2000多千克。一般不行整枝。

2）麻皮面儿瓜

栽培历史：农家品种。

分布地区：陇西县、天水市（市辖区、甘谷县）有少量栽培。

特征：植株生长势中强。叶中大，心脏形，绿色，孙蔓、子蔓坐瓜，每株2～3个。平均单瓜重0.5kg左右，瓜椭圆形，纵径20cm、横径11cm，果形指数1.82，表皮绿黄色至黄绿色，密布深绿色细点及10绿色细条，脐中大，瓜皮薄，肉浅橘色，厚2.3cm左右。果不易脱把。种子腔大，种子易离瓤。种子大，黄白色，平均千粒重44g。

特性：早熟，出苗后80多日开始采收。果肉质粉面，汁少，芳香，含糖量7.5%～11.5%，品质中下。果实成熟即开裂，不耐贮运。

3）软美

栽培历史：20世纪30年代从陕西省引入甘肃省栽培。

分布地区：天水市（市辖区、泰安县）、庄浪县。

特征：植株生长势中强，叶中大，浅五角心脏形，深绿色，子蔓坐瓜，每株2～3个。平均单瓜重0.8kg左右，瓜椭圆形至长卵形，纵径22cm、横径10.5cm，果形指数2.09，表皮光滑，乳白色，阳面显黄晕，脐中大，瓜皮薄，肉白色，厚

2～3cm。果易脱把。种子腔大，种子易离瓤。种子小，平均千粒重 18.5g。

特性：早熟，出苗后 80 多日开始采收。果肉质软绵，汁中，芳香，含糖量 10%左右，品质中。瓜不耐贮运，抗旱力强，较抗病。平均亩产量 1000 多千克。

4）绿香瓜（白瓜子）

栽培历史：农家品种。

分布地区：兰州市、临洮县、武威市。

特征：植株生长势中等。蔓细，叶小，五角心脏形，深绿色，子蔓、孙蔓坐瓜，每株 2～3 个。平均单瓜重 0.4kg 左右，瓜卵圆形，纵径 12cm、横径 8cm，果形指数 1.5，表皮光滑，浅绿色或黄绿色，脐小，瓜皮薄，肉浅绿色，厚 1.5～1.8cm。果易脱把。种子腔大，种子易离瓤。种子中小，黄色，平均千粒重 18g。

特性：早熟，出苗后 85 日开始采收。果肉质柔，汁中，芳香，含糖量 8%左右，品质中。瓜不耐贮，抗病力较强。平均亩产量 850～1000kg。

5）黄香瓜

栽培历史：农家品种。

分布地区：兰州市、临夏回族自治州、甘谷县。

特征：植株生长势中强。叶中大，五角心脏形，深绿色，子蔓、孙蔓坐瓜，每株 2～3 个。平均单瓜重 0.4kg 左右，瓜卵圆形，纵径 13cm、横径 8cm，果形指数 1.62，表皮光滑，黄色，脐小，瓜皮薄，肉绿白色，厚 2cm 左右。果不易脱把。种子腔大，种子易离瓤。种子中小，黄色，平均千粒重 17.5g。

特性：早熟，出苗后 85 日开始采收。果肉质略脆，汁中，微香，含糖量 9%左右，品质中上。瓜不耐贮，抗病力较强。平均亩产量 850kg 左右。

6）灯笼红

栽培历史：20 世纪 30 年代从山东省引进甘肃省泾川县栽培。

分布地区：宁县、平凉市（市辖区、泾川县）。

特征：植株生长势中强。叶小，浅五角心脏形，深绿色，孙蔓、子蔓坐瓜，每株 4～5 个。平均单瓜重 0.2～0.3kg。瓜长卵形，微显十棱，纵径 11cm、横径 8cm 左右，果形指数 1.38，表皮光滑，暗绿色，显棕红晕，完熟后全皮呈橙黄色，脐中大，瓜皮薄，肉橘红色，厚 1.2～1.8cm。果易脱把。种子腔大，种子易离瓤。种子小，浅黄色，平均千粒重 15g。

特性：中熟，出苗后 90 多日开始采收。果肉质微脆，过熟即粉，汁中，芳香，含糖量 11%左右，品质中上。瓜不耐贮，抗病力中强。平均亩产量 1000 多千克。

7）花皮梨瓜

栽培历史：栽培已 60～70 年。

分布地区：酒泉市。

特征：植株生长势中强。叶中大，肾形，深绿色，孙蔓、子蔓坐瓜，每株2～3个。平均单瓜重0.25kg左右，瓜卵圆形，微显10弱瓣，纵径15cm、横径11cm，果形指数1.36，表皮底色黄绿，上有10深绿色条斑，脐中大，瓜皮薄，肉近皮部绿色，靠瓤部橘色，厚1.5cm左右。果不易脱把。种子腔大，种子易离瓤。种子小，浅黄色，平均千粒重19g。

特性：中熟，出苗后90多日开始采收。果肉质粉绵，汁少，微香，含糖量10%～12%，品质中上。瓜不耐贮，抗病力中强。平均亩产量1500kg。

8）白棒子（一包糖）

栽培历史：栽培已70多年，近年栽培很少。

分布地区：兰州市。

特征：植株生长势较强。叶中大，五角心脏形，深绿色，孙蔓、子蔓坐瓜，每株2个。平均单瓜重0.35～0.6kg，瓜短筒形，纵径16cm、横径9cm，果形指数1.78，表皮光滑，乳白色，脐中大，瓜皮薄，肉白色，厚2cm。果不易脱把。种子腔大，种子易离瓤。种子小，浅黄色，平均千粒重14g。

特性：中熟，出苗后100多日开始采收。果肉质脆，汁多，微香，含糖量11%～13%，品质上。瓜不耐贮，抗病力中。平均亩产量1000kg。

9）脆瓜

栽培历史：从陕西省引进栽培10余年。

分布地区：平凉市（市辖区、泾川县）、宁县、庆城县、环县。

特征：植株生长势中强。叶中大，五角心脏形，深绿色，孙蔓、子蔓坐瓜，每株2～3个。平均单瓜重0.25～0.35kg，瓜长卵形，纵径10.5cm、横径7.5cm，果形指数1.40，表皮光滑，灰黄绿色，上有10绿色细线条，脐小，瓜皮薄，肉浅绿色，厚1.4cm左右。果不易脱把。种子腔大，种子易离瓤。种子中小，黄白色，平均千粒重20g。

特性：中熟，出苗后100多日开始采收。果肉质略脆，过熟即柔粉，汁中，香，含糖量11%～12%，品质中上。瓜不耐贮，抗病力中。平均亩产量1000kg左右。

10）竹叶青

栽培历史：从宁夏回族自治区中卫市引进。

分布地区：古浪县有少量栽培。

特征：植株生长势中强。叶中大，浅五角心脏形，深绿色，孙蔓、子蔓坐瓜，每株2～3个。平均单瓜重0.3～0.35kg。瓜长卵形，纵径11cm、横径7.5cm，果形指数1.46，表皮光滑，灰绿色，上有10绿色浅条，脐小，瓜皮薄，肉浅绿色，厚1.6cm左右。果不易脱把。种子腔大，种子易离瓤。种子中小，黄色，平均千粒重20g。

特性：中熟，出苗后100多日开始采收。果肉质略脆，汁少，香，含糖量12%左右，品质中上。瓜不耐贮，抗病力中。

11）十瓣子

栽培历史：农家品种，已逐步淘汰。

分布地区：兰州市。

特征：植株生长势强。叶中大，五角心脏形，深绿色，子蔓、孙蔓坐瓜，每株2～4个。平均单瓜重0.25～0.4kg，瓜卵圆形，具10浅沟，纵径11.5cm、横径9.5cm，果形指数1.21，表皮光滑，灰黄绿色，阳面显黄晕，脐小，瓜皮薄、韧，肉绿色，厚1.4cm。果不易脱把。种子腔大，种子易离瓤。种子中小，白色，平均千粒重19g。

特性：中熟，出苗后100多日后开始采收。果肉质柔粉，汁少，略香，含糖量8%，品质下。瓜不耐贮，抗病力较强。平均亩产量1000kg。

12）金塔寺

栽培历史：栽培已200年以上。

分布地区：兰州市。

特征：植株生长势较强。叶中大，五角心脏形，深绿色，子蔓、孙蔓坐瓜，每株2～4个。平均单瓜重0.3～0.35kg，瓜卵圆形，微显8～10纵沟，脐大，突出，纵径12cm、横径8cm，果形指数1.5，表皮光滑，灰绿色，瓜皮薄，肉绿色，厚1.5cm左右。果不易脱把。种子腔大，种子易离瓤。种子极小，金黄色，平均千粒重10g。

特性：中熟，出苗后100多日开始采收。果肉质脆，汁多，微香，含糖量11～13%，品质上。瓜不耐贮，抗病力中强。平均亩产量1000kg左右。

13）金蛤蟆

栽培历史：栽培已70年以上。

分布地区：兰州市有少量栽培。

特征：植株生长势中强。叶中大，浅五角心脏形，深绿色，孙蔓、子蔓坐瓜，每株2～3个。平均单瓜重0.5kg左右，瓜长卵形，纵径16cm、横径9.5cm，果形指数1.68，表皮光滑，浅绿色，上有10黑绿色宽断续条斑，脐大，瓜皮薄，肉绿色，厚2cm左右。果不易脱把。种子腔大，种子易离瓤。种子极小，金黄色，平均千粒重8.8g。

特性：晚熟，出苗后110多日开始采收。果肉质粉绵，汁中，微香，含糖量11%，品质中。瓜不耐贮，抗病力中。平均亩产量1000kg左右。

14）黑蛤蟆

栽培历史：从宁夏回族自治区中卫市引入，栽培已久。

分布地区：古浪县。

特征：植株生长势强。叶中大，五角心脏形，深绿色，子蔓、孙蔓坐瓜，每株 2～3 个。平均单瓜重 0.5kg 左右，瓜卵圆形，纵径 11cm、横径 9cm，果形指数 1.22，表皮黄绿色，上有 10 黑绿色断续宽条斑，脐中大，瓜皮薄，肉近皮部绿色，近瓤部橘色，厚 2.3cm。果不易脱把。种子腔大，种子易离瓤。种子中大，浅黄色，平均千粒重 20g。

特性：晚熟，出苗后 110 多日开始采收。果肉质粉绵，汁中，芳香，含糖量 12%左右，品质中上。瓜不耐贮，抗病力中等。平均亩产量 15 000kg 左右。

15）青皮梨瓜

栽培历史：20 世纪 40 年代从天津市引入。

分布地区：酒泉市。

特征：植株生长势较强。叶小，五角心脏形，深绿色，子蔓、孙蔓坐瓜，每株 2～3 个。平均单瓜重 0.25kg 左右，瓜卵圆形，纵径 12cm、横径 8cm，果形指数 1.5，表皮平滑，灰绿色，上有 10 绿色细条，脐小，瓜皮薄，肉浅绿色，厚 2cm 左右。果不易脱把。种子腔大，种子易离瓤。种子小，黄白色，平均千粒重 16g。

特性：晚熟，出苗后 110 多日开始采收。果肉质脆，过熟即粉绵，汁少，微香，含糖量 10%～13%，品质中上。瓜不耐贮。平均亩产量 1000kg 左右。

16）白脆皮

栽培历史：从陕西省引进，栽培已 60 多年。

分布地区：天水市（市辖区、秦安县）。

特征：植株生长势强。叶中大，五角心脏形，深绿色，子蔓、孙蔓坐瓜，每株 2～4 个。平均单瓜重 0.25～0.5kg，瓜卵圆形，纵径 12cm、横径 9.5cm，果形指数 1.26，表皮光滑，乳白色，脐小，瓜皮薄，肉白色，厚 2cm 左右。果不易脱把。种子腔大，种子易离瓤。种子小，白色，平均千粒重 12g。

特性：晚熟，出苗后 110 多日开始采收。果肉质脆，汁多，微香，含糖量 12%～13%，品质上。瓜不耐贮，抗病力强。平均亩产量 500 多千克。

17）胀死狗

栽培历史：栽培有 10 余年，现已逐步淘汰。

分布地区：兰州市、平凉市有少量栽培。

特征：植株生长势强。叶中大，浅五角心脏形，深绿色，子蔓、孙蔓坐瓜，每株 1～2 个。平均单瓜重 1.5kg 左右，瓜椭圆形，纵径 20cm、横径 14cm，果形指数 1.43，表皮黄绿色。完熟后转黄，光滑，部分上有种疏细网，脐小，皮薄，肉绿白色，厚 3.4cm。果易脱把。种子腔大，种子易离瓤。种子大，黄色，平均千粒重量 47.5g。

特性：中晚熟，出苗后 110 多日开始采收。果肉质略脆柔，汁多，微香，含糖量 10%左右，品质中上。瓜耐贮性中。

2. 甘肃省主要栽培的厚皮甜瓜地方品种

1）急瓜子（黄甜瓜、洋甜瓜）

栽培历史：农家品种。

分布地区：敦煌市、酒泉市（市辖区、敦煌市）、张掖市。

特征：植株生长势中强。叶中大，肾形，深灰绿色，子蔓坐瓜，每株2个。平均单瓜重0.6kg左右，瓜扁圆形至圆形，纵径10～14cm、横径11～15cm，果形指数0.8～0.9。表皮橘黄色，上有10绿色细纵条，部分脐部及炳部疏生细网，脐中大，皮厚0.3cm，肉浅橘色，厚2.5cm。果易脱把。种子腔中大，种子不宜离瓤。种子大，乳黄色，平均千粒重33g。

特性：早熟，出苗后90日左右开始采收。果肉质柔软，多汁，异香，含糖量10%左右，品质中上。瓜不耐贮，抗病力弱。平均亩产量1000多千克。

2）香甜瓜

栽培历史：农家品种。

分布地区：张掖市（市辖区、山丹县、高台县）。

特征：植株生长势中强。叶中大，肾形，绿色，子蔓、孙蔓坐瓜，每株1～2个。平均单瓜重1～1.5kg，瓜椭圆形，显10细凹道，纵径15cm、横径12cm，果形指数1.25，表皮乳黄色，凹道呈浅绿色，脐小，皮厚0.3cm，肉橘色，厚3cm左右。果易脱把。种子腔大，种子不易离瓤。种子大，浅黄色，平均千粒重43g。

特性：早熟，出苗后90多日开始采收。果肉质柔软，汁多，异香，含糖量8%左右，品质中。瓜不耐贮，抗病力较强。平均亩产量1500kg。

3）铁旦子

栽培历史：农家品种。

分布地区：兰州市、定西市（市辖区、临洮县）、敦煌市、金塔县、高台县、临夏回族自治州。

特征：植株生长势中强。叶小，浅五角心脏形，灰绿色，子蔓、孙蔓坐瓜，每株2～3个。平均单瓜重0.5kg左右，瓜圆形，纵径10cm、横径10cm，果形指数1，表皮黄绿色，密生绿色细点，完熟后转黄，脐小，脐部疏生细网，皮硬，厚0.25cm，肉绿白色，厚2cm。果不易脱把。种子腔中大，种子易离瓤。种子大，白色，平均千粒重40g。

特性：中熟，出苗后100多日开始采收。果肉质细，稍脆，汁中，微香，含糖量11%～14%，品质上。瓜耐贮，适应性较强，抗病力较强。平均亩产量500～1000kg。

4）小暑红瓤

栽培历史：20世纪40年代开始栽培。

分布地区：兰州市、临洮县、张掖市有少量栽培。

特征：植株生长势较强。叶中大，心脏形，绿色，子蔓坐瓜，每株 1 个。平均单瓜重 1.5kg 左右，瓜近圆球形，纵径 16cm、横径 15cm，果形指数 1.07，表皮光滑，乳黄色，脐中大，皮厚 0.3cm，肉橘色，厚 3cm 左右。果易脱把。种子腔中大，种子易离瓤。种子大，黄色，平均千粒重 55g。

特性：中熟，生长期 100 多日。果肉质柔软，汁多，微芳香，含糖量 9%左右，品质中上。瓜耐贮性中，抗病力较强。平均亩产量 1250kg 左右。

5）小暑绿瓤（鸡蛋皮）

栽培历史：20 世纪 40 年代开始栽培。

分布地区：兰州市有少量栽培。

特征：植株生长势较强。叶中大，心脏形，绿色，子蔓坐瓜，每株 1 个。平均单瓜重 1.25kg 左右，瓜椭圆形，纵径 13～16cm、横径 11.5cm，果形指数 1.1，表皮光滑，乳白色，脐中大，皮厚 0.3cm，肉浅绿色，厚 2.7cm 左右。果易脱把。种子腔大，种子易离瓤。种子大，黄色，平均千粒重 54g。

特性：中熟，出苗后 100 多日开始采收。果肉质柔软，多汁，微香，含糖量 9%左右，品质中上。瓜耐贮性中，抗病力较强。平均亩产量 1000kg 左右。

6）白兰瓜（曾名华莱士）

栽培历史：1944 年从美国传入，原名 HoneyDew。

分布地区：兰州市、民勤县、安西市、敦煌市、靖远县、皋兰县、张掖市（市辖区、高台县）、金昌市、嘉峪关市。

特征：植株生长势较强。叶中大，浅五角心脏形，绿色，孙蔓坐瓜，每株 1 个。平均单瓜重 1.5～2kg，瓜近圆形，脐部稍凸起，纵径 15～18cm、横径 14～17cm，果形指数 1.07，表皮光滑，乳白色，阳面泛黄晕，脐小，皮厚 0.3cm，肉绿色，厚 3cm 左右。果不易脱把。种子腔中大，种子易离瓤。种子大，黄色，平均千粒重 53g。

特性：晚熟，出苗后 120 日开始采收。果肉质柔软，多汁，芳香，含糖量 12%～14%，品质上。瓜耐贮运，抗病力较强。平均亩产量 1250～2500kg。

7）八棱甜瓜

栽培历史：20 世纪 20 年代开始栽培。

分布地区：张掖市有少量栽培。

特征：植株生长势中等。叶中大，心脏形，深绿色，孙蔓坐瓜，每株 2 个，平均单瓜重 0.5～1kg，瓜扁圆形至圆形，具 8～10 深沟，纵径 10.7～15.3cm、横径 14cm 左右，果形指数 1.36～1.07，表皮浅橙黄色，光滑或具细网纹，脐中大，皮较硬，厚 0.3cm，肉橘色，亦有浅绿色，厚 4cm。果易脱把。种子腔小，种子易离瓤。种子大，浅黄色，平均千粒重 46g。

特性：中熟，出苗后 100 多日开始采收。果肉质柔软，汁中多，芳香，含糖量 8%～105%，品质中上。瓜耐贮性中，抗病力尚强。平均亩产量 1500 多千克。

8）青皮甜瓜

栽培历史：农家品种。

分布地区：山丹县。

特征：植株生长势较强。叶大，浅五角心脏形，深绿色，子蔓、孙蔓坐瓜，每株 1～2 个。平均单瓜重 1kg 左右，瓜椭圆形，具 8～10 浅沟，纵径 17cm、横径 10.6cm，果形指数 1.60，表皮浅深绿色，光滑，脐大，皮厚 0.25cm，肉绿色，厚 2.4cm。果不易脱把。种子腔中大，种子不宜离瓤。种子大，黄白色，平均千粒重 48g。

特性：中熟，出苗后 100 多日开始采收。果肉质柔软，多汁，微香，含糖量 11%左右，品质中上。瓜不耐贮，抗病力中等。平均亩产量 1500 多千克。

9）花皮毛甜瓜

栽培历史：农家品种。

分布地区：金塔县、张掖（市辖区、临泽县、高台县）等地混种于瓜田中。

特征：植株生长势强。叶大，肾形，绿色，子蔓、孙蔓坐瓜，每株 1～2 个。平均单瓜重 1kg 左右，瓜椭圆形，纵径 20cm、横径 13cm 左右，果形指数 1.24，表皮绿黄色，上有深绿色宽条断续花斑，脐小，皮厚 0.3cm，肉橘色或绿色，厚 3cm 左右。果易脱把。种子腔中大，种子不宜离瓤。种子大浅黄色，平均千粒重 59.5g。

特性：中晚熟，出苗后 110 多日开始采收。果肉质柔，汁中，香，含糖量 11%左右，品质中上。瓜不耐贮，抗病力中等。

10）铁皮毛甜瓜

栽培历史：农家品种。

分布地区：高台县、临泽县等地混种于瓜田中。

特征：植株生长势中强。叶中大，肾形，深灰绿色，子蔓坐瓜，每株 1～2 个。平均单瓜重 1～1.5kg，瓜椭圆形，纵径 19～22cm、横径 13cm，果形指数 1.58，表皮乳黄色或黄色，脐小，皮厚 0.3cm，肉橘色，厚 2.8cm。果不易脱把。种子腔大，种子不宜脱瓤。种子大，黄色，平均千粒重 46g。

特性：中晚熟，出苗后 110 多日开始采收。果肉质柔，汁中，香，含糖量 10%左右，品质中上。瓜不耐贮，抗病力中。平均亩产量 2000 多千克。

11）绿皮毛甜瓜

栽培历史：农家品种。

分布地区：瓜州县有少量混种于瓜田中。

特征：植株生长势较强。叶大，浅五角心脏形，绿色，子蔓坐瓜，每株 1 个。平均单瓜重 1.5～2kg，瓜卵圆形，纵径 24cm、横径 18cm，果形指数 1.33，表皮黄绿色，上密生绿色细点，脐小，皮厚0.3cm，肉浅绿色，厚3～4cm。果不易脱把。种子腔中大，种子不宜离瓤。种子大，黄色，平均千粒重52g。

特性：晚熟，出苗后120日开始采收。果肉质松脆，过熟即柔软，汁多，香，含糖量11%左右，品质中上。瓜不耐贮。

12）黄绿皮克克齐

栽培历史：从新疆维吾尔自治区引入，栽培已久。

分布地区：金塔县。

特征：植株生长势强。叶大，肾形，绿色，孙蔓、子蔓坐瓜，每株1个。平均单瓜重2.5kg左右，瓜长卵形至椭圆形，纵径24cm、横径16cm，果形指数1.5，表皮黄绿色，上有细数裂口，脐中大，皮厚0.1cm，肉白色，厚3cm左右。果不易脱把。种子腔小，种子不宜离瓤。种子大，表面不平，黄白色，平均千粒重55g。

特性：中晚熟，出苗后110多日开始采收。果肉质松脆，汁多，清香，含糖量12%～15%，品质上。过熟即变软，耐贮性中。平均亩产量2000多千克。喜空气干燥、日照充足气候，抗病力差。

13）白皮克克齐

栽培历史：从新疆维吾尔自治区引入，栽培已久。

分布地区：金塔县混种于瓜田中。

特征：植株生长势强。叶大，浅五角心脏形，绿色，孙蔓坐瓜，每株1个。平均单瓜重2～2.5kg，瓜棒形或长椭圆形，纵径27cm、横径10cm，果形指数2.7，表皮光滑，乳白色，脐小或中大，皮厚0.4cm，肉白色，厚3cm。果不易脱把。种子腔中大，种子不宜离瓤。种子大，表面不平，黄白色，平均千粒重45g。

特性：中晚熟，出苗后110多日开始采收。成熟后易开裂，不耐贮。平均亩产量2000多千克。喜空气干燥、日照充足气候，抗病力差。

14）花皮克克齐

栽培历史：从新疆维吾尔自治区引入，栽培已久。

分布地区：金塔县混种于瓜田中。

特征：植株生长势强。叶大，浅五角心脏形，绿色，子蔓、孙蔓坐瓜，每株1个。平均单瓜重2.5～3kg，瓜长卵形，显10弱瓣，纵径25cm、横径12cm，果形指数2.08，表皮黄绿色，上有深绿色细点，完熟后转黄，弱瓣凹处灰绿色，脐小，皮厚0.4cm，肉橘色，厚3cm。果不易脱把。种子腔中大，种子不宜离瓤。种子大，黄白色，平均千粒重55g。

特性：晚熟，出苗后120多日开始采收。果肉质松脆，汁多，微香，含糖量11%左右，品质中上。瓜耐贮性中。平均亩产量2500多千克。喜空气干燥、日照充足气候、抗病力差。

15）青麻皮

栽培历史：从新疆维吾尔自治区引进，栽培已久。

分布地区：敦煌市。

特征：植株生长势强。叶大，肾形，子蔓、孙蔓坐瓜，每株 1 个。平均单瓜重 2.5kg 左右，瓜长卵形，表皮不平滑，纵径 28cm、横径 14cm 左右，果形指数 2，皮绿黄色，上有深绿色断续花斑，脐小，皮厚 0.3cm，肉橘色，厚 4cm。果不易脱把。种子腔中大，种子不宜离瓤。种子大，白色，平均千粒重 62g。

特性：晚熟，出苗后 120 多日开始采收。果肉质柔软，汁多，微香，含糖量 11%左右，品质中上。瓜耐贮性中。平均亩产量 2500 多千克。

16）枕头甜瓜

栽培历史：从新疆维吾尔自治区引进。

分布地区：敦煌市混种于瓜田中。

特征：植株生长势强。叶大，肾形，绿色，孙蔓、子蔓坐瓜，每株 1 个。平均单瓜重 2kg 以上，瓜棒形，纵径 27cm、横径 8.5cm，果形指数 3.17，表皮黄色，上有黄绿色断续花斑，脐小，皮厚 0.4cm，肉浅橘色至白色，厚 3cm。果不易脱把。种子腔大，种子不宜离瓤。种子大，白色，平均千粒重 62g。

特性：晚熟，出苗后 120 多日开始采收。果肉质松脆，汁多，含糖量 10%左右，品质中上。瓜耐贮性中。平均亩产量 2000 多千克。

17）榆棒子

栽培历史：农家品种。

分布地区：民勤县，现已逐渐被淘汰。

特征：植株生长势较强。叶中大，浅五角心脏形，绿色，子蔓、孙蔓坐瓜，每株 1～2 个。平均单瓜重 1～1.5kg，瓜棒形，脐部突出，纵径 31cm、横径 9cm 左右，果形指数 3.44，表皮光滑，灰绿色，皮厚 0.3cm，肉绿色，厚 3cm。果不易脱把。种子腔中大，种子不宜离瓤。种子中大，表面不平，浅黄色，平均千粒重 42g。

特征：中晚熟，出苗后 110 多日开始采收。果肉质柔，汁中多，微香，含糖量 11%左右，品质中上。瓜耐贮性中。抗病力弱。平均亩产量 2500 多千克。

18）金棒子

栽培历史：农家品种。

分布地区：民勤县、永昌县。

特征：植株生长势强。叶大，肾形，绿色，孙蔓坐瓜，每株 1 个。平均单瓜重 2kg 左右，瓜棒形，纵径 33cm、横径 11cm 左右，果形指数 3，表皮光滑，乳黄色，向阳面黄色，脐小，皮厚 0.4cm，肉浅绿色，厚 3cm。果易脱把。种子腔中大，种子不宜离瓤。种子大，不平展，浅黄色，平均千粒重 59g。

特性：中晚熟，出苗后110多日开始采收。果肉质柔软，汁多，香，含糖量11%左右，品质中上。瓜耐贮性中。平均亩产量2000kg左右。

19）白棒子

栽培历史：栽培已50年左右。

分布地区：酒泉市。

特征：植株生长势较强。叶长心脏形，绿色，孙蔓坐瓜，每株1个。平均单瓜重约1.5kg，瓜短筒形，纵径20cm、横径11cm，果形指数1.82，表皮乳黄色，密生细网纹，脐小，皮厚0.4cm，肉浅绿色，厚3cm。果易脱把。种子腔中大，种子易离瓤。种子大，浅黄色，平均千粒重45g。

特性：中晚熟，出苗后110多日开始采收。果肉质柔软，汁多，醇香，含糖量12%～13%，品质上。瓜耐贮性中。平均亩产量2000kg。

20）醉瓜

栽培历史：农家品种。

分布地区：兰州市。

特征：植株生长势强。叶大，肾形，绿色，子蔓坐瓜，每株1个。平均单瓜重1.5kg左右，瓜圆形至扁圆形，纵径15cm、横径15cm左右，果形指数1，表皮褐绿色，有10绿色纵条纹，密生粗网纹，脐大，皮厚0.35cm，肉浅绿色，厚6.5cm。果易脱把。种子腔中大，种子易离瓤。种子大，浅黄色，平均千粒重50g。

特性：中熟，出苗后100多日开始采收。果肉质柔软，汁极多，具酒香味，含糖量8%～9%，品质上。瓜不耐贮运，易裂果。平均亩产量1250多千克。

21）螺丝转

栽培历史：20世纪50年代开始栽培。

分布地区：兰州市有少量栽培。

特征：植株生长势强。叶大，浅五角心脏形，绿色，子蔓坐瓜，每株1个。平均单瓜重1.25kg左右，瓜近圆形，显微10弱瓣，纵径15cm、横径17.1cm，果形指数0.88，表皮黄绿色，完熟后转黄，密生中粗网纹，脐中大，皮厚0.35cm，肉橘色，厚3～4cm。果易脱把。种子腔中大，种子易离瓤。种子大，浅黄色，平均千粒重55g。

特性：中熟，出苗后100多日开始采收。果肉质柔软，汁多，微香，含糖量9%左右，品质中上。瓜不耐贮运。平均亩产量1000多千克。

22）白皱绸

栽培历史：醉瓜的变异种，栽培已久。

分布地区：兰州市，现已淘汰。

特征：植株生长势强。叶大，肾形，绿色，子蔓坐瓜，每株1个。平均单瓜重1.25kg左右，瓜近圆球形，纵径13cm、横径122cm，果形指数1.08，表皮浅黄色，密生细网纹，脐大，皮厚 0.3cm，肉绿白色，厚 2.6cm。果易脱把。种子腔大，种子易离瓤。种子大，黄色，平均千粒重 68g。

特性：中熟，出苗后 100 多日开始采收。果肉质柔软，汁多，醇香，含糖量 8%左右，品质中上。瓜不耐贮运。平均亩产量 10 000 多千克。

23）黄皱绸

栽培历史：醉瓜的变异种，栽培已久。

分布地区：兰州市，现已淘汰。

特征：植株生长势强。叶大，肾形，绿色，子蔓坐瓜，每株 1 个。平均单瓜重 1.25kg 左右，瓜近圆球形，纵径 13cm、横径 12cm，果形指数 1.08，表皮黄色，密生细网纹，皮厚 0.3cm，脐大，肉浅绿色，厚 2.5cm 左右。果易脱把。种子腔大，种子易离瓤。种子大，浅黄色，平均千粒重 64g。

特性：中熟，出苗后 100 多日开始采收。果肉质柔软，汁多，醇香，含糖量 9%左右，品质中上。瓜不耐贮运。平均亩产量 1000 多千克。

24）榆树皮

栽培历史：农家品种。

分布地区：张掖市。

特征：植株生长势较强。叶中大，肾形，绿色，子蔓坐瓜，每株 1 个。平均单瓜重超过 1kg，瓜近圆形至短筒形，纵径 18cm，粗网纹，脐大，皮厚 0.4cm，肉橘色，厚 3cm 左右。果不易脱把。种子腔中大，种子不易离瓤。种子大，黄色，平均千粒重 60g。

特性：中晚熟，出苗后 110 多日开始采收。果肉质柔软，汁多，微香，含糖量 8%左右，品质中。瓜耐贮性中，抗病力较强。平均亩产量 1500 多千克。

25）麻皮瓜

栽培历史：农家品种。

分布地区：酒泉市（市辖区、瓜州县）。

特征：植株生长势强。叶大，肾形，绿色，子蔓坐瓜，每株 1 个。平均单瓜重 3～4kg，瓜扁圆形，纵径 15cm、横径 17cm，果形指数 0.88，表皮灰绿色，完熟后转橙黄色，密生中粗网纹，脐小，皮厚 0.25cm，肉浅绿色，厚 5cm 左右。果不易脱把。种子腔中大，种子易离瓤。种子大，金黄色，平均千粒重 62.5g。

特性：中晚熟，出苗后 110 多日开始采收。果肉质柔软，汁多，含糖量 8%～11%，品质中上。瓜不耐贮运。平均亩产量 2000kg 左右。

26）葫芦皮

栽培历史：农家品种。

分布地区：敦煌市，混种于瓜田中。

特征：植株生长势较强。叶大，五角心脏形，绿色，子蔓、孙蔓坐瓜，每株

1 个。平均单瓜重 3kg 左右，瓜椭圆形，纵径 21.5cm、横径 13cm，果形指数 1.65，表皮绿黄色，上有 10 铁绿色细条，疏生细网纹，脐大，皮厚 0.3cm。果不易脱把。种子腔中大，种子易离瓤。种子大，白色，平均千粒重 55g。

特性：晚熟，出苗后 120 日开始采收。果肉质柔软，多汁，香，含糖量 11%左右，品质中上。瓜较耐贮。平均亩产量 2000 多千克。

27）黄皮网纹甜瓜

栽培历史：农家品种。

分布地区：敦煌市、瓜州县、高台县，混种于瓜田中。

特征：植株生长势较强，叶大，肾形，绿色略深，子蔓坐瓜，每株 1 个。平均单瓜重 3kg，瓜椭圆形，纵径 20cm、横径 16cm，果形指数 1.25，表皮黄色，密生细网纹，脐小或中大，皮厚 0.4cm，肉橘色，厚 3.5cm。果不易脱把。种子腔中大，种子不易离瓤。种子大，黄白色，平均千粒重 51g。

特性：中晚熟，出苗后 110 多日开始采收。果肉质柔软，汁多，香，含糖量 10%左右，品质中上。瓜不耐贮。平均亩产量 2000 多千克。

28）绿皮网纹甜瓜

栽培历史：农家品种。

分布地区：敦煌市、临泽县、高台县等地，混种于瓜田中。

特征：植株生长势较强。叶大，浅五角心脏形，绿色，孙蔓、子蔓坐瓜，每株 1 个。平均单瓜重 2kg 左右，瓜椭圆形，纵径 17cm、横径 13cm，果形指数 1.31，表皮黄绿色，密生细网纹，脐中大，皮厚 0.3cm，肉浅绿色，厚 3cm。果不易脱把。种子腔中大，种子不易离瓤。种子大，黄色，平均千粒重 64.5g。

特性：中晚熟，出苗后 110 多日开始采收。果肉质柔软，汁多，微香，含糖量 11%左右，品质中上。瓜较耐贮。平均亩产量 2000 多千克。

29）花皮网纹甜瓜

栽培历史：从新疆维吾尔自治区引入栽培已久。

分布地区：敦煌市、瓜州县、高台县等地。

特征：植株生长势强。叶大，肾形，绿色，孙蔓、子蔓坐瓜，每株 1 个。平均单瓜重 4kg 左右，纵径 25cm、横径 15cm 左右，果形指数 1.67，表皮绿黄色，上有 10 深绿色宽条斑，密生细网纹，脐小，皮厚 0.4cm，肉浅绿色或白色，厚 4cm 左右。果不易脱把。种子腔小，种子不易离瓤。种子大，黄色，平均千粒重 55g。

特性：晚熟，出苗后 120 日以上开始采收。果肉质柔软，汁多、微香、含糖量 12%～13%，品质上。瓜较耐贮。平均亩产量 2500kg 以上。

30）黑花皮网纹甜瓜

栽培历史：从新疆维吾尔自治区引入栽培已久。

分布地区：敦煌市、瓜州县、玉门市、临泽县等地。

特征：植株生长势强。叶大，心脏形，绿色，孙蔓、子蔓坐瓜，每株 1 个。平均单瓜重 3.5～4kg，纵径 21～24.5cm、横径 14～15cm，果形指数 1.55，表皮浅黄绿色，上有 10 黑绿色宽花条斑，密生中粗网纹，脐小，皮厚 0.4cm，肉浅绿或橘红色，厚 3.2cm。果不易脱把。种子腔小，种子不易离瓤。种子大，黄色，平均千粒重 50g。

特性：晚熟，出苗后 120 日以上开始采收。果肉质柔软，汁多，微香，含糖量 9%左右，品质中上。瓜耐贮。平均亩产量 2500kg 以上。

第三节　甘肃甜瓜育种取得的成就与应用

一、甘甜 1 号

（一）品种来源

甘肃省农业科学院蔬菜研究所以 880308-4-9 为母本（1987 年从正宁县农家品种中征集，并经过自交系选育而成）、83052-2-3-10-1-5 为父本（1983 年引自河南）选育的薄皮甜瓜品种。该品种 1996 年通过甘肃省农作物品种审定委员会鉴定。

（二）特征特性

叶色深绿，果实卵形，果皮浅绿色，果肉绿色，肉质酥脆、细嫩、爽口，汁多味甜，有清香味，平均单瓜重 0.63kg，含糖量 12%，平均亩产量可达 2500～3000kg，播种到始收 80 天，集中子蔓结果，极易坐瓜，不需整枝、摘心，抗甜瓜蔓枯病。

（三）适宜地区

适宜在我国各薄皮甜瓜产区栽培。

（四）推广应用情况

在甘肃省、山西省、宁夏回族自治区、河北省及东北地区大面积栽培。

二、甘甜 2 号

（一）品种来源

甘肃省农业科学院蔬菜研究所，以自交系 09G25 为母本、自交系 09G05 为父本选育的杂交一代种。2016 年通过甘肃省农作物品种审定委员会认定。

（二）特征特性

全生育期95天左右，果实发育期30～35天。果实梨形，果形指数1.2～1.4，果皮光、白色，完熟时有黄晕，果肉白色，种子腔小，肉厚2.0cm左右。中心可溶性固形物含量 13.0%～14.6%，酥脆爽口，口感好，贮运性较好。平均单果重0.35～0.75kg，平均亩产量2300kg。

（三）适宜地区

适宜在甘肃省露地及气候类型相似地区的保护地栽培。

（四）推广应用情况

在甘肃省、吉林省、黑龙江省等地大面积推广，具有品质优、抗病性强等特点，示范推广前景广阔。

三、玉金香

（一）品种来源

甘肃省河西瓜菜科学技术研究所以mT-8为母本、mT-1为父本选育的杂种一代种。

（二）特征特性

属早熟种，全生育期85天，果实发育期38天。果实圆形，近成熟时果皮玉白色，成熟时呈乳黄白色，偶有网纹；果肉白色至浅黄绿色，肉细汁多，香味浓郁，口感极佳，中心可溶性固形物含量16%，品质优。平均单果重0.7～1kg，平均亩产量 3000～3500kg。植株长势稳健，叶片小，平均为 16cm×16cm，叶色深绿且厚，节间和叶柄均短。较抗白粉病、霜霉病、疫霉病等甜瓜主要病害，但对蔓枯病抗性不强。

（三）适宜地区

在甘肃省内及我国东部地区进行保护地和部分露地栽培。

（四）推广应用情况

在甘肃省大部分地区和宁夏回族自治区、东北各省、山东省等地大面积栽培。

四、银韵

（一）品种来源

甘肃省农业科学院蔬菜研究所以自交系09W26为母本、自交系09W28为父本选育的杂交一代种。2016年通过甘肃省农作物品种审定委员会认定。

（二）特征特性

全生育期95天左右，果实发育期约45天。长势强健，叶片呈心脏形，对甜瓜叶面病害表现出较高的抗性，高抗甜瓜白粉病、霜霉病。果实椭圆形，果形指数1.4～1.6，果皮白色光滑、细腻，果肉淡橘红，肉质酥脆，种子腔较小，中心可溶性固形物含量16.5%左右。平均单瓜重2.2kg左右，平均亩产量3600kg。

（三）适宜地区

适合在甘肃省及气候类型相似地区的保护地栽培。

（四）推广应用情况

在甘肃省、黑龙江省等地大面积推广，抗枯萎病及多种叶面病，适应性广，受到广大农户的好评。

五、银蒂

（一）品种来源

甘肃省河西瓜菜科学技术研究所以mT-8为母本、mT-123为父本选育的杂交一代种。

（二）特征特性

田间生长势强，根系发达，抗逆性强，适应性广，易坐果，瓜形整齐一致。叶片心形，叶色深绿。果实短椭圆形，纵径21.5cm、横径18.9cm，果形指数1.1。幼瓜至膨瓜期间，果皮浅绿色，成熟前8～10天果皮颜色开始变浅，至充分成熟时果皮为乳白色，偶有网纹，网纹分布不均匀。平均单瓜重3～3.5kg，果肉浅绿色，有清香味，肉质松软，果肉厚5.5cm左右。

（三）适宜地区

适宜在甘肃省、内蒙古自治区等地露地或保护地栽培。

（四）推广应用情况

在甘肃省、内蒙古自治区等地大面积推广栽培，适应性广。

六、甘甜玉露

（一）品种来源

甘肃省农业科学院蔬菜研究所以自交系03W05为母本、自交系03W01为父本选育的杂交一代种。2011年通过甘肃省农作物品种审定委员会认定。2013年通过国家农作物品种审定委员会鉴定。

（二）特征特性

全生育期96天左右，果实发育期约40天。长势中强稳健，叶心形且皱，对甜瓜叶面病害表现出较高的抗性，高抗甜瓜细菌性叶枯病，中抗甜瓜白粉病。果实高圆形，果形指数1.0～1.1，果皮玉白色、有网；果肉浅绿纯正，肉质酥软多汁，种子腔小，含糖量16%左右。平均单瓜重2.0kg左右。平均亩产量3200kg左右。

（三）适宜地区

适宜厚皮甜瓜生态区域（新疆维吾尔自治区、甘肃省、宁夏回族自治区、内蒙古自治区等地）露地及保护地栽培。

（四）推广应用情况

在新疆维吾尔自治区、甘肃省、宁夏回族自治区、内蒙古自治区等地大面积示范推广，抗病性强，丰产、稳产性好。

七、甘甜雪碧

（一）品种来源

甘肃省农业科学院蔬菜研究所以自交系06W02为母本、自交系06W05为父本选育的杂交一代种。2014年通过甘肃省农作物品种审定委员会认定。

（二）特征特性

全生育期100天左右，果实发育期约42天。果实短椭圆形，果形指数1.2左右，果皮白色，光滑、细腻，果肉淡绿纯正，肉质紧实、脆，果肉厚4.8cm，种子腔较小，中心可溶性固形物含量16.6%左右，V_C含量达167.8mg/kg，品质优良，口感风味佳，植株长势中庸稳健，叶片呈心脏形，平均单瓜重2.1kg左右。贮运性好，货架期长。平均亩产量为 3000kg。

（三）适宜地区

适宜在甘肃省保护地及西北厚皮甜瓜栽培区露地和旱砂田栽培。

（四）推广应用情况

在新疆维吾尔自治区、甘肃省、宁夏回族自治区、内蒙古自治区等地大面积示范推广，丰产、稳产性好，是一个贮运性优良的白兰瓜品种。

八、甘蜜宝

（一）品种来源

甘肃省兰州市农业科学研究所瓜类研究室育成的甜瓜一代杂种。1997 年通过甘肃省农作物品种审定委员会审定。

（二）特征特性

中熟品种，全生育期 100 天。植株生长势强，抗逆性较强，易坐瓜，子蔓、孙蔓均可坐瓜，以孙蔓结瓜为主，每株 1 瓜。平均单瓜重 2.5～3kg，平均亩产量 2000～2500kg。果实椭圆形，果形指数 1.28，果皮绿黄色，果面具网纹，皮厚 0.5cm，肉厚 4.0cm，果肉橘红色，肉质细脆，清香爽口，耐贮运。可溶性固形物含量 13%以上。

（三）适宜地区

适应性强，在我国西北、华北、东北均可栽培，南方地区在保护地也可栽培。

（四）推广应用情况

已在甘肃省、陕西省、宁夏回族自治区、河北省、吉林省、内蒙古自治区等地部分甜瓜主要产区有较大规模的栽培。

第四节　甘肃甜瓜良种繁育

一、亲本种子生产技术

（一）甜瓜亲本生产的主要技术措施

近年来，甘肃省酒泉市（市辖区、金塔县）等地的甜瓜制种已经达到了一定的规模，但随着制种业的发展，甜瓜亲本繁殖带来的品种混杂、品种退化、病虫害传播等问题也较多，这在一定程度上影响了甜瓜制种的发展，因此必须通过科学的田间管理为甜瓜制种业创造一个良好的环境。在甜瓜亲本生产过程中要注重甜瓜亲本繁殖的土壤水肥状况，定植后的温度、湿度、水肥管理和病虫害防治等田间管理技术，对于生产优质甜瓜种子具有非常重要的作用。

1. 土地准备

1）选地

以通风开阔，日照充足，土层深厚，土质疏松肥沃，通透性良好，有机质丰富，排灌便利的沙壤土为宜，前茬最好为非瓜类及茄果类作物。

2）起垄与施肥

水旱塘（高畦）栽培甜瓜，塘宽 1.6m，沟宽 0.4～0.5m、沟深 0.4m，底宽 0.3m。起垄后在种植带附近开沟施入基肥，一般亩施优质农家肥 3000～4000kg。

3）覆膜

播种前 7～10 天覆膜，覆膜前每亩用杀菌剂（如多菌灵、百菌清等）1kg 喷雾或拌沙撒施，进行土壤消毒处理。播种前或播种后可用 95%恶霉灵 3000 倍液均匀喷洒于苗床内，预防立枯病等苗期病害。

2. 播种

4 月 20 日至 5 月 20 日播种。播种时挖“丁”字形穴，每穴播 2 粒种子，播种深度约为 1.5cm，覆土时要求将穴窝填平并高出地膜 0.8cm。采用双行种植法，株距 30～40cm，小行距 40cm。

3. 田间管理

1）发芽期

从种子萌动到 2 片子叶展开，第 1 片真叶露尖时结束。发芽期管理重点是促进出全苗，保证苗全、苗壮。甜瓜发芽适温为 28～32℃，种子萌发最适土壤含水量在 10%左右。当地温在 28℃、水分充足时，3～4 天即可出苗。

2）幼苗期

幼苗期管理重点是提高地温、疏松土壤等，使幼苗生长健壮、敦实。幼苗期管理的好坏直接影响开花坐果的早晚及产量的高低。

（1）温度管理：幼苗期也是花芽分化期，在白天 30℃、夜间 18～20℃，12 小时日照的条件下花芽分化早，结实花节位较低；在温度高、长日照条件下，结实花节位较高，花的质量差。幼苗期结束时，茎端分化 20 节左右。

（2）水肥管理：甜瓜对矿质营养需求量大，从土壤中可吸收大量氮、磷、钾、钙等元素。应增施有机肥，科学配方施肥，实现高产优质。幼苗期一般不灌水，若瓜苗较小、长势较弱，可结合灌水进行施肥，距根系 15cm 处开穴，每亩施复合肥 15kg、尿素 10kg。

3）伸蔓期

第 4 片真叶展开到第 1 雌花开放为伸蔓期，需 25～30 天，生长适温 20～34℃，此期植株进入旺盛生长阶段。在伸蔓期栽培管理中要做到促、控结合，既要保证茎叶的迅速生长，使植株具备较大的营养体，又要防止茎叶生长过旺，并根据亲本特点进行清杂和选优去劣工作。

（1）水肥管理：伸蔓期的水肥管理应结合整枝技术进行，整枝后应立即灌水施肥，施入的肥料以尿素为主，也可施入适量微肥或矿质营养。施肥采用穴施法，即先用打孔机把肥料施在距根系 20cm 处，再灌水。

（2）清杂整枝：在伸蔓期根据叶形、叶色和蔓的特点选优去劣。清杂后进行整枝，通过整枝等技术措施，适当控制茎叶生长，以调节植株长势。整枝在伸蔓的中后期进行，采用三蔓整枝法，即只留第 7、第 8、第 10 片叶子处的孙蔓，其他孙蔓全部摘除，且子蔓在留好孙蔓后，待孙蔓长出第 1 个瓜时要及时打顶。

（3）病虫害防治。

病害：瓜类根部病害多为土传病菌侵染所致，在甜瓜生育期发生的根部病害主要是枯萎病和根腐病，一旦发生很难治愈。外观表现症状是植株茎叶正常，无病菌侵染，叶片逐渐失绿，失水萎蔫、枯萎死亡，当田间出现个别类似的植株时应及早拔掉，同时进行药剂灌根，防止病原扩展。甜瓜白粉病、细菌性叶斑病、细菌性果腐病、疫病、炭疽病，可在甜瓜生长前期选用阿维菌素、杜邦福星、加瑞农预防，后期发病后可选用阿米西达、翠贝、腈菌唑、普力克防治。病毒病可喷施 20%病毒 A 400～500 倍液或 NS-83 增抗剂 100 倍液防治。

虫害：近年来，河西走廊地区甜瓜病毒病为害逐渐加重，种子带毒、蚜虫传播、叶片相互摩擦是主要发病原因。可采用阿克泰 8000 倍液防治蚜虫，清除病苗，也可选用吡虫啉、阿克泰、阿维虫清乳油、灭扫利防治瓜蚜。用灭扫利、阿维虫清防治白粉虱，用阿维虫清、抑太保防治潜叶蝇。

4）结果期

从雌花开放到果实成熟为结果期。根据果实生长发育特点，又可将结果期划分为结果前期（幼果期）、结果中期（膨瓜期）和结果后期（成熟期）。

（1）结果前期：从花开放至幼果开始迅速膨大为结果前期，需 5～7 天，此期植株由茎叶生长为主开始逐步转为以果实生长为主，开花前后子房细胞急剧分裂，此期管理的重点是促使植株坐果。可采用人工辅助授粉等措施促进甜瓜坐果，并可防止落花落果。

（2）结果中期：开花 5～7 天后，果实开始迅速膨大，到果实停止膨大为结果中期，此期叶片通过光合作用制造的营养物质不断向果实运输，使果实迅速膨大，是产量形成的最关键时期。管理重点是加强水肥管理，保持叶片进行光合作用，保证有充足的水分和养分供给果实。

甜瓜坐果后适时浇水，保持地面湿润。当幼瓜长到鸡蛋大小时浇催瓜水，结第 2 茬瓜时也应浇 1 次催瓜水。每次顺畦间沟浇，以缓慢渗入畦内。共施肥 2 次，分别为浇第 2 次水和结第 2 茬瓜时，每次每亩施入磷酸二铵 10kg、硝酸钾 10kg，每隔 7 天喷 1 次叶面肥。开花期喷开花精，果实膨大期喷以色列钾宝、宝力丰、农友牌甜果精叶面肥和磷酸二氢钾，可提高产量，改善品质。果实膨大期喷洒植物动力 2003 或磷酸二氢钾 70g 加水 15kg 再加尿素 50g 和喷施宝或叶面宝 2ml，混合后在 14:00～15:00 时叶面喷洒，既可促进甜瓜生长，又可增强甜瓜抗逆能力，提高品质。甜瓜为忌氯作物，不宜施用氯化铵、氯化钾等肥料，也不能施用含氯农药，以免对植株造成不必要的伤害。

（3）结果后期：果实停止膨大趋于成熟为结果后期。此期植株的根、茎、叶生长逐渐停滞，果实基本定形。此期管理的重点是保证果实正常成熟及提高果实的风味和品质。此外，还要根据瓜形、瓜色、瓜的网纹及棱沟特征进一步清杂。

为保证果实正常成熟，栽培上应加强管理，保叶促根，防止茎叶早衰或感病。由于此期内植株根系吸收能力减弱，因此应进行叶面喷肥补充营养，并及时防治病害。果实成熟期要控制浇水，不浇或少浇水，以提高果实风味和品质。

（二）甜瓜种子混杂退化的原因

混杂和退化是两个不同的概念。品种混杂是指在一个品种内进了一个或多个其他品种或类型的现象。品种退化则是指品种在栽培过程中逐渐丧失其原品种性状的特征特性现象。品种的混杂和退化虽然不同，但彼此又有联系。由于甜瓜是异花授粉植物，因此，一旦品种混杂就很容易引起天然杂交，从而造成品种种性退化。此后，天然杂交后代的分离，又会进一步加剧品种混杂。值得指出的是，品种的混杂退化都是种性的遗传变化，切勿将环境条件和栽培技术所引起的表现型差异与之混淆。

1. 生物学混杂

生物学混杂俗称“串花”或“串种”，实际上就是植物的天然杂交。由于甜瓜是异花授粉作物，在没有隔离的几个品种混植的瓜田里留种，就不可避免地会造成生物学混杂。由于栽培品种大多为单性雌花，必须通过昆虫传粉媒介获得异花花粉，因此接受异品种花粉的可能性远大于两性花雌花甜瓜。

2. 机械混杂

在种子留种过程中，如在收获、采种、清洗、晾晒、运输、贮藏、浸种、播种及移苗等各个环节上，都容易出现人为的疏忽或失误，从而造成异品种种子的混入。这些机械混入的种子出苗后，又会产生天然杂交，形成新一轮的生物学混杂。

3. 自然突变

甜瓜的植株生长在大自然里，经常发生外界环境条件的变化和机械、物理因素刺激，如低温、雷电、辐射、化学物质、微量元素及生物伤害等都会诱发基因突变。由于这些突变往往是可遗传的，因此也会造成品种种性的混杂。此外自然突变引起的大多是肉眼难以识别的微效基因或隐性基因上的变化，故不易发现剔除。

4. 人工选留种失误

在选留种瓜的过程中，人们经常分辨不清植物的遗传型和表现型。由于甜瓜植物尚未证实存在当代显性现象，故一般来说当代的遗传型要到下一代才能表现出来。一个瓜的种子是纯种还是杂种，当代是无法区分的。这就给人工选留种带来了难以逾越的障碍。

（三）克服亲本混杂的主要技术措施

1. 采用单一品种种植和留种

这是克服生物学混杂和人工选留种失误的根本措施。所谓单一品种就是指同一块瓜田里不允许有一株异品种的存在。

2. 防止生物学混杂

1）人工夹花隔离

在少量品种的保纯，育种后代、自交系和原种生产，以及杂种一代制种生产中采用。人工夹花就是利用甜瓜的花瓣作为隔离材料，另再用线头、细铅丝、铝片或发卡等将 5 片花瓣的上端束拢夹住，以免昆虫进入传粉。人工夹花（或套袋，套袋隔离）应在雌花和雄花开放的前一天进行，开花当天清晨，取开夹片或袋帽，进行人工授粉，此后再次夹花或套袋隔离。

2）空间隔离

多在固定品种和自交系的留种田采用。采用空间隔离的首要条件是种植种性纯正的单一品种，利用同品种间的天然授粉来达到防止生物学混杂的目的。通常要求播种在隔离区内的同一品种纯度应在 98%以上，与本品种的隔离距离应不少于 1km。并要求在隔离区附近杜绝人工放蜂活动。

3）时间隔离

错开异品种的开花时间实施隔离。由于甜瓜作物为无限开花植物，雄花开放比雌花早，并持续至生长末期，因而同季节的时间隔离十分困难。唯一有效的办法是错开季节播种，同季节内实行严格的单一品种种植。

3. 防止机械混杂

具体措施是严格管理制度，把好采种、洗晒、装袋、入库、出库、播前种子处理、播种定植等关口，严防异品种种子混入。专人保管责任到人，奖惩明确定期检查。挂牌标志，每袋种子均在牌上写明：品种名称、数量、等级、采种时间、采种人等，以免差错。更换品种时要严格检查包装箱袋和清选机及容盛器皿，杜绝异品种的黏附夹带。

4. 定期更换原种

防止因自然突变和其他不慎引起的种性退化。

二、杂交一代制种技术

（一）播种前的准备

1. 种子准备

制种用的双亲本种子必须是经严格选育的纯的高代自交系种子。父本纯度要求达到 99.5%，母本纯度也必须在 98%以上。同时，亲本种子应备有足够的数为防止万一出现死苗或缺苗，以便补种。

2. 种子处理

在播种前一周，应充分晒种或用恒温箱干热处理，以消灭种子可能携带的病菌，这对甜瓜尤为重要。方法是将种子播种前结合浸种，用 200 倍的福尔马林（甲醛）水溶液浸种 1～2 小时，然后用清水反复冲洗干净即可。

3. 选地、整地和施肥

选择制种瓜栽培的地块，一般同商品瓜栽培要求相同。但除了选择地势平坦、土壤肥沃、避免重茬或有充分的轮作年限的沙质壤土外，还要有严格的隔离区。空间隔离不少于 500m，在附近不能有甜瓜种植。种瓜的地块，应在头年秋茬作物收获后即行深耕，入冬前结合普施堆肥再耕翻冻垡。种瓜前耕翻耙平地块，进行整地。整地方式同商品瓜栽培，南北方各有所不同。北方多低畦或平畦，以便灌溉栽培。整地时结合施入基肥，肥料种类和施肥量基本上同商品瓜栽培。但适当增加磷钾肥，可提高种子质量。一般每亩施入量：折合纯氮 7～8kg、磷 10kg、钾 12kg。西瓜施肥结合深翻瓜行时，采用沟施法，最好施在宽 50～60cm、深 20～30cm 的瓜行内。甜瓜通常采取整地撒施并翻入土中。

（二）播种育苗

1. 父母本配比

父本仅仅提供雄花而不留种，可以少种而减少占地面积，但必须保证有足够的雄花供于授粉。父母本配比因组合不同而不同，但一般比例以 1∶（15～20）为宜，即每种植 15～20 株的母本，需配植 1 株父本。

2. 播种期

正常制种生产大多在春夏季进行，并且采用地膜覆盖露地栽培。南方在 3 月下旬至 4 月上旬、北方在 4 月中下旬至 5 月上旬为正常播种时期。为了确保父本有足够的雄花供于授粉。原则上在母本播种前 7～10 天先播父本，以保证父本植株先生长发育好。

3. 播种密度

播种密度即母本适宜的定苗数。制种瓜与生产瓜的目的不同，为了大幅度提高制种产量，有必要合理地加大密度，但必须根据气候条件和栽培水平而定，南方多雨地区，适当稀植，利于坐瓜，通常行距 2m，株距 30～35cm，每亩种植 800～1000 株。在北方因气候干旱，容易坐瓜，通常采用密植栽培，行距 1.6m（或沟距 3.2m），株距为 20～25cm，每亩保留 1666～2083 株。父本株数少，需要更多的雄花量是其目的，可将株距放大到 40～50cm。

4. 播种方法与播种量

北方多采用直播的方法，南方则以营养袋育苗移栽为主。不论哪种方式都需将种子催芽后播种。催芽时，先用温水浸种 6～8 小时，让种子吸足水分后，流水搓洗净种皮表面的黏液，再擦干种皮，用潮纱布包裹后置 28～30℃的恒温下催芽。当胚根长至 0.5cm 即可播种。催芽点水直播法，则在整好地盖好地膜的种植行上，按株距要求破膜开穴播种芽，穴内先浇底水，每穴播 2～3 粒种芽，覆盖 1cm 厚的细松潮土，播种深度以地膜下 1～2cm 为宜。育苗移栽播种，则在播种前一天，将营养袋浇透水，然后播芽盖土，每只袋只需播 1 粒种芽。然后搭盖塑料小拱棚。

出苗前以保温为主，出苗后应注意通风，保持温度和湿度。随着幼苗的长大，逐渐加大通风锻炼幼苗，2～3 片真叶时即可移栽到大田。

播种量因播种方法不同而不同，直播较育苗移栽的用种量增加 2～3 倍。以种子千粒重 50g 为例计算，育苗每亩需母本种子 75～100g、父本种子 3.5～4g，而直播则需母本种子 150～200g，父本种子 7～12g。

5. 间苗或定植

大田直播育苗应及时间苗，一般在子叶平展期或幼苗 1 片真叶期进行。每穴选留 1 株健壮的菌。育苗移栽宜在幼苗 2～3 片真叶期适时定植。定植前 2 天苗床应喷洒药剂以防病虫害，并可视苗情酌情追肥。移栽时要保护好营养袋，以免伤根。定植时应浇足定根水，然后培土趁墒情盖好地膜。

（三）授粉前的植株调理

当瓜苗伸蔓时，视长势酌情追施伸蔓肥，保持瓜秧有良好的生长状态，提高坐果率。追施伸蔓肥可结合浇水进行。北方制种，母本全部采用单蔓式（一条龙）整枝。甜瓜抹去基部 1～5 片叶叶腋的侧蔓，从第 6 片真叶叶腋起留 2～3 条健壮子蔓，子蔓上两片叶后摘心。南方多雨地区，大多采用二蔓整枝方式，留主蔓和一条侧蔓，多余的侧蔓尽早摘除、瓜蔓长至 0.5m 时进行压蔓，以后每间隔 5～6 节再压蔓。直至坐住果停止整枝和压蔓。从提高产种量上考虑，多蔓式（3～4 蔓）整枝，提高单株坐果率也是一种有效途径。在摘除主蔓多留侧蔓的整枝方式下，维持瓜蔓长势让其生长接近自然整枝状态，可以获得多果。

（四）母本去雄套帽

1. 去雄

即将母本植株每条蔓上的雄花在蕾期全部摘除干净，这是“三保险”措施的第 2 个环节，也是最重要的环节。母本去雄随整枝压蔓一同进行，直至杂交授粉结束，坐住瓜为止。在整枝压蔓时，对母本株的每条蔓上各节的雄花蕾先摘除再压蔓。去雄应做到“根根到顶，节节不漏”。

2. 套帽

即对母本株各蔓上理想的坐果节位上雌花蕾在将开放的头天傍晚套上纸帽，这是“三保险”措施的最后一个环节。雌花套帽，应每天 16:00 起巡视瓜地，将次日开花的雌花蕾（花冠膨大稍微松动，微黄色较硬挺），套上纸帽。纸相应准备两种颜色，以醒目的红色和白色为好，用蜡光纸或报纸制成长 2～3cm，直径 1～

1.5cm，一头封口的圆筒。当日套帽时用红色纸帽，便于次日晨授粉容易找到，杂交授粉后套帽换成白色纸相，便于分别。

对于甜瓜品种和少数两性雌花的西瓜品种，必须提前一天施行人工去雄。甜瓜可先剥去雌花的花瓣，用镊子钳去雄蕊。

（五）杂交授粉

1. 授粉时刻与坐果率

甜瓜的花从 6 月下旬到 7 月初，在 5:30～7:00 盛开完毕，到 13:00 完全闭合。人工杂交授粉在开花后要尽可能早进行。如果到 10:00 还不能结束授粉，坐果率会降低一半，明显对效率不利。到了午后，几乎就不坐果。雌花、雄花如全非当天开花的，便没有受精结果的能力。甜瓜授粉时间在开花后的 1～2 小时进行最宜。

2. 父本确认

父本在采摘雄花之前，要逐株进行确认，这是非常重要的，就母本来说，即使万一有错，尚可将其拔除，而父本万一有错，采其雄花进行杂交授粉，将会无可挽回。因此，在摘花以前应针对植株形态及其特征，进行认真确认，方可自由地采用雄花。

3. 杂交授粉

首先于 5:30 以前采集父本雄花，采集即将开放的父本雄花蕾（花冠膨大，尖部松动，鲜黄色），连同花柄采下。若采摘已开放的雄花来进行授粉是危险的。采集的雄花蕾要盛在容器中，同时将湿纱布或纸巾附在里面，置室内暂存，待自然开花采粉后，即行对母本雌花授粉。

授粉时，取出雄花，将雌花上所套的红色纸帽轻轻取下放入篓或袋中，拿着雄花花梗，将雄蕊在雌花柱头上无遗漏地轻轻拍打似地黏附。由于雌花柱头一般有 3～4 分区，子房内胎座也相同，因而在柱头上全面流转使之黏附雄花花粉，不是没有道理的。一般一朵雄花可以对 3～4 朵雌花进行授粉。授粉后，从篓或袋中取出白色的纸帽，立即轻轻地合拢花冠再套纸帽时不要用手捏住子房，以免碰伤子房，影响坐果。万一杂交授粉时下雨，要注意戴大的麦秸草帽或打雨伞，以遮住雌花，使其不受雨淋。西瓜的花粉一接触到水滴就破裂，丧失机能，授过粉的雌花除立即套上纸帽外，还应做上明显的杂交标记。一般采用在花柄上套上红色塑料环（用直径 2～3cm 的塑料软管剪成）或在坐果节上系上醒目的不易腐烂的线绳之类。杂交用劳力，每亩约需配备 2 名。16:00 套袋，5:00 开始巡回杂交授粉，但熟练的技工每人 1 亩也不过分。

（六）护幼果与去除假杂果

如每株已杂交的花数在2朵以上，蔓势稳定，可见幼果膨大，则杂交工作即可结束。授粉结束后，应立即拔除父本植株。随着幼果的膨大，纸帽自然会涨破，因而不必特意解开。结果多且蔓势趋弱时，应予疏留果和追施膨瓜肥。待幼果长至拳头大小后，应在瓜下铺麦秆草或垫稻草圈，预防疫病。在实际操作中，也会出现自然授粉果，因此应将其摘除以防后期误收造成伪杂种。

（七）种子采收

1. 种瓜采收

根据品种特性，由成熟日数判断，于晴天露水消失后，一边确认标记，同时对母本进行去杂，一边依次将充分成熟的瓜从植株上采摘下来。甜瓜同其他果菜类不同，极少后熟效果，因而不能采收生瓜，可分2～3次采收完毕。采回的瓜，在通风良好，不闷热的堆房中铺上席子，堆积2～3层，放置5～6天，待果肉变软后，采种就容易了。如有腐败果，就另外集中，马上取种、水洗、干燥，另行处理，不要混放，否则，好不容易得到的优良种子，会由此大大降低质量，以后再择选要费事多少倍。

2. 剖瓜取种

参考天气预报，选择晴好的天气从清晨开始工作。首先摆开塑料板，将瓜置于板上纵切剖开。甜瓜纵切四裂，在竹箩中用食指和中指在种子层上画弧似地掏出种子，尽量不带果肉或者弄碎果实的中心部，取出种子，最后挖出残留在果皮里的种子。甜瓜只要切成两半，很容易连瓤取出种子。取出的种子要在竹箩中搓揉，使种子与瓜瓤分离。或转移到厚麻袋中，装六成满，扎紧袋口，在板上边踩边搓揉。如果被埋在种皮上的琼浆状黏着物不彻底分离，那么在洗种时就不会完全分离，工作效率就差。经搓揉的种子一般需发酵4～6小时。发酵时间过长或采种、发酵时使用金属制器，会使种子色泽变坏。

3. 水洗、干燥

洗种时在清净的河水、井水中，用竹箩漂洗掉瓜瓤，洗净种皮上的黏着物和糖分，否则干燥时呈团块，不易干燥。洗种需在午后13时以前结束，以便将种子晒干。洗净后的种子，立即放在晒种网或粗席上，晾晒直接将种子摊在水泥地上暴晒，会导致温度过高，同时也会混入石子、砂粒，所以这样并不好。种子晾晒时应摊成薄层，并勤翻动，当手感到不潮时，应堆厚些继续晾晒。种子应多晒几日，充分干燥，直至含水量降至8%以下。

4. 精选、装袋

干燥后的种子先经风选，制种者再进行手选，剔除畸形、色泽不良和未成熟的种子，以及石质或其他杂物，便可得到优良的种子，以获得良好的经济效益。精选后的种子，装入粗布袋内（袋内有塑料袋防潮），在袋内放入标签，袋外也挂上标签，标签上注明品种名称、生产者姓名及其质量。然后放在没有病虫源和老鼠为害的干燥凉爽处保存，或交售给制种组织者集中保管。

第五节　甘肃甜瓜高产高效栽培技术

甘肃省主产瓜区气候干燥、日照长、昼夜温差大，适宜甜瓜对环境条件的要求，但早春低温时间较长，广大瓜农在长期与高寒、干旱做斗争的生产实践活动中，不断进行改革。创造出抗旱、增温，压盐碱的砂田和节约用水、增温、压碱、改善土壤状态的旱塘栽培方式和一整套甜瓜种植技术。使甜瓜产量不断提高，品质改善，促进了生产的发展。

一、日光温室厚皮甜瓜高产高效栽培技术

随着农业科学技术的发展，特别是日光温室生产技术的发展，反季节种植喜温作物效益非常可观。日光温室甜瓜栽培是发展甜瓜生产和实现甜瓜产品均衡上市、周年供应的重要措施之一，也是拓宽日光温室栽培品种的有效方法。甜瓜日光温室冬春茬栽培比传统的露地栽培提早上市3个月左右，比塑料大棚三层覆盖栽培提早1个月以上，果实可在4～5月成熟，也是北方地区本地加代育种的最佳方法。根据多年来的生产技术研究和加代育种实践，现将日光温室冬春茬厚皮甜瓜栽培技术总结如下。

（一）日光温室的选择与播前准备

1. 日光温室的选择

甜瓜为典型的喜温喜光作物，短时间的零下低温将引起植株受冻，长时间的10℃以下低温和弱光会造成生理障碍，湿度过高将使病害加重，因此应选择地势开阔、平坦的2～3年未种过瓜类作物的二代日光温室。在甘肃中部地区应尽量避开山体遮阴和低洼地块，以利采光，提高温度，降低湿度。温室最高部不得低于3.5m，冬季最冷时期棚内最低温度应高于8℃，以高于10℃最好。

2. 日光温室的清理和消毒

种植前先对前茬作物的残留枝叶和杂草进行清除，集中烧毁，然后用22.5～30.2kg/hm^{2}硫磺粉加锯末，点燃密闭熏蒸，也可用40%甲醛15kg/hm^{2}兑水450～675kg全面喷洒后密闭灭菌，或用80%敌敌畏乳油0.1g/m^{3}加锯末点燃密闭熏蒸，以杀灭棚内害虫。

3. 品种的选择

选用耐低温、弱光照的中早熟温室专用品种古拉巴、西薄洛托、伊丽莎白、蜜世界、玉金香等。

（二）育苗技术

1. 育苗时间

育苗播种期一般在11月下旬至12月下旬，此期有利于幼苗的生长，早春气温回升时植株又能很快进入伸蔓期而迅速生长，到开花坐果期时棚内气温就已回升到甜瓜生长较为适宜的环境条件。播种不宜太早，过早则成熟期提前，果实小，产量低，效益差。

2. 育苗方法

日光温室冬春茬厚皮甜瓜由于育苗期内气温、地温较低，故多采用温床育苗，且以电热温床为最好。在温室中部温、光条件较好的区域利用1000W的电热线一般可育苗（营养钵）2000～2500株。育苗营养土用充分腐熟的有机肥料和细沙配成，园土、河沙、有机肥以7∶2∶1为宜，河沙不宜过多，否则易散坨。营养土配好后过筛，装入8cm×8cm或10cm×10cm的塑料钵或纸钵中，并用50%多菌灵可湿性粉剂600倍液或70%甲基托布津可湿性粉剂800～1000倍液浇透，催芽播或直播均可，但以直播为好。每钵点1～2粒种子，上覆1～2cm厚的细沙或1∶1的园土和河沙，再加小拱棚保温、保湿，温度控制在28～30℃，以利发芽和出苗。出苗后，温度控制在白天25～28℃，夜间15～18℃，以防幼苗徒长。苗期应及时浇水、防病，并可适当进行叶面追肥。待幼苗长至二叶（真叶）一心时定植。

（三）田间管理

1. 整地与施肥

定植前进行整地与施肥。一般采用高垄覆地膜栽培，甘肃省中部地区温室砂田可采用平地定植行覆地膜栽培。高垄南北向，垄沟宽 0.6m，垄宽 0.9m，定植密度 3.0 万～3.3 万株/hm^2，采用暗沟灌或滴灌。一次性施足腐熟有机肥和磷肥，一般施羊粪 75m^3/hm^2、磷酸二铵 750kg/hm^2、尿素 300～375kg/hm^2。

2. 定植与田间管理

播种后 30～40 天，当幼苗长至二叶一心时定植，定植时先开穴，再将除钵的幼苗放入穴中，每穴浇坐苗水 500～1000ml 或选用 50%多菌灵可湿性粉剂 600 倍液、70%甲基托布津可湿性粉剂 800～1000 倍液浇灌，然后覆土压紧。定植后 1～2 天内及时灌水，3～5 天即可缓苗。生长期间一般在定植期、伸蔓期、膨瓜期、果实定型时各灌 1 次水，膨瓜期可施尿素 225kg/hm^2 左右。及时揭放草帘进行通风，控制高温在 35℃以下，以利植株生长。

（四）整枝和授粉

1. 整枝

整枝有单蔓整枝和双蔓整枝两种方法，但以前一种方法利用较多。单蔓整枝应根据植株生长状况，分次将主蔓 10 节以下侧蔓全部去除，留 11～14 节子蔓，此蔓为结果蔓，可看到结实花；到 2～3 叶时摘心，并去除 11～14 节子蔓上的所有侧蔓；对 14 节以上的侧蔓也全部去除。在 26～30 片叶时蔓由最高架下垂时摘心。双蔓整枝时，除留主蔓外，再在植株基部选留一条健壮的子蔓，6～10 片叶时摘心，去除所有侧蔓，搭架、不搭架均可，主蔓整枝方法同单蔓整枝。

2. 人工授粉与留瓜

早春由于昆虫的活动受到限制，必须进行人工授粉。一般以花粉完全散开为准，在 9:00～10:00 授粉，也可延续到 13:00 左右，但授粉时间宜早不宜迟，过迟不宜坐果，坐果率低。人工授粉时，要及时摘下当天开放的雄花，剥去花冠，将雄花花粉均匀涂抹在当天开放的结实雌花柱头上，育种试验应作标记。待果实长到拳头大小时每株留瓜 1 个，伊丽莎白等小果型品种可在 20～25 节处每株留瓜 2 个。育种试验以留单果为宜。

（五）病虫害防治

常见温室甜瓜主要病害有霜霉病、白粉病、蔓枯病和蚜虫、白粉虱等，需采用综合措施防治。宜选择抗病品种，种植前清理温室杂草、对温室消毒，温室及时通风降湿、灌水沟铺草、张挂银灰色薄膜、黄板诱杀、高温闷棚等措施。化学防治可选用 58%甲霜灵锰锌可湿性粉剂 400～600 倍液、25%甲霜铜可湿性粉剂

500～600 倍液防治霜霉病；用 40%多菌灵硫磺悬乳剂 500～600 倍液、70%甲基托布津可湿性粉剂 800～1000 倍液叶面喷洒或用硫磺粉 200～250g 加锯末 5g/m^2，密闭熏蒸 12 小时，室温保持在 20℃左右可防治白粉病；用 75%百菌清可湿性粉剂 600 倍液、70%代森锰锌可湿性粉剂 500～600 倍液或 35%甲基硫菌灵悬浮剂 400～500 倍液叶蔓喷洒防治蔓枯病；用 40%氰戊菊酯 6000 倍液、5%蚜虱净 1000 倍液叶面喷洒或 22%敌敌畏烟剂 6000～7500g/hm^2 烟熏，密闭 3 小时，连续 2～3 次可防治蚜虫和白粉虱。

（六）采收

当果实表现该品种色泽、品质时即可采收。早熟品种如伊丽莎白一般开花至成熟需要 40 天左右，中熟品种古拉巴、蜜世界等需要 45～50 天，作为育种材料的中晚熟品种最好在开花后 50 天以上采收，否则种子发芽率低。

二、塑料大棚薄皮甜瓜高产高效栽培技术

（一）选用优良品种

早春大棚薄皮甜瓜栽培应选用优质、高产、抗病、耐低温、耐弱光性强、含糖量高、生育期较短的早熟品种，如甘甜 1 号、甘甜 2 号、甘甜 S5、甘甜 S13、中甜 1 号、白沙蜜、绿玲、绿宝等。

（二）温室穴盘育苗

1. 营养基质的配制

良好的基质必须肥沃、富含营养物质、具有良好的团粒结构、保水保肥能力强、通透性好。基质原料的主要种类为泥炭、园艺蛭石、珍珠岩、粉碎的植物秸秆等。营养基质中还应加入适量速效肥料和农药，每立方米基质可掺入尿素 150g、硫酸钾 0.5kg、磷酸二铵 2kg、多菌灵 80g，肥药添加后用搅拌机充分混匀、过筛，覆盖薄膜闷制 10 天左右，然后装入育苗穴盘中，摆放到苗床上，也可以直接铺到苗床上进行育苗。

2. 育苗时间

应根据定植场所、当地定植方式及习惯来确定育苗时间。温室栽培甜瓜一般于 1 月 18 日前后育苗，3 月初定植，苗龄 35～40 天，4 月 20 日左右上市。大棚栽培甜瓜一般于 3 月初温室育苗，3 月中下旬支钢架、扣棚、铺地膜，4 月上旬定植，苗龄 30～35 天，6 月上旬上市。枯萎病发生严重的地块，可采用嫁接育苗，

一般防效可达 85%以上。

3. 种子处理

包衣种子和丸粒化种子可直接播种。未包衣的种子可采用温汤浸种的方法进行消毒。温汤浸种是指在催芽前将种子置于 50～60℃的温水中（常用 2 份开水，加 1 份凉水兑成），缓慢持续搅动，待降到室温时，再浸泡 4 小时，然后进行催芽。

4. 催芽

种子萌发时要求有良好的外部环境，包括适宜的温度、充足的水分和氧气，任何一个条件得不到满足，都会影响种子的萌发。甜瓜种子萌发所需的水分是其种子质量的 60%。具体做法是：用纱布将经过精选、处理的种子包好，置于清水中浸泡 5～8 小时，取出置于 26～28℃的恒温箱中，24 小时后种子露白，即可播种。

5. 播种

将种子点播至穴盘播种穴中，播种后覆盖蛭石或珍珠岩，用刮板刮去穴格以上多余的覆盖料，使穴盘孔格清晰可见。用人工或喷淋设备对播种、覆盖后的穴盘洒水，直至穴盘底部排水孔有水渗出。可采用 72 孔或者 50 孔穴盘一次性育苗。播前先整平育苗床面，将营养基质装盘、浇透水、压穴，穴深 1cm，将发芽的种子放在孔穴内。可用镊子轻轻夹住种子，平放在孔穴中心位置，注意不要碰伤胚根，播后均匀覆盖基质，轻刮浮土，使穴盘表面平整。将穴盘置于已整平的育苗床上，覆好地膜以保水保温，然后扣小拱棚，保证出苗整齐。

6. 苗期管理

从播种至出苗，管理上以增温、保温为主，确保出全苗。这时室温应控制在白天 28～32℃，夜间不得低于 18℃，而且尽可能地缩小昼夜温差。这一时期一般不进行放风。在播种 5 天后，子叶开始破土时，将覆盖的薄膜揭掉。此时为上胚轴伸长的高峰期，如温度过高，胚轴会迅速拔高形成高脚苗，出现徒长现象。苗床的温度应控制在白天最高 27℃、夜间 18℃左右；真叶普遍长出后，日温不应超过 26℃，以 22～25℃较适宜，夜温 13～15℃，实行“夜冷育苗”，以培育壮苗。通风管理需循序渐进，根据外界气候的变化和幼苗的生长状况逐渐炼苗。切忌苗床内温度急剧变化，造成“闪苗”、冻害和“烤苗”，待瓜苗二叶一心时开始定植。

（三）保护地设施的种类与建造

早春保护地生产设施主要有塑料小拱棚和塑料大棚，温室种植的比较少。

1. 塑料小拱棚

塑料小拱棚体积小、结构简单、取材方便、造价低廉、易于拆装，每亩建造成本为1000～3000元。其棚架负荷轻，多用竹竿、竹片、荆条及轻型钢材或其他能够弯成拱形的轻型材料作为骨架，上面覆盖塑料薄膜，需要时加盖草苫，可以提高保温效果。小拱棚有拱圆小拱棚、半拱圆小拱棚、简易小拱棚等。

2. 塑料大棚

塑料大棚以竹木、水泥、钢材、塑钢等作为骨架，表面覆盖塑料薄膜的大型保护地栽培设施；一般高2～3m，跨度有4m、5m、8m、10m、12m等各种规格，长度因地形和需要而定。按建筑材料分为竹木结构和钢架结构等类型。

（四）定植

1. 整地施基肥

甜瓜地块应重施有机肥，且以施基肥为主，基肥用量占全部施肥量的70%左右。肥料品种以腐熟有机肥和化肥为主，生产上不得使用未经国家批准登记和生产的商品肥料，在中等肥力条件下，结合整地，每亩施豆粕类肥料100kg、腐熟的有机肥6000kg、硫酸钾10kg、过磷酸钙50kg、氮磷钾三元复合肥150kg；一次性将所有肥料均匀撒施完毕后，用旋耕机翻耕2～3次，深度20～25cm，做到土壤细碎均匀。土壤墒情不足65%的，耕地前应浇水造墒。

2. 定植方法

时间一般在2月底3月初，定植一般选晴天的上午进行，以利秧苗的成活和缓苗。多采取大垄高畦双行栽培技术，起垄后覆盖地膜，行距80～100cm，株距40cm，每亩栽苗1700～2000株。在垄中央用刀片将地膜划成“十”字形豁口，挖穴栽苗，栽植深度在子叶之下，随后浇足定植水，及时将地膜口封严，苗栽好后切忌大水漫灌。注意在定植后的5天内不要放风，要保温、保湿，以利于缓苗发根。

（五）定植后的田间管理

1. 温度管理

缓苗后，温度一般控制在白天25～32℃、最好不要高于35℃，夜间15～18℃，昼夜温差一般控制在13～15℃。随着气温不断升高，逐渐开始通风降温，保持白天温度稳定在25～30℃，下午棚温降到20℃后关闭通风口。开花坐果期要加强放风管理，降温控水，防止化瓜。当夜间最低气温稳定在16℃以上时，可以不关闭风口，进行彻夜放风。

2.水肥管理

坐瓜后每亩追施尿素10～15kg，之后每隔7天喷一次0.5%的磷酸二氢钾。甜瓜属于耐高温干旱的作物，整个生长期内空气湿度保持在60%～65%比较适宜。定植前水要浇足浇透，以利于雌花发育。坐瓜至果实膨大期仍需保证充足的水分供应；成熟期控制浇水数量，切勿大水漫灌，以免高温高湿造成化瓜和病害流行；采收前7～10天停止浇水。

3. 整枝

甜瓜整枝的原则是尽最大可能使营养生长和生殖生长相互协调。双蔓整枝：一般适用于主蔓结瓜的品种，当主蔓三叶一心时进行摘心，选留2条健壮子蔓，及时剔除其他子蔓，并根据孙蔓生长势进行选择性去留。多蔓整枝：适用于孙蔓结瓜的品种，一般4～5叶时对主蔓进行摘心，然后留3～4条健壮的子蔓，当子蔓2～3叶并有一定长度时，对其摘心，促使早发孙蔓、提前坐瓜。因为甜瓜生长较为迅速，所以不论何种整枝方式，对孙蔓都要进行反复摘心，以利于坐瓜。

4. 人工辅助授粉

设施生产甜瓜，必须进行人工辅助授粉，以保证雌花受精坐瓜。方法是采集当天清晨刚刚开放的雄花，将雄蕊花粉轻轻地涂抹在雌蕊柱头上，时间在9:00～11:00或14:00～16:00，每朵花最好授粉2次；或用吡效隆（一般含量为30～50mg/kg）喷瓜胎以提高坐果率，使用浓度应视温度而定，温度高用低浓度，温度低用高浓度。有条件的地方可以用昆虫，如蜜蜂进行辅助授粉。

5. 坐瓜后的管理

授粉坐瓜后，每条子蔓上选留2个形状好的瓜留下，一株留4个瓜，瓜后2～3叶摘心。果实膨大期注意加强水肥管理，从坐瓜后开始每隔7天喷一次0.5%的磷酸二氢钾。在瓜长到鸡蛋大小时，保留果形正常、无伤无病的幼瓜。当果实茸毛脱落、表皮具备光亮度、色泽改变、瓜可闻到清香气味时即可采收。

（六）病虫害防治

病虫害防治应坚持预防为主、综合防治的原则，优先采用农业防治、物理防治、生物防治，配合科学合理的化学防治。严禁使用各种高毒、高残留农药，为甜瓜的安全生产打下坚实基础。

1. 农业防治

清洁田园，及时整枝，摘除病叶、病果，减少病源；深耕土壤，嫁接换根，合理调控设施环境；与非瓜类作物实行 3 年以上轮作，在水稻种植区提倡进行水旱轮作。

2. 物理防治

诱杀驱避害虫（黄板诱杀白粉虱和蚜虫），悬挂频振式杀虫灯，温室大棚通风口用防虫网密封。

3. 生物防治

农抗 120、武夷霉素防治瓜类白粉病、炭疽病等；农用链霉素、益植灵、木霉菌、武夷霉素、新植霉素防治多种细菌性病害；阿维菌素防治根结线虫；除虫菊酯、烟碱、苦楝素防治害虫。

4. 化学防治

病虫害发生初期，选用高效、低毒、低残留的化学农药进行防治，并注意交替用药，防止害虫产生抗药性。

（七）收获、分级、包装

薄皮甜瓜要适时采收，及时进行分级、包装、销售。采收时注意不要踩伤、碰伤瓜蔓和叶片。甜瓜九分熟时应集中采收销售；长途外运的甜瓜在八分熟时即可采收。过早采收影响品质，过晚不宜贮藏。采摘时间一般选在上午，采摘时连带 3cm 左右瓜柄一同采下，轻采轻放，避免机械损伤。

三、露地薄皮甜瓜高产高效栽培技术

薄皮甜瓜含糖量高，并有美丽的外观和浓郁的芳香，是当前市场畅销果品。现将露地薄皮甜瓜栽培管理技术总结如下。

（一）薄皮甜瓜对环境条件的要求

1. 温度

甜瓜是喜温作物，生长发育最适温度为 25～35℃，发芽期最适温度为 28～32℃，幼苗期最适温度为 20～25℃，开花坐果期最适温度为 28～35℃，并要求有

10℃以上的昼夜温差。

2. 光照

甜瓜是十分喜光的作物，要求每天有 12 小时以上光照，植株才能正常发育。若每天能达到 14～15 小时光照，则子蔓发生早，植株生长快，雌花多；若每天光照少于 8 小时，则叶片薄，叶色淡，易徒长，雌花少，病害多，品质差。

3. 水分

甜瓜叶片宽大，蒸腾作用旺盛，是喜水植物。但甜瓜的细胞渗透压较高，因此甜瓜的根系具有强大的吸水能力，故在较干旱的条件下，甜瓜也能很好地发育，而且糖分积累较多，品质较好。甜瓜幼苗期需水量较少；甜瓜伸蔓开花至坐果期则需水较多，应及时灌水；果实膨大盛期则需水量逐渐减少；甜瓜成熟前 5～7 天应停止灌水。当田间持水量超过 70%时，2～3 天植株就会死亡；当田间持水量低于 48%时，甜瓜就会因干旱萎蔫而逐渐死秧。

4. 土壤养分

甜瓜喜土层深厚、肥沃的沙质壤土，忌土质黏重，含水量过大，透气性差的土壤。甜瓜生长发育过程中氮、磷、钾的吸收比例为 30∶15∶55。氮肥在前期可促进甜瓜茎叶的健壮生长；磷肥则有利于甜瓜花芽的分化和雌花的形成；钾肥可使甜瓜的瓜大而整齐，色泽鲜艳，瓜甜适口，而且提高抗病力；钙是甜瓜碳水化合物及含糖量提高的重要元素。

（二）品种选择

宜选择含糖量高、口感好、品质优、外观美、熟期早、产量高、耐贮运、抗病虫害的品种。

（三）培育壮苗

一般早熟栽培的甜瓜均采用育苗栽培的形式。育苗时间以定植前 25～30 天播种为宜。育苗床宜选择背风向阳，地势平坦的农家庭院或棚室内进行。

1. 种子处理

先将种子晒种 2～3 天，然后放到 15～20℃的水中浸泡 1 小时，投洗干净后置于 45～50℃的水中烫种，并不断搅拌，直至水温降到 28℃左右停止搅拌。再浸种 6 小时左右。浸种后，将种子捞出洗净，置于 25～30℃条件下催芽，每隔 6 小时投洗 1 次，经 15～24 小时，当种子芽长到 2mm 左右时即可播种。

2. 配制营养土

可用从未种过瓜类的肥沃田土 7 份与充分腐熟的陈马粪 3 份；或用草炭土 5 份、陈马粪 4 份、锯末或陈稻壳 1 份，过筛后混匀。若土壤过于板结，可加入适量的草木灰。配制好的营养土每立方米加磷酸二铵 0.5～1.0kg，或尿素 0.25kg，过磷酸钙 1kg，硫酸钾 0.5kg。每立方米营养土再加 600～800 倍的多菌灵或甲基托布津 50～100g，将这些化肥和农药兑水闷土，上盖塑料布闷 2～3 天杀菌杀虫，然后装入 8cm×8cm 营养钵中，摆放到育苗床内，打透水扣地膜升温，等待播种。

3. 播种及播后处理

将已摆好的营养钵喷湿，覆盖 1/3 的五代合剂药土，用手指或木棍摁一个 1cm 深的小孔，每孔平放 2 粒芽长基本一致的种子，并使芽尖向下，覆盖余下的 2/3 的五代合剂药土，然后覆盖 1.0～1.5cm 厚的营养土，上面再覆盖地膜。保持温度 30℃左右，出苗后温度控制在白天 25～28℃，夜间 15～20℃。苗期不旱不浇水，定植前 7 天左右通风炼苗。幼苗长到 3～5 片真叶时要进行定心，待伤口愈合后喷洒“第 1 滴血”长效肥料，以促进雌花分化，提高坐果率。定植前喷一次 800 倍液的甲代合剂，预防早期病害的发生。

（四）施肥整地

1. 选地

宜选择背风、向阳、排水良好、土层深厚、土质肥沃的沙壤土或黑砂壤土，切忌低洼地和透气不良的黏土地，更不宜选择氯盐含量较多的地块。要求 pH 为 6.5～7.5。茬口的选择以谷子、糜子、小麦茬为最好，玉米、高粱茬次之，大葱、大蒜等茬也可以；忌与大豆、马铃薯和瓜类作物重茬和迎茬，与这些茬口必须轮作 5 年以上。

2. 施肥

甜瓜施肥应以基肥为主，一般应一次施足整个生育期所需的营养。农家肥以充分发酵好的羊粪、鸡粪为最好，其次是猪粪和土粪。一般每公顷可施优质农家肥 75t，磷酸二铵 300kg，过磷酸钙 600kg，硫酸钾 225～300kg，尿素 150～225kg。

3. 整地

甜瓜地一定要秋翻地，翻深 20～25cm，翻后耙平耙细，以利保墒。早春顶墒起垅，行距 60cm。破垅夹肥后覆盖地膜。

（五）定植及田间管理

1. 定植

当最低气温连续 5 天稳定在 4℃以上，5cm 深地温稳定在 10℃以上时，即可选回暖前期的晴天上午定植。用打眼器破膜打眼，株距 35～40cm，除去营养钵，将苗坨放入坑中，营养土块上表与垅面基本持平，定植后浇足掩水，然后用湿土将苗眼封严。

2.水肥管理

定植后 3～5 天应浇 1 次缓苗掩水。甜瓜虽耐旱，但在开花坐果前不应控制水分，以促进茎蔓的生长，有利于雌花的形成。甜瓜的开花坐果期不宜浇大水，甜瓜的果实膨大期需水量较大，应结合浇水追 1 次肥，每公顷施复合肥 225kg，尿素 75kg，硫酸钾 150kg。在果实成熟前 7～10 天停止浇水，而且在雨天应注意排水，以利果实糖分的积累。在开花前 1 周叶面喷施开花精；采收前 7 天叶面喷施甜果精。也可在开花后叶面喷施西甜瓜专用的叶面肥“第 1 滴血”或 0.3%的磷酸二氨钾，每隔 5～7 天喷一次，共喷 3～4 次。

3. 整枝

在苗床，当幼苗长到 3～5 叶时就进行摘心。定植后，当甜瓜伸蔓时选留 2～3 条健壮的子蔓，其余的子蔓全部摘除。选留 2 条子蔓的，是以孙蔓结瓜为主，虽然甜瓜的产量高，但上市稍晚；选留 3 条子蔓的，则是以子蔓结瓜为主，所以甜瓜上市早，但产量低。子蔓定好后，当子蔓长到 3～4 片真叶再掐尖，在每片叶腋中各长出 1 条孙蔓，在孙蔓 3 片叶后再掐尖。这样全株整枝完毕，每株秧会长出 6～8 个甜瓜，叶面喷施美国绿芬威 3 号 1～2 次，可使瓜亮膨大快、不烂瓜，每公顷产量基本定在 45～60t。如果子蔓长到 4～5 片真叶时仍未见雌花，则应马上将子蔓留 2 片叶掐尖，选留 1 条健壮孙蔓留瓜，瓜后长出的孙蔓全部去掉；若孙蔓长到 4～5 片真叶时仍未见雌花，也马上将孙蔓留 2 片真叶掐尖，然后再选留 1 条健壮的曾孙蔓留瓜，瓜后长出的曾孙蔓也全部去掉。

（六）病虫害防治

甜瓜的霜霉病可用扑他林或润之露加展着剂，喷叶背面 1～2 次即可；疫病应及时拔除病株，然后用赛扑尔与菜之魄或润之露，同时应加植保神医或美国绿芬威 3 号，连喷 2 次；枯萎病可用枯绣绝+病易克+生根壮秧剂；蔓枯病可用植保神医或菌腐净或病易克，同时可防角斑病、炭疽病；病毒病首先应消灭传毒的载体，如蚜虫、白粉虱、螨虫等，在病毒发病初期用病光光、病毒专家、病毒 A、植保神医施用。

（七）采收

甜瓜一般在花后 25～30 天，果实变色，花纹长开，颜色鲜艳，且有香气溢出，用手摸瓜顶富有弹性，即为成熟，应及时采收上市。

主要参考文献

陈劲枫. 2008. 基于种间渐渗的甜瓜属野生优异基因发掘研究. 中国瓜菜, (6): 1-3.
陈劲枫, 钱春桃, 林茂松, 等. 2004. 甜瓜属植物种间杂交研究进展. 植物学通报, 21 (1): 1-8.
陈然, 王成云, 王秋. 2011. 北方露地薄皮甜瓜栽培技术. 中国园艺文摘, (2): 134-135.
程鸿. 2009. 甜瓜白粉病 *APX* 和 *MLO* 基因的克隆与功能分析. 泰安: 山东农业大学博士学位论文.
程鸿, 孔维萍. 2015. 白粉病相关基因 *MLO* 在瓜菜类白粉病广谱抗性研究中的应用. 中国瓜菜, 28 (4): 1-5.
程鸿, 孔维萍, 何启伟, 等. 2013. *CmMLO2*: 一个与甜瓜白粉病感病相关的新基因. 园艺学报, 40 (3): 540-548.
程鸿, 孔维萍, 吕军芬, 等. 2015. 野生甜瓜 *MLO* 基因突变体对白粉病菌的抗性分析. 园艺学报, 42 (8): 1515-1522.
程鸿, 孔维萍, 苏永全, 等. 2011. 我国甜瓜白粉病研究进展及生理小种的初步鉴定. 长江蔬菜, (18): 1-5.
胡少华. 2009. 泰国甜瓜 ML214 引种栽培的效果. 农技服务, 26 (12): 9.
贾媛媛, 张永兵, 刁卫平, 等. 2009. 甜瓜同源四倍体的创制及其初步定性研究. 中国瓜菜, (1): 1-4.
李德泽, 聂立琴, 刘秀杰, 等. 2006. 薄皮甜瓜种质资源创新与利用. 北方园艺, (2): 83-84.
李仁敬, 孙严, 孟庆玉, 等. 1994. 新疆甜瓜、西瓜原生质体融合及融合愈伤的获得. 新疆农业科学, (3): 101-104.
林伯年. 1994. 甜瓜、西瓜原生质体电融合及其杂种分子生物学鉴别. 园艺学报, 21 (3): 302-304.
林德佩. 2009. 西北的瓜五十年 (1959—2009)//中国园艺学会西甜瓜专业委员会. 第 12 次全国西瓜甜瓜科研生产协作会议学术交流论文摘要集. 郑州: 纪念全国西瓜甜瓜科研与生产协作 50 周年暨全国西瓜甜瓜学术研讨会: 7-9.
林德佩, 仇恒通，孙兰芳等. 1993. 西瓜甜瓜优良品种与良种繁育技术. 北京: 农业出版社: 92-115.
刘东顺, 程鸿, 孔维萍, 等. 2010. 甘肃省甜瓜主产区白粉病菌生理小种的鉴定. 中国蔬菜, (6): 28-32.
栾非时. 2013. 西瓜甜瓜育种与生物技术. 北京: 科学出版社: 281-452.
马双武, 王吉明, 邱江涛, 等. 2003. 我国西瓜甜瓜种质资源收集保存现状及建议. 中国西瓜甜瓜, (5): 17-19.
马双武, 张莉. 2002. 2002 年国家西瓜甜瓜中期库对外引种品种名录. 中国西瓜甜瓜, (1): 58-59.
邵元健, 周小林, 包卫红, 等. 2012. 甜瓜种质资源遗传多样性的鉴定与评价. 中国瓜菜, 25 (3): 8-11.

王爱云, 李栒, 胡大有. 2006. 生物技术在油菜种质创新中的应用. 生命科学研究, 10 (1): 18-23.
王吉明, 马双武. 2007. 西瓜甜瓜种质资源的收集、保存及更新. 中国瓜菜, (3): 27-29.
王吉明, 尚建立, 马双武. 2007. 甜瓜近缘植物引进观察初报. 中国瓜菜, (6): 31-33.
王双伍, 李赛群, 刘建雄, 等. 2010. 甜瓜空间诱变育种研究初报. 湖南农业科学, (23): 28-30.
吴明珠, 尹鸿平, 冯炯鑫, 等. 2005. 新疆厚皮甜瓜辐射诱变育种效果的探讨. 中国西瓜甜瓜, (1): 1-3.
姚艳华. 2012. 杂交甜瓜亲本繁殖田间管理技术. 上海蔬菜, (4): 79-80.
张建农. 2003. 日光温室冬春茬厚皮甜瓜栽培技术. 甘肃农业科技, (8): 35-37.
张曼, 蓝强, 方锋学, 等. 2011. 广西引种意大利厚皮甜瓜试验初报. 南方农业学报, 42 (7): 779-781.
张兴国, 刘佩瑛. 1998. 黄瓜和南瓜原生质体融合研究. 西南农业大学学报, 20: 293-297.
赵传麟. 2017. 早春薄皮甜瓜保护地安全高效栽培技术. 蔬菜, (9): 55-57.
周长久, 王鸣, 吴定华, 等. 1996. 现代蔬菜育种学. 北京: 科学技术文献出版社: 173-176.
朱方红, 喻小洪, 徐小军. 2000. 西甜瓜航天育种研究初报. 江西园艺, 5: 36-37.
庄飞云, 陈劲枫, 娄群峰, 等. 2006. 甜瓜属人工异源四倍体与栽培黄瓜渐渗杂交及其后代遗传变异研究. 园艺学报, 33 (2):266-271.
Ayub R, Gui S M, Ben A M, et al. 1996. Expression of an antisense acc oxidase gene inhibits ripening in cantaloupe melons fruits. Nature Biotechnology, 14: 862-864.
Chen J F, Kirkbride J H. 2000. A new synthetic species of *Cucumis* (Cucurbitaceae) from interspecific hybridization and chromosome doubling. Brittonia, 52:315-319.
Chen J F, Isshiki S, Tashiro Y, et al. 1997. Biochemical affinities between *Cucumis hystrix* Chakr. and two cultivated *Cucumis* species (*C. sativus* L. and *C. melo* L.) based on isozyme analysis. Euphytica, 97: 139- 141.
Chen J F, Staub J E, Qian C T, et al. 2003. Reproduction and cytogenetic characterization of interspecific hybrids devived from *Cucumis hystrix* Chakr. × *Cucumis sativus* L. Theor Appl Genet, 106:688-695.
Chen J F，Zhang S，Zhang X. 1994. The Xishuangbanna gourd (*Cucumis sativus* var. *xishuangbannanesis* Qi et Yuan), a traditional cultivated plant of the Hanai people, Xishuangbanna, Yunnan, China. Cucurbit Genet Coop Rpt, 17 (1): 18-20.
Fassuliotis G. 1970. Resistance of *Cucumis* spp. to the root- knot nematode, *Meloidogyne incognita* Acrita. Journal of Nematology, 2 (2):174-178.
Fassuliotis G, Nelson B V. 1992. Regeneration of tetraploid muskmelon from cotyledons and their morphological differences from two diploid muskmelon genotypes. J Amer Soc Hort Sci, 117 (5): 863-866.
Fassuliotis G, Rau G J. 1963. Evaluation of *Cucumis* spp. for resistance to the cotton root-knot nematode meloidogyne. Incognita Acrita, 47: 809.
Jarl C I, Bokelmann G S, Haas J M. 1995. Protoplast regeneration and fusion in *Cucumis melon*× *Cucumber*. Plant Cell tissue and Organ Cculture, 43:259-265.
Nugent P E, Dukes P D, 1997. Root-Knot nematode resistance in *Cucumis* species. Hortscience, 5:880-885.
Sauton A. 1990. Haploidisation chezles cucurbitaceae. In cinquantenaire de la culture *in vitro*. Versailles (France), 10 (24):325-326.

第七章　南　　瓜

第一节　甘肃南瓜生产现状

南瓜为葫芦科（Cucurbitaceae）南瓜属（*Cucurbita*）中的一年生草本植物，起源于美洲大陆。根据南瓜的主要食用器官或加工对象，可以分为肉用南瓜和籽用南瓜两大类。我国肉用南瓜生产上包括中国南瓜、印度南瓜和西葫芦三大系列，其中中国南瓜包括嫩瓜食用型和老瓜食用型，印度南瓜以食用老瓜和加工制粉为主，西葫芦以食用嫩瓜为主。我国籽用南瓜生产上包括中国南瓜、印度南瓜、美洲南瓜和黑籽南瓜等系列。在生产习惯上，以南瓜籽的外观分为白板类型（雪白片）、光板类型、裸仁类型（无壳）、毛边类型和黑籽类型等几个种类。

南瓜营养丰富，口感甜糯，长期食用具有保健功效。我国中医学界认为南瓜性甘温，有利于滋养强壮，具有防治贫血、利尿、催乳等功能。近代医学证明，由于南瓜中含有丰富的果胶和特殊氨基酸等物质，有利于促进胰岛素分泌，并能调节血糖，吸附胆固醇和降血脂，故而能降低血糖，对防治高血压、冠心病等均有辅助疗效。南瓜富含胡萝卜素和维生素 C，而且南瓜果胶中可溶性纤维含量高，对糖尿病具有一定的食疗作用。因此，南瓜作为一种药食同源的保健食品，市场前景十分广阔。南瓜加工产品如南瓜粉在国际市场亦有较好的销路，南瓜粉已成为我国重要的出口创汇产品。南瓜籽含有丰富的亚油酸、矿物质及氨基酸，是一种高热量、高脂肪酸、高蛋白质的优质食品。南瓜籽和提取物与其他天然植物配伍，对前列腺病有显著疗效。南瓜籽油含有多种不饱和脂肪酸，能清除血管内壁沉积物。

根据联合国粮食及农业组织统计数据库（FAOSTAT）（2015 年更新数据），2013 年世界范围内肉用南瓜的收获面积达到了 180.13 万 hm^2，总产量达到 2468 万 t。我国是南瓜生产与消费第一大国，其播种面积与产量均高居世界首位。据市场分析统计，2015 年我国南瓜生产面积 133 万 hm^2，总产量超过 3589 万 t，其中肉用南瓜播种面积 80 万 hm^2 左右，总产量超过 2900 万 t，肉用南瓜中的西葫芦面积稳步增长已达 40 万 hm^2 左右，总产量在 2470 万 t。2015 年籽用南瓜生产面积 33.1 万 hm^2，总产量 38 万 t，呈现缓慢增长态势，种植区域主要分布在以黑龙江、新疆、内蒙古、甘肃、吉林、云南等 12 个省区。

一、分布区域

甘肃南瓜生产规模较小，面积分散，2015 年总面积约 4.3 万 hm^2。其中红皮和绿皮肉用印度南瓜栽培面积约 1 万 hm^2，肉用西葫芦面积约 2 万 hm^2，籽用南瓜面积约 1 万 hm^2。肉用印度南瓜制种面积约 1 万亩，西葫芦制种面积约 1.5 万亩，籽用南瓜制种面积约 1.5 万亩。

1. 肉用印度南瓜

西洋南瓜栽培主要集中分布在武威、庆阳、酒泉、兰州等地；一般亩产量 1200～1600kg，亩产值 2400～3200 元，栽培品种为甘红栗、甘香栗、甜美、东升等品种。西洋南瓜以鲜食为主，主要供应周边市场，河西走廊产区部分产品销往内蒙古作为加工原料，目前酒泉在建 1 家南瓜综合加工企业。

2. 西葫芦

西葫芦作为一种大众化蔬菜，以其耐候性强、适应性广、茬口安排灵活等特点，具有良好的市场均衡调剂作用。在各地蔬菜生产区均有栽培，除本地消费外，供应新疆、青海、陕西等周边省区。在肃州、高台、凉州、榆中、白银、武山、甘谷、西峰等蔬菜主产县区，西葫芦生产面积占比在 10%以内，规模在 3000～15 000 亩不等。温室生产以高台、天祝为典型，亩产量 7000～10 000kg，亩产值 1.3 万～2.0 万元，亩收益 9000 元，应用的品种为果色浅绿、较耐低温、持续均衡结果的碧玉、法拉丽、恺撒、福玉、冬秀等。春茬露地以榆中为典型，亩产量 6000kg，亩产值 5400 元，亩收益 3900 元，应用的品种为果色浅绿的绿湖 3 号、绿湖 2 号等；夏茬复种以陇东南的武山、清水为典型，亩产量 2000kg，亩产值 1200 元，亩收益 900 元，应用的品种为果色白绿或浅绿，较抗病毒病的玉帅、晶莹 8 号、秀玉、陇葫 1 号等。春茬大棚在各地均有分布，亩产值 5500 元，亩收益 3000 元。

甘肃东南部天水、平凉等市区，在冬小麦、冬油菜收获后进行西葫芦夏茬复种，6 月底地膜覆盖直播栽培，8 月上旬开始采收，9 月中旬拉秧后继续种植大田作物，生育期 60～80 天。西葫芦平均亩产量 2000kg 左右，亩产值 1000 元左右。这种模式充分利用了自然降水，提高了土地利用率，有效提高了单产效益，生产总体规模在 0.66 万 hm^2 以上。

3. 籽用南瓜

甘肃籽用南瓜面积约 1 万 hm^2，主要集中分布在武威、庆阳，为传统出口创汇产业。武威以裸仁类型生产为主，亩产量 120～150kg，亩产值 1800 元，采用地膜覆盖水旱塘栽培方式，应用的品种以金平果系列为主；庆阳以光板类型生产为主，采用地膜覆盖与大豆、玉米等套作的栽培模式，亩产量50kg左右，亩产值700元，应用的品种为平凉大板、光板1号、梅亚雪城等。在甘肃河西走廊的一些大型国有农场，如八一农场、饮马农场、花海农场等，近年籽用南瓜面积也迅速扩大，规模效益显著，发展前景良好。

武威金苹果农业股份有限公司（以下简称武威金苹果公司）是集籽用南瓜新品种选育、良种繁育推广、生产基地建设、南瓜籽加工、出口外销于一体的大型综合企业，年产值2亿元。庆阳南瓜籽加工外贸产业历史悠久、产业总体规模较大：现有加工企业67家，在西峰周边已建成国内最大的南瓜籽加工基地。代表性企业有庆发绿色农副产品公司、庆城果仁公司、华兴土特产公司等。

二、栽培方式

西葫芦露地春茬：露地春夏一大茬，4月播种，8月拉秧，应用的品种为果色浅绿的绿湖3号、绿湖2号等。应用的主要技术为新优品种、全膜覆盖、直播、生物农药、生物防控病毒等。白粉病、灰霉病、根腐病为主要病害，蚜虫、白粉虱、斑潜蝇为主要虫害。除供应周边市县外，部分销往华东地区。亩产量6000kg，亩产值5400元，亩收益3900元。存在的主要问题是品种单一，适合外销的绿皮抗病高产品种较少，病虫害严重。

西葫芦露地夏茬：一般采用在小麦、冬油菜后复种夏茬西葫芦的模式。6月底播种，8月初始收，9月中旬拉秧。应用的品种为果色白绿或浅绿、较抗病毒病的玉帅、晶莹8号、秀玉、陇葫1号等。应用的主要技术为新优品种、全膜覆盖双垄沟播、直播、生物肥料、生物农药、生物防控等。白粉病为主要病害，蚜虫为主要虫害。除供应周边市县外，部分销往陕西、宁夏等省区。亩产量2100kg，亩产值1260元，亩收益910元。存在的主要问题是白粉病严重、遇干旱点播出苗难。建议针对白粉病研究制定防治新技术，研究新型旱作技术。

西葫芦越冬温室：一般采用西葫芦后栽培茄果、豆类、黄瓜制种的模式。9月底播种，12月初始收，3月中旬拉秧。应用的品种为果色浅绿、较耐低温、持续均衡结果的碧玉、法拉丽、恺撒等。应用膜下滴灌、水肥一体化及补施二氧化碳气肥等技术。白粉病、灰霉病、根腐病为主要病害，蚜虫、白粉虱、斑潜蝇为主要虫害。除供应周边市县外，部分销往北京及西北各省市区。亩产量5000kg，亩产值12 500元，亩收益9050元。存在的主要问题是植株控旺及水肥调控技术不配套，适合保护地的专属品种少，品质与市场需要存在差距。

籽用南瓜旱地栽培：以庆阳的合水、华池、宁县、正宁等县区的子午岭林缘区川道为主栽区域，属半湿润偏旱气候区。多采用大田套种的栽培模式，在玉米、马铃薯和豆类等作物田块中每亩套种籽用南瓜300株左右。也有采用地膜玉米、大葱、大蒜与籽用南瓜带状种植的模式，带幅 7m，3～4 垄玉米、3～4 垄南瓜、垄面宽 50cm，垄沟距 50cm，每垄种植 2 行。玉米株距 30cm，亩保苗 2200 株；南瓜株距 60cm，亩保苗 1100 株。品种多采用梅亚雪城、桦南大板、金无壳等引进品种，少量采用面瓜、平凉白板等地方品种。一般亩产南瓜籽 40kg，亩产值 700 元。

南瓜水旱塘栽培：在甘肃的河西走廊和兰州、白银等有灌溉条件的地区，印度南瓜、籽用南瓜栽培普遍采用，属于旱地区灌溉农业。水塘（沟）宽 60cm，旱塘因品种而异（长蔓种类 200cm、短蔓品种则 100cm）。首先用开沟器按规格开出水塘，整平后在水塘内灌透水，待塘沟稍松散时再次整理平整，在水塘与坡面覆盖地膜。一般 4 月中旬至 5 月上旬在晚霜结束后，沿塘沟水线播种，株距 40cm，播深 2～3cm。在有的年份突发霜冻时，多采用覆盖麦草和报纸的方法来应对。籽用南瓜亩产量 120～180kg，亩产值 2000～2500 元。印度南瓜亩产量 1500～2500kg，亩产值 1600～3200 元。

三、生产中存在的问题

甘肃的南瓜生产虽然规模较小，但是优势及特色明显。甘肃大部分地区光热资源丰富、昼夜温差大，具有优质南瓜生产得天独厚的自然条件。首先地处西北内陆高原气候区域，使得南瓜生产病虫害较少，有利于生产绿色优质产品。其次在武山、高台等地已经形成特色鲜明、初具规模的生产基地，有利于产业化培育发展。再次在河西走廊地区南瓜杂交种子生产，种子饱满度和种皮光泽度好，技术成熟，管理较规范，产值稳定，产业发展壮大前景好。

但是存在一些共性问题，技术需求迫切。

（1）栽培技术水平普遍较低，管理较粗放，效益偏低。

（2）品种单一，专用品种较少，尤其适合温室栽培的国产品种很少。

（3）病虫害严重，防控措施随意零散。

（4）农业基础条件限制较大，尤其在陇东南雨养农业区的春、夏露地茬口，受到降雨量的极大限制。

（5）产业化水平低下，产品销售波动大。

目前南瓜生产以单户种植，管理以粗放栽培为主，精细化、标准化栽培管理水平落后，大部分主产区都采取自主管理，靠天、靠经验管理，没有标准化生产，或有些农民得到过技术培训，但由于劳动力紧张等，导致应用和掌握标准化栽培技术能力低。在种植过程中对于品种选择、育苗、整枝、压蔓、浇水和追肥、采收标准等田间管理措施及病虫害综合预防等生产环节存在问题。2015 年，出现最多的问题：一是在南瓜种植过程中农药、化肥、激素和除草剂的使用容易过量，由于不能正确使用，药害和肥害时有发生，不仅浪费，而且还造成南瓜商品瓜和土壤中有害物质超标。二是盲目扩大种植面积，忽视单位面积产量，导致生产中的管理不到位，造成土地等资源浪费、农户收入低的现象。三是缺乏对品种特征特性的认识，没有经过严格的生产试验示范，盲目引种，导致坐瓜率低、结籽率低，产量损失较大。

四、发展思路

肉用南瓜：利用“一带一路”战略的有利时机和地缘优势，培育外向型生产模式。在河西、陇中地区建成反季节西葫芦基地。围绕南瓜加工企业，建立南瓜产业化基地。

籽用南瓜：巩固现有光板类型和裸仁类型籽用南瓜栽培面积。有灌溉条件的地区采用地膜覆盖水旱塘栽培，无灌溉条件的地区积极推广全膜垄沟栽培模式。在庆阳等传统套作模式栽培区，研究总结高产高效模式。

南瓜制种：充分利用河西走廊地区南瓜杂交种子生产的优势地位，进行健康种子生产的产业培育，扩面积、提质量、增效益。

栽培技术研究与集成示范：针对白粉病集成示范防治新技术，引进示范新型旱作技术，高效安全生产技术集成示范。

第二节　甘肃南瓜育种

一、育种现状

甘肃开展南瓜育种的主要有甘肃省农业科学院蔬菜研究所、武威金苹果公司、甘肃省河西瓜菜科学技术研究所等 3 家单位，均有 20 年左右的研究历史，先后育成了肉用南瓜和籽用南瓜品种十多个，有力支撑了区域产业发展。

1. 肉用印度南瓜

甘肃省农业科学院蔬菜研究所 20 世纪 80 年代开始，就开展南瓜品种资源研究及利用工作，先后搜集、引进了 100 多份国内外南瓜属品种资源，其中西洋南瓜类型的资源有 30 余份。经过鉴定评价、多代分离筛选系谱纯化，获得了一批具有较高育种价值的优异材料。

2000 年前后，随着人们生活水平的提高，蔬菜种类及品种结构发生了较大变化，加之消费大众对南瓜保健功效的知识普及，小果型印度南瓜品种逐渐受到市场青睐。但当时生产中还多以农家品种为主。由于这些品种果型大、熟性晚、品质较差，与市场需求相差甚远，不能适应消费者的要求，致使甘肃南瓜相关产业发展也受到影响。甘肃省农业科学院蔬菜研究所资源研究室为此开展工作，进行育种目标为优质、高产、抗病、熟性早、外形美观、适应性广、耐贮运的南瓜新品种选育工作。依托国家科技支撑计划项目“高原夏菜高效安全生产及保鲜加工关键技术研究与示范（2007BAD52B01）”和甘肃省科学事业费项目“南瓜新品种选育研究（QS051-C31-05）”支持下，于2008年育成红皮短蔓小型南瓜甘红栗和绿皮长蔓南瓜甘香栗。目前主要针对甘红栗进行性状改良，以期在品质和耐贮性方面有所提高。

甘肃省河西瓜菜科学技术研究所于2005年育成绿皮长蔓南瓜，在武威周边县区广泛栽培。

2. 西葫芦

随着近年高原夏菜在甘肃的蓬勃发展，西葫芦的栽培面积也逐年扩大，露地西葫芦栽培在天水、临夏、兰州等地已经形成万亩规模的优势区域。特别是天水武山、甘谷等地冬小麦收获后复种西葫芦种植模式，利用6～9月较丰沛的自然降水，进行旱作栽培，经济效益显著，年播种面积10万亩左右，成为提高土地单产效益、增加当地农民收入的有效途径。

目前生产中应用的西葫芦品种较多，一般适宜保护地栽培的品种较多，而适合甘肃高原夏菜生产用的露地栽培品种相对较少。由于在高原夏秋季节栽培，自然光照强，昼夜温差大，气候相对干旱，因此要求品种耐候性强、长势旺、叶片浅裂或全缘，否则易产生日灼。又因为复种茬口栽培期短，要求前期产量要高。现有品种尚存在果实外观差、抗病毒病能力弱、耐候性弱、产量偏低等不足。

甘肃省农业科学院蔬菜研究所主要针对这一品种需求开展了西葫芦新品种选育工作。从2000年开始，先后搜集、引进了140多份国内外西葫芦品种资源，依托国家科技支撑计划项目“高原夏菜高效安全生产及保鲜加工关键技术研究与示范（2007BAD52B01）”支持，于2010年育成高原夏菜专用西葫芦新品种陇葫1号，于2014年育成陇葫2号新组合。

目前主要针对西葫芦病毒病抗性、浅绿皮色开展育种工作，性状目标为高光泽度、浅绿皮色、中抗病毒病。

3. 籽用南瓜

武威金苹果公司主要开展籽用南瓜新品种选育工作，尤其在无壳南瓜籽杂交种选育方面处于全国领先地位。1998年，育成国内第一个无壳南瓜杂交品种“金无壳”，接着又持续育成5个亩产在150kg以上，以20%增产幅度递增的“金平果★”系列无壳南瓜杂交种。这些品种占国内70%以上的无壳南瓜市场份额。同时，武威金苹果公司还育成亩产量在180kg以上的光板新品种和亩产量在120kg以上的雪白片（白板）品种。

4. 南瓜育种存在的共性问题

1）适合加工和综合利用品种较少

随着南瓜种植规模扩大，南瓜加工和综合利用产业也在快速发展，对南瓜品种除高产、抗病等外，对南瓜的品质，如含糖量、淀粉含量、胡萝卜素含量、瓜肉硬度、肉色及含特殊的保健成分等性状提出了更高的要求，目前南瓜育种研究都是以鲜果食用为导向，专门针对应用于南瓜加工和综合开发利用的品种很少，高胡萝卜素、高肌醇、高淀粉、高叶绿醌（籽用南瓜）含量等功能性品种更是凤毛麟角。功能性成分含量高的品种虽受到重视，但没有基础性研究数据做支撑，严重制约着我国南瓜产业的壮大。

2）原创性、革命性品种少

技术和资源创新不足必然导致品种选育后劲缺乏，模仿育种、急功近利导致原创性动力不足，资源贫乏、品种雷同、育种目标短期化、前瞻性不够，育成的品种往往滞后于市场或“拷贝种”泛滥，导致品种育成后很难在市场上大面积推广，竞争市场不是靠品种本身而是靠降低价格来维持。

3）专用品种少

针对每个茬口或季节、不同的气候环境、不同的用途等所要求的品种性状来育种，即以市场为导向的育种机制还没有形成，盲目育种、盲目推广现象比较突出，如印度南瓜鲜食和加工品种的要求应该不同，但在育种中常常混为一谈，导致鲜食的品种产量高、品质差，而加工的品种淀粉含量、保健成分又明显不够。再比如，西葫芦生产，随着种植茬口的不断细分，区域的不断扩大，对品种要求越来越细化，除满足容易坐瓜、瓜码多、稳产高产、瓜条绿、光泽度好、形状均匀周正的优质特性外，露地栽培品种要求抗病毒病强，早春大棚要求早熟、前期耐低温后期不早衰、颜色和光泽下降慢、抗白粉病能力强等更高的商品性和适应性，温室品种要求耐低温弱光、连续结瓜能力强、抗白粉病和根腐病等。而现有育成的许多品种特性没能兼顾茬口、用途等专有属性，因此部分品种由于定位不清晰，不能很好地满足生产的需求而导致推广中的夭折。

二、种质资源创新

南瓜是遗传变异最丰富的作物之一，一些稀有特异种质资源的占有与研究对育种成效具有决定性作用。充分挖掘、引进和创新种质资源，拓宽育种材料遗传背景，加强种质的鉴定评价，尤其是优质抗病材料的鉴定研究，是近期南瓜育种工作的重心。

1. 肉用印度南瓜种质

甘肃省农业科学院蔬菜研究所在育种实践中，对以往搜集到的南瓜种质资源材料依据其特征特性进行分类，初步掌握了南瓜皮色、果型、蔓性等性状的遗传规律，筛选出了20份南瓜优异自交系材料，尤其是创新育成1份红皮短蔓印度南瓜种质资源YN0112。YN0112是1999年从韩国引进的南瓜品种在田间发现的一株短蔓变异株经多代自交定向选育而成的稳定自交系，该自交系生长势强，生长前期为团秧生长，早熟、抗病，易坐瓜，畸形瓜少，果实高扁圆形、果皮橘红色、果肉橘黄色，肉质致密，风味甜糯干面、品质极佳，2003年纯化稳定开始配制杂交组合，并以此为母本育成新品种甘红栗。

2. 西葫芦

随着蔬菜产业由数量型向质量型的转变，西葫芦生产和消费市场将进一步细化，对品种的要求将进一步精准化，而目前西葫芦多样化、专用化育种尚在起步阶段。目前国内仅有少数几家在开展西葫芦育种，各育种单位西葫芦育种目标基本都集中在白皮色品种的抗病、高产、抗逆研究方向，对特色专用品种的资源搜集、整理及材料创新研究还远远不能满足生产和消费需求。西葫芦抗逆（耐低温、耐弱光、耐高温干旱）的种质资源较少，复合抗病、抗逆境的种质资源更是缺乏。

生产中虽然表皮光泽度高、浅绿皮色的西葫芦产品更受市场欢迎，但具有这一特性的以国外品种为主，具有种子价格高、地域适应性弱等缺点，仅在日光温室等反季节栽培中采用，露地西葫芦生产应用较少。因此高抗病毒病、浅绿皮色、坐果集中的西葫芦种质资源依然缺乏。

西葫芦皮色可分为白、淡绿、深绿3种表现型，白色具有完全显性。计划获得淡绿皮色品种，则首先要创制获得浅绿皮色和深绿皮色的自交系并配制组合使之实现。目前甘肃省内缺乏浅绿皮色西葫芦品种甚至种质材料储备，因此首先要进行淡绿皮色西葫芦品种的引进及鉴定，通过杂交转育和自交分离获得浅绿皮西葫芦种质。西葫芦病毒病为露地栽培的主要病害，对产量和外观负效应显著，因此需要同时评价新种质的抗病毒病能力，通过室内人工接种与田间自然发病相结合鉴定来筛选具有较强抗病毒病能力的自交系。对西葫芦瓜条光泽度的遗传特性鲜见报道，也需要进行探索研究。另外还需要加强单性结实、均衡结实能力的研究。

3. 籽用南瓜

武威金苹果公司采用购买、征集、采集等方式，已获得有壳籽用南瓜种质资源2670份，无壳籽用南瓜种质资源2700份。又通过种质资源互换、人员互访、技术交流、信息共享等途径，征集到国外籽用南瓜种质资源176份。这些资源部分来源于鲜食南瓜，必须经过种质资源创新才能获得有价值的籽用南瓜自交系。采用田间鉴定、提纯复壮、常规杂交、太空搭载、回交转育、多亲杂交聚合等技术方法，选育出超高产、抗白粉病、抗疫病材料。

三、育种技术研究

杂种优势育种技术是南瓜育种主要采用的方法。通过多种途径搜集、引进、鉴定新的种质资源，筛选出优良的育种原始材料；经多代自交分离、提纯筛选育成优良自交系；在优良自交系材料内大量选配杂交组合，通过杂种优势测定、品种比较、区域试验、生产示范等育种程序筛选优良杂交组合，同时结合品质分析、抗性鉴定等育种手段，鉴定杂交组合的综合性状。最后育成田间生产表现突出、符合市场消费需求的新杂交组合。

总体来看，南瓜育种技术落后于其他主要蔬菜作物。组织培养、分子标记辅助技术、功能基因组学、蛋白质组学及更先进的修饰育种技术的研究在南瓜作物中刚刚起步，在国家蔬菜工程技术研究中心、湖南瓜类作物研究所、西北农林科技大学等单位开始应用。

第三节　甘肃南瓜育种取得的成就与应用

甘肃省农业科学院蔬菜研究所和武威金苹果公司等单位，根据生产需求开展南瓜育种工作，先后育成了肉用南瓜、籽用南瓜品种十多个，有力支撑了区域产业发展。尤其是武威金苹果公司的“金无壳”和“金平果”系列籽用南瓜杂交品种的育成与推广应用，在带动促进甘肃南瓜产业发展的同时，广泛应用于新疆、内蒙古、黑龙江等省区，在国内南瓜业界影响深远。

1. 甘红栗

甘肃省农业科学院蔬菜研究所。以自交系 YN0112 为母本、自交系 Jar0521 为父本选育的红皮小型南瓜杂交一代品种，2009 年通过甘肃省农作物品种审定委员会认定（甘认菜 2009012）。甘红栗早熟短蔓，从授粉至果实成熟需要 36 天左右。生长前期表现出明显的短蔓性状，可连续坐果 2～3 个，坐果能力强。果实扁圆形，平均单果重 1kg 左右，深橘红色皮，商品率高。果肉厚 3.1cm，深橘黄色，色泽鲜亮，肉质致密，口感甘甜细糯，粉质度高，品质极佳。种子白色，平均千粒重 180g 左右。平均亩产量 2500kg。栽培株距 55cm，行距 75cm，一般栽植密度 1600 株/亩。前期不用整枝，摘除第 1 雌花，在第 2～3 雌花开始预留商品瓜，每株留瓜 2～3 个。育苗每亩用种量约 350g。适宜在甘肃各地及气候条件相近的其他地区露地和保护地推广栽培。

2. 甘香栗

甘肃省农业科学院蔬菜研究所。以 03B811 为母本、03C417 为父本选育的杂交种，2009 年通过甘肃省农作物品种审定委员会认定（甘认菜 2009011）。甘香栗植株蔓生，第 1 雌花着生在主蔓第 9～11 节，授粉至果实成熟 40 天左右，全生育期 98 天。果实扁圆形，果皮深绿色带浅绿色条纹，果面光滑亮泽，平均单果重 1.5kg。果肉厚 3.2cm，肉色橙黄，肉质致密。口感甜面，具板栗香味。平均亩产量 2000～2500kg。爬地栽植密度 1000 株/亩，需及时压蔓；搭架栽植密度 1400 株/亩。单蔓或双蔓整枝。以第 2～4 雌花坐果为宜。保护地栽培需进行人工辅助授粉。适宜在甘肃各地及气候条件相近的其他地区露地和保护地推广栽培。

3. 陇葫 1 号

甘肃省农业科学院蔬菜研究所以自交系 MF07 为母本、自交系 MF15 为父本选育的西葫芦杂交一代品种。2011 年通过甘肃省农作物品种审定委员会认定（甘认菜 2011013）。陇葫 1 号为短蔓品种，具有瓜条匀称美观、商品率高，高温条件下坐瓜性能好，形成产量迅速集中等特点。生长势强，中抗白粉病和病毒病。中型叶片，深裂具少量银斑。果色淡绿，果实圆筒形，瓜条长 20cm，瓜条直径 5.1cm，平均单瓜重 280g，瓜条整体性状符合高原夏菜市场要求。种子平均千粒重 150g 左右。平均亩产量 2500kg。夏复种栽培一般采用直播，栽植密度 1200 株/亩。适宜在甘肃各地及气候条件相近的地区春露地、夏复种茬口栽培。

4. 金无壳

无种壳籽用南瓜新品种，1998 年由武威金苹果公司育成。蔓中长，约 70cm。叶平展，长势较强。全生育期 105 天左右，出苗后 30 天开花，花后 50 天左右成熟。果实高圆形，老熟后皮色金黄，平均单瓜重 4kg，平均单瓜产籽 400～500 粒。瓜籽平均千粒重 170～180g，平均亩产籽量 120～130kg。

5. 金平果★★

无种壳籽用南瓜新品种，2002 年由武威金苹果公司育成。蔓长约 30cm。叶直立上冲，株型紧凑，适于高密度栽培。全生育期 100 天左右，出苗后 28 天开花，花后 50 天左右成熟。坐瓜性好，可在 1 周内完成坐瓜，单株双瓜率高。果实球形略高，平均单瓜重 2kg，平均单瓜产籽 500～600 粒。瓜籽平均千粒重 150～160g，平均亩产籽量 160～180kg。较抗旱、抗白粉病。

第四节　甘肃南瓜良种繁育

一、亲本种子生产技术

为保证杂交种纯度，首先要进行隔离严格的亲本种子生产。南瓜是虫媒花，亲本种子普遍采用套花人工授粉，要求隔离距离 200m 以上。

南瓜自交衰退较明显，因此一般采用株系内姊妹交的方式授粉留种。在对优良组合的父母本进行扩繁时，首先进行严格的去杂去劣，将后代种子分成若干份作为一代原原种。选取其中一份原原种继续扩繁，获得各级原种直至作为大田制种的亲本种子。待这一批次亲本种子种性明显退化时，再提取一份一代原原种以供使用。

二、杂交一代制种技术

甘肃河西地区通过近年的快速发展，已经成长为全国乃至国际上知名的蔬菜良种制种基地。通过广泛调查研究总结，结合笔者多年的蔬菜良种繁育心得，对短蔓南瓜制种的关键技术要点作一介绍。该技术适用于甘肃及周边地区短蔓南瓜杂交一代种子繁种参考使用。

1. 选地

应选择肥力足，有灌溉条件，通风良好、光照充足的地块。前茬尽量避开瓜类和蔬菜作物。自然隔离区 1000m 以上（有建筑物和障碍物 600m 亦可）。

2. 播种

播种前整地，施足底肥，适量增施磷钾肥。

母本为矮秧型，因此采用高畦垄作，双行栽培。一般垄宽 80cm，沟宽 70cm，垄高 15cm，垄面覆盖地膜。父本为长蔓型，因此采用小沟旱塘，双行对向爬秧栽培。一般畦宽 180cm，沟宽 50cm，沟深 15cm。畦沟两侧覆盖地膜，宽畦中间裸露用于摆放瓜蔓。直播时先浇透窝水，每穴点播 2 粒饱满种子，在种子上覆盖厚 1.0cm 的潮湿细土，然后在覆土上面再覆盖 1.0cm 厚的细沙。播种时采用这种水压沙方法，不易板结，出苗快而且整齐一致。母本株距 55cm，父本株距 45cm。父母本按 1∶（5～7）比例配置。父本比母本提前 4 天播种。

3. 苗期管理

温湿度适宜时，播后 4～7 天即可出苗。出苗后及时掏苗，覆土，及时补苗，补播。苗期注意防治猝倒病、立枯病，加强中耕除草。

父本在 6 片真叶以后开始甩蔓时要及时顺蔓压蔓，以免互相缠绕影响光照滋生病害。父本上出现的所有雌花和母本上前两个雌花要及早摘除。

4. 杂交授粉

杂交授粉从母本上的第 3 个雌花开始。母本上前两个雌花授粉留作种瓜结籽率极低，会严重影响杂交种产量，因此要及早摘除。

在每天傍晚集中摘除母本上快要开放的雄花，第 2 天清晨授粉前再复查一遍，保证母本上不能有开放的雄花出现。这是保证杂交种子纯度的技术关键。

杂交授粉应选择晴天 7:00～11:00 露水干后进行。授粉时，摘取父本上当天开放的新鲜雄花，轻轻撕去外围花冠，使花药充分暴露，然后在雌花柱头上轻柔涂抹均匀，然后在这个雌花的花柄上做好标记，即完成杂交授粉。

5. 授粉环节中的注意事项

1）授粉过程中严格去杂、去劣

对因机械混杂造成的长势和性状与父本、母本有异的植株尽早拔除。同时及时摘除母本上的病瓜、烂瓜、畸形瓜，进行补授。

2）避免在阴雨天授粉

如遇雨天，雨停后立即组织人力集中摘除在雨天开放的雌花。否则结籽率极低。

3）正确选择雄花

父本上的雄花，在确认其花药发育正常、花粉量充足时才可以用来授粉。摘取的雄花花药如果已经被露水等完全浸湿，或者雄花为隔天的不新鲜花，则不能用来授粉，以免影响种子产量。

4）正确选择雌花

授粉时，前一天未被授粉已经凋谢的“遗漏雌花”要随即摘除，只能选取当天开放的新鲜雌花进行授粉。

5）预防昆虫串粉

如果气温高，蜜蜂等“串粉”昆虫在清晨大量出现时，要考虑在傍晚进行父母本套花，避免杂交种纯度不能达标。

6）适时停止授粉

母本每株坐瓜 2～3 个后，即停止授粉。

6. 田间管理

授粉结束后，掐去母本的生长点，控制植株长势，促进种瓜发育。在生产过程中，要及时对父母本植株叶腋萌发的侧枝实施摘除，或留 2 叶短截，使植株始终保持单蔓伸长。

种瓜的发育需大肥、大水。有条件时 10～15 天灌水 1 次，结合灌水追施氮磷钾速效肥 2～3 次，每亩每次 20kg。

及时防治病毒病、白粉病、细菌性病害等叶面病害，以及蚜虫、红蜘蛛等虫害。结合喷药，喷施磷酸二氢钾 2～3 次，浓度 0.2%～0.3%。

授粉坐果后约 45 天种瓜趋于成熟，这时适当控水、排涝，防烂瓜。

7. 种瓜采收，种子淘洗

成熟的种瓜外观光滑亮泽，呈深橘红色。这时即可采收。采收时仍要去杂，去劣。采收下来的种瓜放置于阴凉、干燥、通风处后熟 10 天即可掏籽。

掏出的种子放在塑料容器中发酵 12～24 小时后，及时用大水漂洗干净。平摊于席子或帆布上，在阴凉处风干。严禁暴晒，严禁在塑料膜或水泥地上晾晒，以免影响发芽率。

在掏籽和洗涤过程中，严禁接触铁器，以防种皮变色影响种子外观质量。干燥后的种子要保存于干燥阴凉处，避免雨淋和回潮。

8. 质量要求

种子外观正常，无霉变变色。发芽率 90%以上，杂交纯度 95%以上，净度 98%以上，含水量 7%以下。

第五节　甘肃西葫芦高产高效栽培技术

一、日光温室西葫芦控秧免蘸花高效栽培技术

日光温室西葫芦控秧免蘸花高效栽培技术，采用“稀植长茬”，通过温室温度、水肥动态调控，配合使用一些控秧、坐果生长调节剂，最终实现适应植株长势的动态管理。越冬一大茬每株坐瓜 30 多个，亩产量 17 500～20 000kg，亩产值 3 万～4 万元，亩纯收益 2.3 万～3.2 万元。

1. 优良品种

采用京葫 36 号、冬绿 100 等品种，耐低温弱光，坐瓜均衡，皮色翠绿亮泽。

2. 重施基肥

每亩施有机肥 10～15m^3，生物有机肥 400～500kg，磷酸二铵 50kg，均匀撒施深翻入土中。氮磷钾三元复合肥（15-15-15）100kg/亩，起垄时在大行两侧各

30cm 处开沟条施。

3. 栽培密度

大行（操作行）100cm，小行（定植行）60cm，株距 75～80cm，栽植密度 1100 株/亩。

4. 定植覆膜

先定植，后盖膜，浇过窝水 3～4 天后平整垄面，覆盖地膜。用幅宽 110cm 的地膜，在大行中间接缝。

5. 光合菌素控秧剂

定植后 7～8 片叶开始喷施由增致农化（中国）有限公司生产的西葫芦专用“控旺膨瓜宝”。每袋（25g/袋）兑水 15kg 叶面喷雾，可喷施 800 株左右。植株长至 10～12 片叶根据长势强弱再喷 1 次。

“控旺膨瓜宝”使用原则：选择晴天施用。结瓜前用量不要过轻，结瓜后用量不要过重，结合通风降低夜温，以使结瓜期叶柄粗短、茎秆粗壮、不徒长。具体用药次数依品种、植株长势、土壤水分、肥力、棚内温湿度等灵活掌握。冬天一般不喷控秧剂，早春恢复长势后继续施用。

6. 叶面喷施坐瓜剂

在西葫芦第 1 雌花大部分开放时，叶面喷施西葫芦专用坐瓜剂“保座”。每袋（15ml/袋）兑水 15kg，喷雾器选用小眼喷片，在距植株 50cm 以上喷洒叶面，只喷 1 遍，不要喷洒生长点，以免造成药害。前两次间隔 7 天，以后 10～15 天喷一次。冬季气温低、长势弱，每隔 15～20 天喷施一次，每袋药剂兑水后可喷 800 株左右；春季气温升高、长势恢复，选择 16:00 以后喷施，7～8 天喷施一次，每袋药剂兑水后可喷 600 株左右。

7. 温湿度管理

定植后，室温控制在白天 25～30℃，夜间 18～20℃，促进缓苗。缓苗后至 4 片真叶前，室温控制在白天 25～28℃，夜间 12～15℃。当植株生长至 5～8 片叶时，及时通风，加大昼夜温差，保温被或草帘早揭晚盖，延长光照时间，室温控制在白天 25℃左右，夜间 10℃。坐瓜以后室温控制在白天 22～26℃，夜间 12～15℃。植株封垄后要避免高温高湿，及时通风换气。

8. 水肥管理

定植后浇一次透水，结瓜前不再浇水。结瓜初期是营养生长和生殖生长并进的时期，要协调好生长与结瓜的关系，因此浇水追肥应依植株长势而定。根瓜坐齐后如植株长势偏弱，可结合浇水每亩施入含腐殖酸（≥3%）水溶肥（20-20-20）10～15kg；根瓜坐齐后，如植株长势较旺，可在单株坐住2～3个瓜后再进行浇水追肥。深冬季节以控水为主，在冬至至立春前最好不浇水，可通过喷施海藻叶面肥来补充营养。进入春季随天气变暖，及时补充水肥，每隔15天左右浇水一次，每浇水两次追肥一次，每亩追施高钾型水溶肥（10-20-30或13-6-41）5～10kg，忌大肥大水漫灌。

9. 病虫害防治

茎基腐病：定植后两天开始预防茎基腐病（细菌性病害），浇水后灌根，常用药剂为普力克、链霉素、噻菌铜、甲霜灵，每隔10天喷一次。

霜霉病：一般在生长后期发生，防治药剂为霜脲·锰锌等。

白粉病：一般在生长后期发生，防治药剂为乙嘧酯吡氟等。

蓟马、斑潜蝇：防治药剂为阿维菌素等。

二、全膜双垄集雨沟播栽培西葫芦技术

全膜双垄集雨沟播栽培西葫芦，适宜在甘肃陇东南地区及年降雨量500mm左右气候条件相近地区采用。

春茬生产以兰州榆中为代表，由于位于西北内陆高原气候区域，光照充足，气温凉爽，进行高原夏菜西葫芦生产，病虫害较少，产品绿色优质。已经形成初具规模的生产基地，产品远销上海、南京、杭州等华东省市。目前全县栽植面积1.0万亩左右。

夏茬复种以甘肃东南部天水武山、平凉泾川等县区为代表。在冬小麦、冬油菜收获后，于7～9月进行西葫芦旱作复种。这种模式充分利用了自然降水和热量资源，有效提高了土地利用率和单产效益，成为调整旱地种植结构的新途径。

1. 时间安排

一般有春露地、夏茬复种两种茬口。

春露地：5月上旬露地直播，7月上旬始收，盛收期一般维持30天左右。

夏茬复种：采用在小麦收割后或前茬蔬菜后种植西葫芦的模式，一般7月初播种，8月中旬始收，9月中旬拉秧。

2. 品种选择

露地春茬：绿湖 3 号、绿湖 2 号、超级帝王、玉帅、碧绿、绿宝石等品种。

露地夏茬：京葫 8 号、秀玉、碧莹、珍玉 35、晶莹 8 号、陇葫 1 号、碧峰、碧波等坐瓜集中、皮色浅绿的品种。

3. 整地起垄

每幅垄分为大小两行，幅宽 120cm，其中大垄宽 70cm，高 10cm；小垄宽 50cm，高 15cm。首先在地边划地边线，沿地边线 40cm 划小垄边线，然后一大一小划线、一低一高起垄。地膜宽 120cm，膜与膜的接口在大垄的中间。接口处覆盖 10cm 宽的土压膜。每隔 2～3m 横压土腰带。

4. 播种

春茬 5 月 10 日前后开始播种，夏茬根据前茬灵活安排。膜上集雨垄沟内直播 1 行，株距 65～70cm，播深 3～4cm。在垄沟内株间扎渗水孔。一般栽培密度 1100 株/亩。直播时每穴点播 2 粒饱满种子，种子量不足时可以采用 1 粒、2 粒间隔播种的方法。在种子上覆盖厚 1.0cm 的潮湿细土，然后在覆土上面再覆盖 1.0cm 厚的潮湿细沙，或者掺沙土盖穴以免板结。播种时采用这种压沙覆土方法，不易板结，出苗快而且整齐一致。每亩需要种子量 350～500g。

5. 苗期管理

温湿度适宜时，播后 6～9 天即可出苗。出苗后及时掏苗、覆土、补播。苗期注意防治猝倒病、疫霉根腐病，加强中耕除草。

6. 追肥

当根瓜坐稳后开始追肥。一般在降雨前后进行，穴施或沟施。每采收 4 个果追肥一次，每次亩施氮磷钾三元复合肥 15～20kg。

7. 植株调整

前期不用整枝，采收期对植株叶腋萌发的侧枝全部摘除。及时摘掉下部老叶、黄叶、病叶。

8. 病虫害防治

按照预防为主，药剂为辅的防治原则，及时防治病毒病、白粉病、灰霉病等病害，蚜虫、红蜘蛛、白粉虱等虫害。露地西葫芦尤其要重视对病毒病的防治。

9. 注意事项

夏茬容易发生田间郁闭，应适当稀植，每亩 1100 株为宜；同时减少氮肥用量。

三、露地短蔓南瓜高产高效栽培技术

红皮短蔓小型南瓜甘红栗，果实生育期 36 天，全生育期 92 天。生长前期表现出明显的短蔓性状，第 2 个瓜坐住后蔓长仅 0.4～0.5m。亩栽植密度可达 1600 株，较之长蔓品种亩增加株数 500 株。坐果能力强，平均单株坐果 2.2 个，丰产潜力大。区域试验和生产试验表明，平均亩产量 2400～2600kg，较长蔓品种增产 60%以上；抗南瓜白粉病、病毒病。可作为小型礼品南瓜或加工南瓜粉品种在北方地区种植。

1. 催芽播种

选用肥沃的田园土和充分腐熟的农家肥按 7∶3 比例混合过筛，然后按每立方米加入草木灰 10kg、磷二铵 0.5kg、50%多菌灵可湿性粉剂 80g，充分拌匀，用农膜覆盖堆闷 20 天后，装入 10cm×10cm 育苗钵待用。

播前将种子浸入 55℃的温水中不断搅拌，待水温降至 30℃时再浸泡 4～6 小时。捞出种子后用 10%磷酸三钠浸种 15 分钟，然后在 30℃恒温条件下催芽。催芽 36～48 小时，大部分种子露白时即可播种。播种时种子上覆土厚度为 2cm。

2. 苗期温度管理

播种 3～4 天后出苗，温度应逐渐降低，幼苗期气温控制在白天 25～28℃，夜间 13～17℃，地温 18℃以上。在吐露真叶前夜间温度过高时胚轴易徒长，但夜间最低气温要保持在 10～12℃。在定植前一周夜温可降到 8℃左右，逐渐锻炼幼苗。

在适宜条件下，育苗期 22～25 天即可达到三叶一心的定植标准。

3. 定植

应选择肥力足，有灌溉条件，通风良好、光照充足的地块。前茬尽量避开瓜类和蔬菜作物。定植前每亩施入腐熟农家肥 5000kg，过磷酸钙 50kg，磷酸二铵 20kg，硫酸钾 20kg 并深翻细耙，使肥料与土壤充分混合。

甘红栗为矮秧型，因此采用高畦垄作，双行栽培。一般垄宽 80cm，沟宽 70cm，垄高 15cm，垄面要耙平，并覆盖地膜。在垄上定植 2 行，按三角形挖穴，穴距 55 ㎝左右。一般栽培密度 1600 株/亩。定植后 30 余天第 1 雌花即可开放。

也可直播栽培。直播时先浇透窝水，每穴点播 2 粒饱满种子，在种子上覆盖厚 1.0cm 的潮湿细土，然后在覆土上面再覆盖 1.0cm 厚的细沙。播种时采用这种

水压沙方法，不易板结，出苗快而且整齐一致。温湿度适宜时，播后 6～7 天即可出苗。出苗后及时掏苗、覆土、补播。苗期注意防治猝倒病、立枯病，加强中耕除草。

4. 水肥管理

定植后第 5 天浇缓苗水，以促发棵。坐瓜前根据天气和土壤墒情及时适量浇水，不可过分控水，否则幼苗营养生长不良，影响丰产性。但也要防徒长。当幼瓜长到拳头大小时及时浇水并追肥：水量不宜过大，并选择在晴天上午进行；追肥以速效肥为主，一般每亩施用量为磷酸二铵 5kg，尿素 5kg，硫酸钾 10kg。在整个生长过程中可用 3‰磷酸二氢钾和 5‰尿素进行叶面喷肥 1～2 次，促其高产。

5. 植株调整

前期不用整枝，摘除第 1 雌花，在第 2～3 雌花开始预留商品瓜，采收老瓜的每株留瓜 2～3 个，兼采食用嫩瓜的，每株可留 3～5 个。瓜坐稳后打头促早熟。此时对植株叶腋萌发的侧枝实施部分摘除，或留 2 叶短截，减少营养消耗。坐瓜 20 天后要及时摘掉下部老叶、黄叶、病叶，增加通风透光，减少病害发生，促进果面着色。

6. 人工辅助坐果

在早熟栽培中易引起花期不遇或雄花量不足或因低温阴雨而导致授粉不良，可采用人工辅助授粉，提高坐果率。每日清晨摘取新鲜雄花进行人工授粉工作。如果没有雄花，或花粉量不足时，可用 20mg/kg 2,4- D 或 50mg/kg 座瓜灵（PCPA）喷花或涂抹在瓜柄上防止化瓜。

7. 采收

在授粉 30 天后淀粉达到高峰时即可采收食用。这时适当控水、排涝，防止烂瓜。

8. 病虫害防治

及时防治白粉病、灰霉病、病毒病等病害，蚜虫、红蜘蛛、白粉虱等虫害。贯彻以栽培防病为主，药剂为辅的防治原则。

9. 贮藏

南瓜较耐贮藏，在贮藏期间喜温干，怕湿冻。高温、高湿、郁闭条件下易染病腐烂，低温受冻后难以恢复。贮藏适宜温度 10～15℃，相对湿度 70%～75%，并要求较好的通风条件。贮藏期一般100～150天。长时间处于5℃下产生冷害，果肉产生冷害斑。0℃以下产生冻害，失去商品价值。

南瓜普遍采用自然降温贮藏，一般在通风库或通风良好、湿度较低的仓库内堆藏和架藏。

1）堆藏

把选好的南瓜直接堆放在室内。堆放前地面先铺一层干草或麦秸，上面堆放南瓜。摆放的方向和生长时的状态相同，可将瓜蒂朝里，瓜顶朝外，依次堆码成圆堆，每堆15～25个，高度5～6个瓜高为好。同时留出通道，以便检查和通风散热。

也可装筐堆藏，每筐不宜装得太满，离筐口应留有一个瓜的距离，以利通风和避免挤压。瓜筐堆放可采用骑马式，以3～4个筐高为宜。

贮藏前期，外界气温较高，要在晚上打开窗口通风换气，白天关闭遮阳，避免日光直接照射，室内空气要新鲜干燥，并保持凉爽。外界气温较低时，特别是到了严寒冬季，注意防寒，温度应保持在5℃以上。

2）架藏

仓库内用木、竹或角钢搭成分层贮藏架，铺上草包，将瓜堆放在架上。或用板条箱垫一层麦秸作为容器，瓜放入后置于贮藏架上进行贮藏。

这种方法透风散热效果比堆藏好，仓位容量也比堆藏大，观测、检查比较方便，目前多采用此法贮藏南瓜。

3）注意事项

南瓜在贮藏入库过程中，容易产生机械伤从而造成腐烂。一种是因摩擦或挤压造成的外伤。还有一种是因振动使瓜瓤造成内伤，导致腐烂，这种现象是南瓜等特有的，应当引起重视。

贮藏前期南瓜生理活性强、含水量大，产生呼吸热多、水分蒸散量大，要加强通风散热和排湿，以免腐烂变质。

严冬季节要加强保温，防止受冻。贮藏温度降到0℃以下导致受冻是多数南瓜不能继续贮藏的主要原因之一。

整个贮藏期要经常检查，挑出不宜继续贮藏的南瓜，以免侵染好瓜。

四、旱地籽用南瓜栽培技术

1. 种植模式

以庆阳的合水、华池、宁县、正宁等县区的子午岭林缘区川道为主栽区域，属半湿润偏旱气候区。采用大田套种的栽培模式，在玉米、马铃薯和豆类等作物田块中每亩套种籽用南瓜300株左右。采用地膜玉米、籽用南瓜带状种植的模式，带幅 7m，3～4 垄玉米、3～4 垄南瓜，垄面宽 50cm，垄沟距 50cm，每垄种植 2 行。玉米株距 30cm，亩保苗 2200 株。南瓜株距 60cm，亩保苗 1100 株。

2. 品种选择

品种可以选用梅亚雪城、桦南大板、金无壳、籽满满等。

3. 补水播种

旱地早春一般墒情不足，可在播种穴中少量灌水缓解。南瓜播种时间为 4 月中旬至 5 月上旬，采用膜下挖穴干籽点播，每穴 2 粒种子，播后覆土盖膜。

4. 补种保全苗

播种后随时观察出苗情况，发现缺苗及时补种。瓜苗顶膜后破膜放风，以免高温烫伤。晚霜过后，将幼苗放出膜外，用土封好播种穴。3 叶期定苗。

5. 追肥

旱作南瓜施肥以基肥为主。在伸蔓期可以追施尿素 15kg/亩，在膨瓜期追施氮磷钾三元复合肥 15kg/亩。一般采用降雨前在植株间穴施的方法。

6. 人工辅助授粉

在阴天或者蜂源不足时，采用人工辅助授粉可以促进坐瓜，提高产量。在 7:00～11:00 摘取当天开放散粉的新鲜雄花，撕去外围花冠，使花药充分暴露，然后在雌花柱头上轻柔涂抹均匀。

7. 病虫害防治

露地籽用南瓜的病害主要有病毒病、白粉病、霜霉病，虫害主要有蚜虫、红蜘蛛，防治方法参见前节内容。

8. 采收后熟

当田间大部分南瓜老熟，瓜蔓开始枯萎时即可采收，放置在干燥向阳处后熟 20 天，然后破瓜掏籽。后熟因品种而异，时间过长会造成种子在果实内发芽。

主要参考文献

陈荣贤，常宏，魏照信. 2012. 中国籽用南瓜. 兰州：甘肃科学技术出版社.

第八章　花　椰　菜

花椰菜是十字花科（Cruciferae）芸薹属（*Brassica*）甘蓝种中以花球为产品的一个变种，一年或二年生草本植物。学名 *Brassica oleracea* var. *botrytis* L.；别名花菜、菜花。由甘蓝（*B. oleracea* L.）演化而来，演化中心在地中海东部沿岸。19 世纪中叶传入我国南方。花椰菜以花球为食用器官，风味鲜美，粗纤维少，营养价值高，被公认为是最有营养的作物之一。特别是钙、抗氧化剂、维生素 A、维生素 K、胡萝卜素、核黄素及铁的含量很丰富，此外，还含有多种吲哚衍生物，具有抗癌作用，因此，我国花椰菜栽培面积迅速扩大，已成为主要蔬菜种类之一。

第一节　甘肃花椰菜生产现状

一、生产现状

（一）全国花椰菜播种面积及分布

据联合国粮食及农业组织（FAO）统计，2014 年全世界花椰菜种植面积达 1 165 737hm^2，其中我国种植面积占 41.0%，达 478 252hm^2，已成为世界上花椰菜种植面积最大、总产量最高、种植面积增长最快的国家。

全国各地均有花椰菜栽培。目前花椰菜的生产格局呈分散栽培与规模化生产基地栽培共存。花椰菜种植区域也不断扩散，从闽浙地区向北、向西迅速蔓延，形成了相对集中的种植区域。目前我国花椰菜主产区有黄淮长江中下游秋冬季生产区，闽、浙、鄂高山夏季生产区，兰州、坝上高原夏季生产区，华东地区越冬春季生产区。在全国范围内，花椰菜栽培面积超过 3 万亩的种植基地有十多个，在海河流域、黄河流域、长江流域和东南沿海地区分布（赵前程和蒋蕾，2006）。

由于我国广袤的国土资源及复杂多样的气候，花椰菜的种植模式和收获时期差异较大，因此花椰菜生产上可以充分利用气候差异实现互补，做到周年供应（赵前程和蒋蕾，2006）。

（二）甘肃花椰菜播种面积及分布

以花椰菜、甘蓝、娃娃菜等优势蔬菜产品为主的“高原夏菜”已成为甘肃的亮点和名片，享誉省内外。2015 年，甘肃蔬菜总播种面积为 527.17 万亩，其中，花椰菜播种面积大约为 39 万亩，占蔬菜总播种面积的 7.7%。甘肃花椰菜的生产主要分布在河西走廊区域、中部及沿黄灌区、渭河流域区三大产区内，种植的花椰菜有花椰菜和青梗松花菜两种类型。

（1）河西走廊区域：主要包括张掖的甘州、临泽、高台、民乐等县区及金昌的永昌、金川等县区，约 5.5 万亩，以拱棚春提早和露地生产为主。

（2）中部及沿黄灌区：主要包括定西的临洮，兰州的榆中、永登、红古，以及白银的靖远等区域，约 31.7 万亩，以露地生产为主。

（3）渭河流域区：主要包括定西的安定、天水的武山和甘谷等区域，约 1.7 万亩，以露地生产和小拱棚提早或延后生产为主。

二、栽培方式

甘肃夏季气候凉爽，因此春、夏、秋季均可种植花椰菜。从省内外高原夏菜市场需要出发，主要安排两个季节生产，即春花椰菜和夏秋花椰菜，均为露地种植。为了在蔬菜春淡季增加花色品种、获得好的效益，近郊也有少量塑料大棚栽培。

1. 露地栽培

（1）一垄双行半膜栽培模式：适用于具有灌水条件，海拔 1300～2000m 的区域。主要在兰州的榆中、皋兰、红古、永登，金昌的永昌及张掖等区域。

（2）冷凉旱作区花椰菜全膜双垄三沟栽培技术：适用于海拔 2000～2450m、年降雨量 400～600mm 的高寒二阴半干旱地区。主要在兰州的榆中、永登及金昌的永昌等区域。

2. 塑料拱棚提早或延后栽培

塑料大棚栽培主要在兰州的榆中，张掖的甘州、临泽及高台等区域。

三、生产中存在的问题

1. 品种依赖进口，生产成本大

甘肃花椰菜的主栽品种 2005 年以前 80%以上为甘肃省农业科学院蔬菜研究所 1993 年育成的“祁连白雪”，但地方品种长期使用，种性退化，加之该品种生长势较弱，商品性不符合市场需求而被逐渐淘汰。2006 年之后，甘肃的花椰菜主栽品种以国外和我国台湾引进为主，种子价格高、货源不稳定、品种良莠不齐，对花椰菜生产中主要流行的病害抵抗力差。农户投入成本和种植风险均加大。

2. 某些地区生产基础条件落后

近年来，花椰菜种植逐步向榆中、永登、天祝等高海拔二阴山区发展。这些地区农田基础设施建设薄弱、菜地零星分散，交通不便，花椰菜种植仍以农户自主经营为主，育苗设施缺乏，栽培技术不规范，生产经营粗放，种植规模小，产业化程度低，产地集散中心和冷库设施不完善，需长距离转运，增加了运输成本，同时造成花椰菜花球萎蔫、失水，品质降低，农户种植收益降低。

3. 配套栽培和水肥管理技术不健全

目前花椰菜生产中农户单纯追求产量，普遍存在化肥、农药过量施用的情况，施肥结构不合理，导致产品品质下降，土壤养分平衡失调和地下水污染的问题，测土配方施肥和水肥一体化技术推进缓慢，未根据花椰菜的需肥规律和土壤肥力情况科学指导施肥，导致农户生产中盲目施肥，肥料投入大，利用率低。

4. 尾菜处理技术不够完善

花椰菜是单位面积尾菜产生量最多的蔬菜（74.70t/hm^2），单株尾菜量为松花菜 2.06kg/株、花椰菜 1.13kg/株，分别占总生物量的 59.8%和 41.5%（王昭，2016）。松花菜年产生尾菜约占年尾菜产生总量的 13.40%，花椰菜年产生尾菜约占年尾菜产生总量的 54.58%，2015 年，甘肃全省尾菜处理利用率仅为 31.3%。花椰菜尾菜处理主要是通过茎叶直接饲用、田间简易坑堆沤还田、沼气池原料和茎叶青贮饲料商品化技术来实现，但技术推广应用面积小，农户环保意识不强，积极性不高，大多数产区尤其是偏远地区还未实现尾菜能源化、肥料化、饲料化应用。随着甘肃花椰菜种植面积的不断扩大和商品化处理要求的不断提高，尾菜量也急剧增加，每年仍有大量茎叶堆积于田间地头和冷库周边、腐烂变质，已成为影响产地环境和产业发展的突出问题。

5. 市场供求信息不畅，销售渠道单一

甘肃花椰菜主要销往我国东南沿海城市和日本、韩国及东南亚国家。上市价格受东南沿海地区气候变化影响，市场供求矛盾变化快，价格波动大，若南方终端市场本地蔬菜退市期延后，则与甘肃花椰菜上市期发生冲突，“菜贱伤农”的现象频频发生。加之甘肃互联网电商发展和产销对接平台建设相对落后，终端市场需求信息流通不畅，销售渠道单一，冷库贮存和冷链物流能力不足，无法对产品进行及时销售和贮存。

6. 精深加工产业滞后

多年来，甘肃花椰菜产品基本以保鲜外销为主，产品保鲜期短，贮运损耗大，且交通运输成本高。目前，甘肃花椰菜灌藏、干制、速冻、腌制等深加工产业几乎为空白，产品附加值低，严重制约了花椰菜产业链的延伸。

四、发展思路

1. 加大科研投入选育自主知识产权新品种

依托甘肃省农业科技创新联盟和科研院所的技术人才优势，充分发挥甘肃高原夏菜主产区的区域优势，以市场为导向，针对甘肃花椰菜生产中存在的品种问题，制定合理的育种目标。在抗根肿病、病毒病、黑腐病，毛花，花球形状等方面进行重点改良和选育，通过传统育种和生物技术育种相结合的方法，在短期内选育出具有区域特色、适应性强的自主知识产权新品种。同时加大宣传和推广力度，对已育成的本土品种进行大面积示范和推广，增加市场占有率，促进农民增产增收。

2. 加强基础条件和配套设施建设

对基础条件落后的二阴山区新菜区，呼吁政府部门加大投入，修建道路、改善灌溉设备，加强农田基础设施建设，加强山旱地的改造能力，保障当地花椰菜生产的可持续发展。鼓励扶持农民建立专业合作社，加强专业技术培训，提高农民标准化栽培技术和市场营销意识，逐步实现花椰菜生产的标准化、规模化、集约化。加强产地蔬菜集散中心、预冷设施、批发市场和冷库建设，增强现有批发市场的集散能力和辐射范围，加强冷藏、冷运、冷销的“冷链”建设。

3. 推广标准化栽培管理和施肥技术

针对目前花椰菜生产中普遍存在的氮、磷、钾肥施用不平衡的问题，进行测土配方施肥。以当地土壤养分测定结果和花椰菜的需肥规律为依据，按照平衡施肥的要求科学施肥、配合无公害农药选择及交替用药，以及间作套种多茬栽培种植模式等综合配套技术，实现花椰菜生产优质、高效、生态环境安全的原则。逐步实行化肥、农药减量减施，有机肥、菌肥替代化肥技术和水肥一体化技术。

4. 加大尾菜处理技术研究和推广应用

花椰菜茎叶含有与优质饲料紫花苜蓿相当的粗蛋白和粗脂肪含量，饲用价值较高，且适口性好，消化率高，因此，在尾菜饲料化利用方面具有巨大的潜力。管理部门应加强宣传教育和培训力度，加大对尾菜处理设施建设和技术研发的资金补贴，提高农民和企业参与尾菜处理的积极性；科研院所继续加强花椰菜尾菜资源化利用关键技术的研究和成熟技术的大范围推广应用，构建政府推动、市场拉动、科技带动、示范促动、公众联动的尾菜治理工作机制，促进尾菜综合利用、资源变废为宝、产业循环发展、农业清洁生产的目标。

5. 拓宽销售思路，建立多元化销售网络

一是建立农超对接体系和蔬菜基地直销店，实现产销对接，产地直达终端市场，减少中间流通环节，解决菜农卖菜难和市民买菜贵的矛盾。二是加大电商网络销售平台，培养农村电商，培训农户增加市场意识和营销能力，扶持专业合作社自产自销和农超对接，实现订单生产，避免盲目种植。三是抓住国家“一带一路”建设的契机，打开蔬菜出口中亚、西亚市场的新通道。

6. 发展精深加工、延长产业链

加大对蔬菜贮藏、加工、运销企业的政策扶持和资金投入，研究开发花椰菜精细加工产品，如速冻花椰菜、酱制花椰菜、蔬菜汁、速溶粉等商品的研制，积极开展鼓励同类企业联合重组，引进生产线和新技术，对花椰菜进行深加工，增加产品附加值，促进产业链的延伸。

第二节 甘肃花椰菜育种

一、育种现状

（一）育种目标

花椰菜育种目标涉及的性状比较多，不同时期对育种的要求是不一样的。花椰菜引入甘肃种植的历史较短，20 世纪 40 年代兰州才有花椰菜栽培，而且只是零星栽培，品种多以农家常规品种为主，品种单调、退化问题严重、产量低、品质较差。六七十年代，开始从北京引进了一些国外花椰菜品种，如耶尔福、矮荷花、荷兰雪球、瑞士雪球等，在一定程度上缓解了花椰菜品种短缺的问题。进入 90 年代，随着蔬菜产业的发展，花椰菜种植面积进入快速增长期，花椰菜品种需求量急剧增加，因而促进了甘肃花椰菜育种工作的发展。这一时期，育种目标主要是为了提早花椰菜的熟性，解决品种混杂、单一、产量低的问题，并要求适合保护地种植的专用品种。进入 21 世纪，花椰菜育种开始重视商品性、适应性、自覆性、品质等多个方面综合性状，花椰菜育种研究也由抗逆育种、优质丰产、新品种新技术的开发和选育等各个方面组成。因此，凡是通过品种选育可以得到改进的性状都可以列为育种的目标性状，包括丰产性、生态特性、株叶型、商品性、品质、抗病性、抗逆性等。

（二）存在问题

1. 种质资源研究同育种需求不适应

甘肃花椰菜种质资源研究滞后于育种工作，尤其是对资源的创新能力较差，无法为实际育种提供优异的种质材料。现有育种材料遗传基础狭窄，新优种质资源匮乏是困扰多数育种者的普遍问题。

2. 种质资源研究不够系统深入

目前，甘肃花椰菜种质资源的搜集整理、保存和遗传学评价上缺乏系统的研究，针对性不强，包括对一些优异性状（如抗病性、抗逆性、自覆性、花球紧实度等）未进行深入研究。

3. 科研经费投入不足、育种手段落后

育种研究是一项连续性工作，需要稳定的科研队伍和经费支持。甘肃花椰菜育种研究起步晚，资源少，经费欠缺，育种手段落后，在花椰菜生物技术研究方面存在很大差距，目前对花椰菜的大、小孢子培养的技术体系尚不完善，如何提高育成亲本材料的配合力等尚需深入研究探讨。此外，在花椰菜分子育种方面普遍存在分子标记技术水平低、分子标记应用范围窄等问题，导致育种周期长，选择效率低。因此，分子标记与常规育种的有效结合尚有一定距离。

4. 种质资源少且遗传背景狭窄

花椰菜在我国南方如福建、浙江栽培历史相对较长，品种主要是当地农家品种。由于种植地比较集中，种质资源遗传背景狭窄，花椰菜品种单一、品种间遗传相似性高。因此在花椰菜育种工作中，一方面要加强国内种质资源的搜集、整理、交流、鉴定工作，并建立有效的资源评价系统；另一方面要加大引进、开发国外资源的力度，小孢子培养、花粉花药培养等生物技术加以研究和利用，创造新的育种材料和新的类型，进而选育出适应不同栽培形式和市场需求的新品种。

5. 花椰菜品种适应性差、区域性强、播期严格

花椰菜是以花球为食用器官，而花器官对环境条件非常敏感，相对于其他蔬菜而言，花椰菜对不良环境适应性差，以致在生产过程中往往容易出现先期现球、毛球、散球等异常现象。近年来由于品种适应性较差，加之气候异常，生产上每年都有较大面积的花椰菜出现生长异常现象，轻者减产，重者绝收。因此加强品种的适应性育种已成为花椰菜的主要育种目标。

6. 花椰菜遗传规律复杂，育种难度大

花椰菜是十字花科异花授粉作物，自交衰退现象极为严重，自交不亲和系选育较其他十字花科作物困难，品种依靠群体杂合性保持稳定，而杂合群体选育的工作量比单株、单系选育大得多，其理论也复杂得多，这就大大增加了育种难度。同时，花椰菜属低温长日照作物，对低温反应明显，对气候的适应范围较窄，花椰菜由叶丛转化为花球、由花球进入形成花芽而抽薹开花的时候，需要温度刺激。气候的异常变化（如夏季高温、花期大量降雨）都可能导致花椰菜种子颗粒无收，造成育种失败。

（三）发展对策

随着生产的不断发展和人民生活水平的日益提高，对花椰菜品质的要求越来越高。一方面我国花椰菜育种研究内容广泛，育种目标多样化，主要包括高品质育种、抗病虫育种、抗逆育种（耐热、耐冷、耐盐等）、适于保护地栽培的品种的选育等。另一方面采用的蔬菜育种方法多种多样：①传统的育种方法如选择育种、有性杂交育种等仍占有一定地位；②现代育种方法在新品种选育中所起的作用越来越大。因此，根据花椰菜产业发展的要求，制定明确的育种目标，提高育种的技术水平、育种效率和种子质量。实施进口种子国产化和我国名优蔬菜品种经改良、创新进入国际市场的发展战略。

1. 加强种质资源搜集、保存、鉴定、创新研究，夯实育种工作的基础

花椰菜种质资源搜集、保存、鉴定、创新研究工作是花椰菜育种的基础，不论是常规育种、远缘杂交、倍性育种、辐射育种还是杂交一代的利用。花椰菜育种发展的过程表明，突破性的成就决定于关键性基因资源的开发与利用。现代花椰菜生产对育种工作提出了越来越高的要求，要求新品种在品质、抗病性及适应性等方面有较大提高，而这些目标的实现，首先取决于所掌握的各种基因资源。因此，所拥有的种质资源的数量和质量，以及对其特性和遗传规律研究的深度与广度是决定育种效果的重要条件，对种质资源掌握得越多，研究得越深入，就越能加快选育新品种的速度。

2. 发展多学科协作配合的综合育种

随着品种潜力的提高，花椰菜育种的难度越来越大，要选育出优质、抗病，综合性状好的突破性品种，必须开展包括育种、病理、品质、生理、栽培等多学科的研究，实行多学科结合，为品质育种、生态育种、抗病育种等提供科学可行的鉴定、选择方法和技术指标。此外，要提高育种效率，必须加强和育种关系密

切的应用基础学科的研究，只有育种者对所用于育种的花椰菜，特别是对目标性状的遗传、生理、生态、进化等方面的知识有深刻的了解，并且以这些知识为基础，采取切合实际的育种方法，才能提高育种效率。

3. 进一步加大蔬菜生物技术研究的力度

应用生物技术提高花椰菜育种速度和水平、创造新型的种质资源、提高花椰菜品质，在生产实践中具有重要意义。完善主要蔬菜大、小孢子培养的技术体系；提高分子标记的技术水平，加快辅助育种的实用化；建立各种主要蔬菜的高效再生和转化体系，克隆有重要利用价值的基因进行遗传转化，争取在种质创新上实现较大突破。

二、种质资源创新

种质资源为新品种选育提供多样性丰富的遗传材料，是育种不可缺少的物质基础，已成为农作物品种原始创新、获得自主知识产权品种的重要来源，没有资源则育种就成了无米之炊。

自 1990 年甘肃省农业科学院蔬菜研究所花椰菜育种课题组成立，花椰菜种质资源研究基本和花椰菜育种同步。根据不同的育种目标，已搜集整理到国内外种质资源 200 份，筛选出优良自交系 100 多份，自交不亲和系 10 多份。在种质资源创新研究方面，对首次发现的花椰菜温敏雄性不育材料进行了遗传规律、育性转换机制、细胞生物学、内源激素等方面的研究，利用分子标记辅助选择技术，创新花椰菜温敏型雄性不育系种质资源两份。在花椰菜细胞质雄性不育研究方面也取得了一定的成果，通过回交转育技术育成了十余个不育株率 100%、不育度达到 100%的花椰菜雄性不育系。

1. 种质资源的生物学特性研究

通过对 15 个花椰菜品系的 9 个经济性状与单球重的遗传相关性的分析表明，选择现球天数、采收天数、株高、叶长、叶宽 5 个相关性状构成单球重选择指数，采用估计预期遗传进度的方法，比较不同选择指数的效率，并从实际应用的角度加以分析，确定花椰菜单球重的最适合选择指数为：I=0.0207x_1（现球天数）+0.0533x_2（采收天数）+0.0169x_3（株高）（程卫东，1998）。掌握花椰菜各种性状遗传规律和性状遗传相关性分析是育种一个重要的前期工作。花椰菜重要的经济性状大多为数量性状，确定花椰菜各个数量性状的遗传力，有利于加快花椰菜新品种的选育。

2. 种植资源创新研究

1）利用 ISSR 分子标记辅助选择技术，创新花椰菜温敏型雄性不育系 GS-20 和 GS-21

GS-20 植株长势中强，叶色灰绿，株高 62cm，株幅 64cm，叶数 21 片，花球圆，白色，中紧，平均单球重 0.8～1.0kg，抗病性较强，白花；GS-21 植株长势较弱，叶色灰绿，株高 56cm，株幅 53cm，叶数 19 片，花球扁圆，白色，平均单球重 0.8～1.0kg，抗病性强，黄花。

2）花椰菜温敏雄性不育系 GS-19 的选育

以甘肃省农业科学院蔬菜研究所自主发现的温敏雄性不育材料为试材，通过多年连续自交选育出优良花椰菜温敏雄性不育系 GS-19。植株长势中强，定植至采收 75 天，叶色灰绿，花球扁圆，白色，花球紧实，平均单球重 0.7kg 左右，不育株率达 100%，不育性稳定，开花结实性状优良，有效花数多，结实性好，利用 GS-19 选配的组合表现出很强的杂种优势（陶兴林等，2010a）。

3）花椰菜细胞质不育系的选育

荷兰引进的花椰菜材料 B5 中发现的优良细胞质雄性不育（cytoplasmic male sterility，CMS）源与花椰菜自交系进行杂交，连续 5 代回交，获得 100%不育、品质优良的花椰菜不育系 CM4-11。植株长势中等，叶色绿，定植至采收 75 天，花球紧实、洁白、圆形，平均单球重 1.0kg 左右（胡立敏等，2015b）。

4）花椰菜自交不亲和系的选育

自荷兰引进的花椰菜 F_1 经数代单株连续自交、分离，定向选育而成的优良自交不亲和系 94-24，植株长势中等，定植至采收 75 天，花球极紧实、洁白、圆形，平均单球重 1.0kg 左右，叶色绿（胡立敏和陶兴林，2008）。自交不亲和系 88-10，中熟，外叶长椭圆形，叶面微皱，花球圆球形、洁白紧实（程玉萍和李维民，2005）。

三、育种技术研究

（一）常规品种选育技术

花椰菜常规品种选育是采用系谱选择，即从种植的群体中选出优异或变异单株，从单株后代群体又选出若干单株，种植后成为株系，通过选择优良株系成新品种。有的进行杂交育种，通过性状互补的遗传规律，进行两个品种的杂交，从杂交后代中连续自交分离选择选育新的品种。20 世纪 60～90 年代，利用这项技术先后育成了花椰菜品种荷兰 48、祁连白雪、春雪王，及时解决了当时生产中的急需问题。

（二）杂种优势利用

杂交优势利用是花椰菜育种最主要的技术手段，花椰菜杂种优势利用最有效的技术手段是通过选育自交系、自交不亲和系及雄性不育系实现。

1. 自交系的选育

自交系是指开花授粉作物的一个单株，通过多代连续人工强制自交和分离选择，而得到的基因型纯合、性状整齐一致、遗传性状稳定的系统。花椰菜自交系的选育一般是在品种间配合力测定的基础上进行。优良的地方品种和杂交一代均可作为自交系选育的原始材料。在选择时，主要靠有目的的定向选择。首先要注意选系，即选择性状优良、整齐度较高、生活力衰退不明显或具有某些特殊价值的系统。然后从原始材料中选择若干各具特点的优良单株作为种株定植。开花时，可以采取蕾期人工剥蕾露出柱头授粉的方法。授粉应在人工隔离条件下进行（用大棚或纱罩隔离），严格防止花粉污染。单株自交后，各单株的种子要单独收获。到下一代栽种季节，各单株的种子分别种一小区，每一小区种 20～30 株。根据自交后代的表现，可先淘汰表现不良的单株自交后代，选择具有多数目标性状优良、整齐度较高、生活力衰退不明显或具有突出优点的单交系统。再从中选择各具特色的优良单株作为种株。继续进行单株自交、分离、选择，在每一代中各单株的自交系后代通常只选择 5～10 株，各单株人工蕾期授粉结籽数在 100 粒左右即可，直至系内同株间性状高度一致和自交后代性状不再分离时为止。

2. 自交不亲和系的选育与转育

1）自交不亲和系的选育

花椰菜自交不亲和系的选育是通过自交分离，经选择获得。首先，应在配合力好的原始材料中，选择若干优良植株，开花时，在严格隔离条件下进行花期和蕾期人工自交授粉，从中选出亲和指数（结籽数/授粉花数）低于 1 的植株。如果所选用的原始材料中没有发现亲和指数低于 1 的植株，可以选亲和指数较低的植株，继续种植和选择，直到选出亲和指数小于 1 的株系。具体做法是：在每个中选植株上，选四五个花枝进行人工蕾期授粉，即将 2～3 天后开花的花蕾剥开露出柱头，授上同株先套袋花上的花粉，每个花枝应自交 20～30 朵花，并套袋隔离，以繁殖后代。另选两个花枝，在开花前也套袋隔离，开花时取同株事先套袋的花粉授粉，每个花枝自交 20～30 朵花，以测定亲和指数。在自交、分离、选择过程中，淘汰花期授粉亲和指数大于 1，而蕾期自交亲和指数小于 5 的植株。在自交不亲和系选育过程中，必须同时重视经济性状的选择。经 4～5 代的自交和选择，大部分系统的自交不亲和性和主要经济性状可以稳定下来。对于初步选出的自交不亲和株系还要进行系内授粉不亲和性的测定，要淘汰系内姊妹交亲和指数大于2的株系。

2）自交不亲和系的转育

花椰菜有不少品种或自交系很难找到自交不亲和植株，因此也就难以育成自交不亲和系。为了使这些品种或自交系也能育成自交不亲和系，就需要进行自交不亲和性的转育。具体做法是：将经济性状优良、配合力好、无自交不亲和株的品种或自交系与已育成的自交不亲和系杂交，然后对杂交后代进行自交不亲和株筛选和经济性状选择。选择的目标是育成经济性状优良、配合力好的新的自交不亲和系。在转育新的自交不亲和系过程中，如果主要经济性状不符合要求时，可用原品种或自交系进行一次回交；如果自交不亲和性不符合要求时，则可用自交不亲和系回交，然后继续选择。

3. 雄性不育系的选育

雄性不育系是指雄性的花粉败育，但雌花发育正常，自花授粉不结实，但授予其他品系的花粉则可结实的品系。利用雄性不育系制种，可提高杂交种子纯度，降低制种成本。

1）细胞质雄性不育系的选育

利用引进的细胞质雄性不育材料作为不育源，以优良自交系作转育父本，连续6～7代回交转育，即可育成不育性稳定的不育系。转育父本要求具有经济性状优良，生长发育正常，配合力好。育成的不育系具有：经济性状优良，整齐稳定，不育花正常开放，雄蕊退化，雌蕊完全正常，蜜腺发达，花蜜多，结实正常，并有很好的配合力。

2）温敏雄性不育系的选育

花椰菜温敏雄性不育现象主要存在于田间自然群体中的个别突变体，因此，笔者对已发现的温敏雄性不育突变体材料在特定的温度条件下的育性转换特性，确定温敏雄性不育突变体材料育性转换的主要因子及其临界值，根据温敏雄性不育材料在不育和可育温度条件下的表现，通过测交、回交的育种手段，结合田间育性转换和综合性状的选择，经过多代测交和回交，选育出育性稳定、综合性状优良的花椰菜温敏雄性不育系。

（三）生物技术在育种上应用

1. 离体再生体系的建立

1）两个花椰菜品种再生体系的研究

以两个花椰菜品种的子叶和上胚轴为外植体，以MS为基本培养基，设置不同激素浓度，建立再生体系。结果表明：子叶作为外植体时不定芽分化率低，最高为 40%，子叶大部分发生黄化。上胚轴作为外植体不定芽分化率较高，在适合的培养基上均能达到 100%，祁连白雪上胚轴最佳诱导培养基为 MS+6-BA 1.0mg/L+IAA 0.5mg/L，新东海明珠 80 天的最佳诱导培养基为 MS+6-BA 1.5mg/L+IAA 0.5mg/L。分化后得到的不定芽在 MS+6-BA 0.5mg/L 培养基上伸长后，在 MS+IAA 0.5mg/L 的培养基上生根，生根率达 100%，移植成活率 95%（朱惠霞等，2010，2011a）。

2）花椰菜雄性不育材料的鉴定和繁殖

以花椰菜的雄性不育材料和可育材料为试材，通过对其花器组成进行鉴定，研究不育材料和可育材料之间的差异。结果表明：不育株和正常株的花朵组成之间存在差异，不育株的花器明显比可育株小，雄蕊萎缩在基部，不产生花粉。同时，采用组织培养和扦插的方法对其不育材料的繁殖进行研究，发现在组织培养中，茎段和花球比叶片和叶柄容易繁殖，扦插中，ABT 2 号生根粉的扦插效果好于生长素 IAA，同时，对不同扦插基质的研究发现，蛭石作为扦插的基质优于炉灰渣（陶兴林和胡立敏，2008）。

2. 遗传规律研究

花椰菜环境敏感型雄性不育系的育性转换研究：以花椰菜环境敏感型雄性不育系为材料，研究温光条件对花椰菜雄性不育育性影响，探讨花椰菜温敏不育系雄性育性的转换机制。通过大田和温室的分期播种及人工气候箱定温定光试验相结合的方法，对雄性不育育性转换进行研究。结果表明：温敏型的雄性不育的育性随着环境条件改变发生转换。当育性敏感期日平均温度高于 17.6℃时，表现稳定不育；日平均温度为 16～17.2℃时，则表现部分可育；低于 16℃时，表现为育性恢复，自交结实率达到 100%，通过光照时间长短的研究，发现光照时间是对其雄性不育育性无影响，温度是影响雄性不育育性的主要原因。得出了不同条件下的育性转换模式，为实现花椰菜两系法杂交制种奠定了基础（胡立敏等，2010b；陶兴林等，2010a）。

3. 雄性不育的细胞学研究

1）花椰菜两种雄性不育系花器特征及花药发育的细胞学研究

采用形态学和细胞学方法研究花椰菜细胞质雄性不育系 09-R9、保持系 09-24 和温敏细胞核雄性不育系 GS-19 的形态特征及花药发育的细胞学特点。结果表明，两种雄性不育系在育性转换、花器形态特征及花药发育的细胞学特征都存在着差异。不同温度处理的 09-R9、09-24 和 GS-19 之间的育性转换存在差异。09-R9 和 09-24 的育性不受温度影响，09-R9 表现为不育，09-24 完全可育；GS-19 的育性受温度影响，高温（20℃）不育，低温（15℃）育性恢复。GS-19 和 09-R9 花蕾和花药大小差异显著，GS-19 花蕾和花药显著小于 09-R9；不育株与其可育株花的差异达到显著水平，不育株花显著小于可育株。显微结构观察发现两种雄性不育系之间的花药败育时期和方式不同，09-R9 花药早期可以形成外形正常的花粉囊，但囊内物质随着花蕾的发育逐渐解体，最终这种不正常的花粉囊全部解体消失，花药发育受阻于花粉母细胞形成之前，属于无花粉囊败育类型。GS-19 的花药发育过程有花粉母细胞的分化，能形成正常花粉囊，不产生花粉粒或者产生微量的无生活力的花粉粒，花药发育受阻于花粉母细胞到四分体时期，属于花粉母细胞败育类型。超微结构观察发现，不育系 09-R9 和高温条件下不育系 GS-19 花药败育相似，发生在花粉母细胞减数分裂时期，没有四分体的形成，形成了花粉粒外壁发育异常的"拟小孢子"，最后"拟小孢子"逐渐降解，只剩下花粉空壳。说明两种雄性不育系的败育方式有差异，但是败育时期一致，花药发育均受阻于四分体形成之前（陶兴林等，2017a）。

2）花椰菜温敏雄性不育系 GS-19 花药败育的细胞学及转录组分析

对花椰菜温敏雄性不育系的花器形态、花药败育时期和败育分子机理进行研究，明确其不育特性发生的细胞学和分子机理，为进一步研究其雄性不育奠定理论基础。方法如下，以花椰菜温敏雄性不育系 GS-19 为试验材料，不同温度（15℃和 20℃）处理，采用形态学、细胞学方法及高通量测序技术（Illumina Hi-Seq 2500），研究其形态特征、花药败育的细胞学及分子机理。结果表明，花椰菜温敏雄性不育系 GS-19 的育性转换受温度控制，高温（20℃）不育，低温（15℃）育性恢复。GS-19 不育株与可育株花器差异显著，不育株花器显著小于可育株。花药细胞学观察发现 GS-19 的花药发育过程有花粉母细胞的分化，形成正常花粉囊，不产生花粉粒或者产生微量的无生活力的花粉粒，花药发育受阻于花粉母细胞到四分体时期，形成了花粉粒外壁发育异常的拟"四分体孢子"，逐渐降解，剩下花粉空壳，属于花粉母细胞败育类型。GS-19 不育株和可育株花蕾转录组分析共获得 67 930 个 Unigene，其中 Nt 数据库比对到相似序列数最多（52 191 个），Nr 数据库比对到相似序列次之（46 447 个），KOG 数据库比对相似序列最少（13 198 个）；GO 注释到 25 336 个 Unigene；KOG 注释到 13 198 个 Unigene；KEGG 注释到 14 778 个 Unigene。基因差异表达分析发现 GS-19 不育株花蕾和可育株花蕾中有 2170 个基因差异表达，1078 个基因上调表达和 1092 个基因下调表达。结论如下，花椰菜温敏雄性不育系 GS-19 为高温不育类型，不育株花器显著小于可育株，花丝显著缩短，花药萎缩、干瘪，花药发育受阻于花粉母细胞到四分体时期，属于花粉母细胞败育类型。转录组测序获得了 67 930 个 Unigene，差异表达基因 2170 个（陶兴林等，2017b）。

3）花椰菜细胞质雄性不育系的细胞学研究

采用常规石蜡切片技术，对花椰菜细胞质雄性不育系 09-R9 的花药败育过程进行细胞学研究，以可育材料 09-24 为对照。结果表明：花椰菜细胞质雄性不育系的花药可以形成部分外形正常的花粉囊，但囊内物质随着花蕾的发育逐渐解体，最终这种不正常的花粉囊全部解体消失。不育系花药发育受阻于花粉母细胞形成之前，此时花粉囊内未见绒毡层，可能是其本身并未形成绒毡层（朱惠霞等，2011b）。

4）花椰菜花药发育的细胞学研究

通过压片和石蜡切片技术对花椰菜优良自交系 GS-31 的花蕾和小孢子发育的显微结构进行观察。结果发现，花椰菜花药发育经历了孢原细胞时期、造胞时期，花粉母细胞减数分裂至四分体时期和形成成熟花粉粒 4 个时期，小孢子发育经历了四分体、单核期、双核期及三核期，花椰菜单核靠边期花蕾大小为 3mm 左右，为适合小孢子培养采样时期（陶兴林等，2013）。

4. 雄性不育的内源激素研究

花椰菜温敏雄性不育系 GS-19 花蕾发育过程中内源激素的动态变化分析：采用高效液相色谱法，对花椰菜温敏雄性不育系 GS-19 的不育株和可育株花蕾不同发育时期及叶片中赤霉素（GA）、生长素（IAA）、脱落酸（ABA）及玉米素核苷（ZR）的动态变化进行比较分析。结果表明，花椰菜温敏雄性不育系花蕾和叶片发育过程中，不育株和可育株内源激素 GA、IAA、ABA 和 ZR 的变化均存在明显差异。不育株花蕾中的 GA 和 ABA 含量总体呈上升趋势，GA 含量在造孢时期、四分体时期及花粉成熟期的含量均显著高于可育株，分别为 281.54μg/g、355.37μg/g 和 350.13μg/g，比可育株花蕾高 45.1%、210.4%和 54.5%，而 ABA 含量只在四分体时期和花粉成熟期显著高于可育株，分别为 2.22μg/g 和 2.88μg/g，比可育株花蕾高 82%和 35.2%；不育株花蕾中的 IAA 含量呈先降后升趋势，在造孢时期和花粉成熟期显著高于可育株，分别为 1.97μg/g 和 2.55μg/g，比可育株花蕾高 52.7%和 82.1%，但不育株花蕾的 ZR 含量呈先升后降趋势，在四分体和花粉成熟期显著高于可育株，分别为 320μg/g 和 170μg/g，比可育株花蕾高 580.9%和 243.9%。不育株的IAA/ABA 呈“V”字形变化，在四分体时期比值最低，而GA/ABA 和 ZR/ABA 呈倒“V”字形变化，在四分体时期比值最高。叶片中 ABA 和 ZR 未检出，GA 和 IAA 含量不育株显著高于可育株。说明内源激素含量升高和多种激素间的平衡关系被打破、比例失调，阻碍了小孢子的正常发育，导致花椰菜温敏雄性不育系 GS-19 花粉败育。本研究结果对揭示内源激素在雄性败育过程中可能存在的作用机制具有重要意义，为进一步揭示花椰菜温敏雄性不育的遗传机制积累了资料（陶兴林等，2015，2017c）。

5. 分子标记在育种中的作用

1）花椰菜温敏型雄性不育系的 RAPD 标记

选取温敏花椰菜不育系 GS-19 与 GS-31 杂交组合的 F_2 高可育和高不育单株构建基因池，利用 100 对随机引物对其进行 RAPD 标记。同时，采用正交设计对其反应体系及扩增条件进行优化。试验结果表明，在 25μl 反应体系中含 dNTP 0.625mmol/L，引物 0.5μmol/L，DNA 模板 60ng，*Taq* 酶 1.5U，超纯水 14.9μl；反应条件为 94℃预变性 4 分钟，然后进行 94℃变性 30 秒，36℃退火 45 秒，72℃延伸 90 秒，35 个循环后，再在 72℃延伸 7 分钟，花椰菜 RAPD 扩增效果较好。P21-1800 为花椰菜温敏雄性不育基因的连锁标记（胡立敏等，2010a）。

2）花椰菜温敏雄性不育系选育和分子标记研究

运用分子标记技术，研究获得了与花椰菜温敏型雄性不育基因 RAPD 连锁的分子标记 P21-1800 和 ISST 分子标记 IT13-600；建立了 ISSR 分子标记辅助选择技术体系；对 IT13-600 进行了测序：该片段总共有 559 个碱基，各个碱基数为：A，216 个；C，102 个；G，117 个；T，124 个；A，38.6%；C，18.3%；G，20.9%；T，22.2%；A+T＝60.8%，G+C＝39.2%。

第三节 甘肃花椰菜育种取得的成就与应用

花椰菜在甘肃栽培和育种研究的历史较短。生产中应用的品种从 20 世纪到 21 世纪初以选育的品种为主，2005 年以后随着市场对品种需求的变化，生产上应用的品种以种子经销商引进筛选的品种为主。

一、选育品种

（一）荷兰 48

1. 品种来源

甘肃省兰州市农牧局 1979 年从荷兰引进。1985 年获甘肃省农业厅技术改进三等奖。

2. 特征特性

生长势强，植株高大，叶片大而厚，叶色灰绿、有蜡粉。花球扁圆球形，球高 15～19cm，直径 24～29cm，平均单球重 2～2.5kg。花球洁白，鲜嫩，成熟期较一致，从定植到收获 60 天左右。平均亩产量 2250～2500kg。耐瘠薄，抗碱，较抗病，适应性强。

3. 栽培要点

兰州地区 1 月上中旬温室播种育苗，3 月上旬定植，采用宽窄行定植，宽行约 83cm，窄行 50cm，株距约 50cm。若进行地膜覆盖，株行距约为 56cm，每亩定植 2000～2200 株。5 月初至 6 月中旬收获。

4. 适宜地区

适宜在甘肃兰州及我国西北地区栽培。

（二）祁连白雪

1. 品种来源

甘肃省农业科学院蔬菜研究所选育。从荷兰引进的一代杂种中，采用系统选育的方法培育出的中早熟花椰菜新品种。1993 年 4 月通过甘肃省农作物品种审定委员会审定。1997 年获甘肃省科学技术进步奖三等奖。

2. 特征特性

株高 60cm 左右，现球叶数 20～21 片，叶长卵圆形，深绿色，叶面蜡粉中等，心叶旋转保护花球，花球圆形，乳白色，平均单球重 1.5kg，最大 4kg。肉质细腻，纤维少。定植后 65 天左右采收。平均亩产量 2500kg。适应性广。

3. 栽培要点

北方春茬 12 月至 1 月上中旬育苗，秋茬 6 月中下旬育苗，每亩定植 2500 株左右，春季栽培前期对温度要求较高，故不宜定植过早。如前期进行覆盖，可促成早熟，避免小球及散花。

4. 适宜地区

北方春秋茬栽培均宜，南方宜作春茬。

（三）春雪王

1. 品种来源

甘肃省农业科学院蔬菜研究所育成的极早熟花椰菜新品种。

2. 特征特性

株高 40cm，株幅 55cm，叶色深绿，叶披针形，叶面蜡粉中等，现球叶数 16～18 片，花球圆形，乳白色，极紧实，平均单球重 1.0kg。肉质细腻，纤维少，定植后约 50 天采收。

3. 栽培要点

北方春茬 12 月上旬至 1 月中旬育苗，2 月中旬至 3 月下旬带土定植于塑料大棚，露地。每亩定植密度 3500～3800 株。本品种株型矮小，紧凑，前期最好进行覆盖栽培，可促进早熟，避免小球及散花。水肥管理原则是一"促"到底，即在施足基肥的基础上，缓苗后追施氮肥和一定量磷钾肥。现球后及时束叶或利用外叶遮盖花球，防止阳光直射花球，以确保花球洁白，保持良好的商品性状。

4. 适宜地区

适宜在甘肃大部分地区及我国北方春季塑料大棚与露地地膜覆盖栽培。

（四）圣雪二号

1. 品种来源

甘肃省农业科学院蔬菜研究所。以自交不亲和系 94-24 为母本、优良自交系 2001-23 为父本选育的春秋兼用型花椰菜一代杂种。2008 年通过甘肃省农作物品种审定委员会认定。2013 年获甘肃省科学技术进步奖二等奖。

2. 特征特性

属于春秋兼用型花椰菜一代杂种，花球圆形、洁白、紧实、自覆性好，中抗黑腐病，平均单球重 0.96～1.22kg，商品球率为 96.4%，维生素 C 和可溶性总糖含量均高于对照祁连白雪，维生素 C 比对照高 21mg/kg，可溶性总糖高 2.2g/kg，是一个品质优良的花椰菜新品种。

3. 栽培要点

兰州地区 1 月上中旬温室播种育苗，3 月上旬定植，采用宽窄行定植，宽行约 83cm，窄行 50cm，株距约 50cm。若进行地膜覆盖，株行距约为 56cm，每亩定植 2000～2200 株。5 月初至 6 月中旬收获。

4. 适宜地区

适宜在甘肃兰州及我国西北地区栽培。

（五）圣雪三号

1. 品种来源

甘肃省农业科学院蔬菜研究所以细胞质雄性不育系 CM4-11 为母本、自交系 2010-35 为父本选育的杂交种。2015 年通过甘肃省农作物品种审定委员会认定。

2. 特征特性

中熟品种，植株长势中强，株高 80.3cm，株幅 79.0cm，叶色灰绿，花球圆形或高圆形，洁白、极紧实，自覆性好、品质优良、抗病性强。春季栽培从定植至采收 80 天左右，平均单球重 1.20kg，平均亩产量 3000kg 左右，比对照雪妃平均增产 10.6%，V_C 含量 309.2mg/kg，可溶性总糖含量 26.3g/kg；秋季栽培从播种至采收 117 天左右，平均单球重 1.30kg，平均亩产量 3300kg 左右。

3. 栽培要点

甘肃可作为春茬、夏春、秋茬的露地栽培（即 3 月上旬至 6 月上旬均可直播或育苗），其他地区参照当地气候与栽培习惯选择最佳播种期。播种前（或定植前）每亩施优质农家肥 5000kg，磷酸二铵和尿素各 25kg。幼苗长到 6～7 片叶时，选阴天或晴天下午定植或定苗。缓苗后和花球形成初期结合浇水每亩追施尿素 15kg，现球 10～12cm 后及时束叶，遮盖花球，确保花球洁白，提高花球的商品性。及时采收，采收时留 5～6 片小叶保护花球。在生长期注意防治病虫。种植密度为每亩定植 3000～3200 株。

4. 适宜地区

适宜在甘肃兰州、张掖、白银及我国西北地区气候条件相近区域推广栽培。

（六）圣雪四号

1. 品种来源

甘肃省农业科学院蔬菜研究所。以花椰菜温敏不育系 GS-19 为母本、自交系 27-11 为父本选育的杂交种。2015 年通过甘肃省农作物品种审定委员会认定。

2. 特征特性

中熟型一代杂种，植株长势中强，株高67.3cm，株幅78.3cm，叶色深绿，花球紧实、圆形或高圆形、洁白、球面平整、自覆性好、品质优良，V_C含量309.9mg/kg，可溶性总糖含量24.3g/kg，抗黑腐病。

3. 栽培要点

春茬、夏春、秋茬露地栽培，3月上中旬至6月中下旬直播或育苗，每亩定植密度3000～3200株。播种或定植前亩施农家肥5000kg，磷酸二铵和尿素各25kg。幼苗长到6～7片叶时定植。缓苗后和花球形成初期结合浇水每亩追施尿素15kg，现球10～12cm后及时束叶，遮盖花球，确保花球洁白。及时采收，采收时留5～6片小叶保护花球。在生长期注意防治病虫。

（七）玉雪

1. 品种来源

兰州市种子管理站以自交不亲和系88-10和91-8杂交选育的春秋两用型中熟一代杂种品种。2003年通过甘肃省科学技术厅鉴定。2006年获甘肃省科学技术进步奖三等奖。

2. 特征特性

植株长势强，株高62.5cm左右，开展度70cm左右。外叶长椭圆形，叶面微皱，灰绿色，蜡粉中等。第19片叶左右现花球，内层叶片扣抱花球，中层叶上冲。花球圆球形，球高17.5cm，球径18.0cm，花球洁白，紧实，平均单球重1.5kg，纤维少，品质好。定植到采收80天左右，一般平均亩产量2500～3000kg。适于春秋露地栽培。

3. 栽培要点

3月下旬至6月上旬均可播种。施足底肥，每亩施农家肥2500kg左右，磷酸二铵20kg，尿素15kg。高垄覆地膜栽培，株距35cm，行距50cm。幼苗长至6～7片叶时选阴天或晴天下午定植或定苗，浇缓苗水后要多次中耕，当植株心叶拧心时浇水施肥，每亩施尿素15～20kg，现球后再施氮磷钾三元复合肥15kg，以后根据墒情每隔10天左右浇水，至花球收获。花球长至8～10cm，束叶盖花球，确保花球洁白、细嫩。及时采收，采收时花球外面留5～6片小叶，以保护花球。

4. 适宜地区

适宜在甘肃、新疆、山东、江苏、陕西、河北、山西、内蒙古等地栽培。

二、引进筛选品种

（一）玛瑞亚

1. 引种单位

兰州中科西高种业有限公司。

2. 特征特性

杂交一代花椰菜品种。春播定植后 70 天左右收获。生长势旺盛，叶色深绿，内叶内抱使花球深坐在叶丛中，免受阳光照射，保持极好的品质，花球洁白、紧凑，高圆形，花柄无杂色，商品性极好，亦可用于加工，平均单球重 1～1.5kg。

3. 栽培要点

北方地区适于春播。华北地区于 12 月上旬至 1 月上旬播种育苗，6～7 片真叶时定植，可于 2 月下旬至 3 月上旬保护地定植，也可于 3 月中下旬露地定植，行距 60cm，株距 50cm。其他地区根据当地气候条件确定播种期。

（二）春玉

1. 引种单位

兰州中科西高种业有限公司。

2. 特征特性

杂交一代花椰菜品种。其突出优势是生长健壮，适应性广，内叶抱球，避免阳光照射，花球白嫩且紧实，商品性状一流，平均单球重 1.1～2.5kg，平均亩产量可达 3500kg 以上。该品种春栽定植后 70～75 天收获；秋冬季栽培生长期因温度条件而已，延至 85～125 天采收。

3. 栽培要点

适宜温和凉爽的气候条件，忌高温或长期低温条件下种植，华北及华中区域一般可作早春及秋冬越冬形式栽培，华中偏南温和区域也有夏季栽培，黄河以南区域越冬栽培参考播期 9 月下旬至 10 月上旬，苗龄 45 天左右，地膜覆盖越冬。

春栽参考播期为12月上中旬至次年1月上中旬保护地育苗，2月下旬或3月上旬保护地定植，也可于3月下旬露地定植。株距50cm，行距60cm。春季缓苗后大肥大水促进生长，要多施优质农家肥，氮磷钾合理搭配，重施磷钾肥，结球期喷硼肥可促进花球膨大增白，并注意预防病虫害，确保丰收，寒冷年份注意防寒工作。

（三）珍宝

1. 引种单位

兰州中科西高种业有限公司。

2. 特征特性

中熟、细密型、高品质花椰菜新品种。较雪宝早熟7～10天，高圆形，叶片厚实，内叶护球，花球洁白细密，品质超群，花梗白色，加工鲜食皆宜，平均单球重1.2～1.5kg，长势稳健，抗病性能突出，栽培省力省工。秋播定植后85天左右收获，春播定植后60天左右收获，是目前春秋两用花椰菜中最具发展潜力的品种之一。

3. 栽培要点

华北地区参考播期秋季为6月下旬至7月上旬，南方地区可适当推迟。春播1月上旬育苗，3月上旬定植，其他区域可适当提前。种植密度以每亩2200～2500株为宜，秋播苗龄以25天为宜，4片叶时定植大田。

（四）雪妃

1. 引种单位

兰州介实农产品有限公司。

2. 特征特性

杂交一代白菜花，中熟，正常气候条件下，秋播定植后85天左右收获，春播定植后65天左右收获。长势中等，叶色浓绿，内叶内抱，适应性强。花球洁白，紧凑，高圆形，花柄无杂色，商品性好，正常栽培条件下平均单球重1～1.5kg。

3. 栽培要点

适宜凉爽气候条件栽培，北方春秋栽培；南方秋冬季节播种，冬春收获；高冷地区可用于夏季栽培。花椰菜对气候非常敏感，对播期要求严格，各地应该在试种的基础上引进种植并确定最佳播种期。秋季栽培苗龄25～30天，栽培期间要保证水肥供应，注意防治病虫害。建议秋季种植密度为每亩定植2300株左右。

（五）白灵

1. 引种单位

兰州安宁庆丰种业经营部。

2. 特征特性

最新荷兰进口杂交一代花椰菜。中熟品种，北京地区春播定植后63天左右成熟，高冷地区为75天左右。叶色灰绿，长势旺，植株紧凑美观，内叶自抱性好。花球雪白，高圆形，紧实度好，高品质。适宜大面积农场化种植，表现整齐一致，采收期集中。

3. 栽培要点

花椰菜对播期要求严格，请根据当地气候慎选播种期。适宜温和凉爽的气候条件下栽培，华北地区适宜春播。科学施用硼肥，能极大减少空茎的发生。不同的气候栽培条件对成熟期的影响巨大。

（六）巴黎雪

1. 引种单位

榆中县城关镇农技站兴隆服务部。

2. 特征特性

长势中等，株高约60cm，叶片开展度40～50cm，叶色深绿，叶表面蜡粉少，叶片圆钝，叶缘皱折波纹大，叶脉绿白色，内叶螺旋自覆。花球色泽洁白，高圆形，花蕾表面平整圆滑。花球直径14～22cm，平均单球重0.8～1.5kg。育苗移栽后生长60～65天成熟，全生育期80～90天。抗黑腐病性强于祁连白雪。平均折合亩产2552.5kg，比对照增产27.7%。

3. 栽培要点

直播，海拔在1600～2200m的川水地4月10日以后播种；海拔2200～2600m地区5月5日以后播种。育苗移栽，切忌大苗龄定植。亩定植3800～4000株。

（七）雪洁 70

1. 引种单位

兰州东平种子有限公司。

2. 特征特性

法国 F_1 代花椰菜，中早熟，春季定植后 70～75 天成熟，一致性好，植株健壮，外叶直立性强，纯度高，内叶自覆性好，宜密植，花球高圆形，洁白紧实，不长茸毛，平均单球重 1.5kg 左右，美观整齐，耐病性强，耐贮运，肉质细腻，口味甜脆，品质优秀。

3. 栽培要点

长势旺盛，适应性广，直立性好，可适当密植。各地宜参照当地气温和栽培习惯选择播期，建议亩定植 3000～3500 株。

（八）福门

1. 引种单位

兰州金桥种业有限责任公司。

2. 特征特性

从荷兰引进的优秀杂交一代新品种。中晚熟，定植后 70～75 天可以收获。植株整齐而直立，长势旺盛。平均单球重 1.5kg 左右，结球紧实。采收后花球颜色保持时间较长，不易变色。花球美观，球色雪白，花球高圆形，品质佳，球叶可自然紧贴球面覆盖花球。抗性较强，种植适宜范围广泛，是农民朋友及蔬菜基地首选的优良品种。

3. 栽培要点

适宜春秋播种，请根据当地气候、土壤情况选择适宜的播期，培育壮苗。避免高温干旱，以免影响商品性。多雨季节应注意排水，防止烂根、烂球。注意补充微量元素，缺硼会出现叶柄开裂，生长点变褐，花轴空心，花球味苦。施用充分腐熟的有机肥作为基肥，适期追肥。

（九）雪盘

1. 引种单位

兰州金桥种业有限责任公司。

2. 特征特性

属中熟杂交种，定植后 70 天左右可采收，植株生长势强，株型紧凑，开展度小，外叶长圆形，蜡粉中等。内层叶片扣抱，中层上冲，自行覆盖花球。花球紧实、洁白，花球高圆形，平均单球重 1.1～1.4kg。抗黑腐病性强于祁连白雪。在 2005～2006 年多点试验中，平均亩产量 2693.15kg。

3. 栽培要点

4 月下旬至 6 月上旬均可直播或育苗移栽。直播注意及时放苗，3～4 片叶时间苗、定苗，每穴留 1 株健苗。移栽，育苗 6～7 片叶时及时定植，亩定植 2500 株左右。

（十）雪珍珠

1. 引种单位

兰州田园种苗有限责任公司。

2. 特征特性

中晚熟品种，春播定植后 65 天左右，秋季定植后 85～90 天收获；自覆性好，花球白色，球形美观，中等花球，平均单球重 1.0～1.5kg。植株直立，中抗叶枯病和早疫病，适应性广。

3. 栽培要点

长江中下游地区作秋季或晚秋栽培，东北、西北、华北北部冷凉地等作晚春或夏季栽培。花椰菜对播种期要求严格，请各地根据当地气候情况慎重选择播种期，适时采收，避免花球松散、品质下降，以达到最佳采收效果。

（十一）先花 70

1. 引种单位

兰州田园种苗有限责任公司。

2. 特征特性

长势中等，叶色深绿，内叶内抱好，花球洁白。中熟品种，正常气候条件下，春季定植后60天左右可采收，秋播定植后70天左右开始收获。品质优良，肉质细嫩，甘甜可口。商品性好，紧凑，高球型，花柄无杂色，适合于鲜食、加工出口。

3. 栽培要点

适时播种，适宜温和凉爽的气候条件栽培，避免在高温或长期低温的情况下栽培。北方地区适宜春季栽培，淮河流域秋播要在6月25日前播种。建议亩定植2200～2500株。

（十二）捷如雪二号

1. 引种单位

兰州田园种苗有限责任公司。

2. 特征特性

长势中等，适应性广，株形直立，叶色深绿。平均单球重1.5～2.0kg，圆形，耐裂球，花球洁白，花蕾细腻。花球自覆性好（旋转自覆），颜色不易变粉红色。秋季定植后85～90天采收，春季定植后60～65天采收。

3. 栽培要点

花椰菜生长适温 12～22℃，花球形成温度 17～18℃，但不同品种对温度要求有一定的差别。花椰菜对温度非常敏感，建议大量应用前先引进示范。

（十三）利卡

1. 引种单位

兰州安宁永丰种子经营部。

2. 特征特性

杂交一代，中晚熟花椰菜品种。秋季定植后 95 天左右开始收获，春季定植后65天左右即可采收。植株长势旺，自覆性好，花球高圆形，花粒细腻洁白，排列整齐，层次感强，外观漂亮，比较紧实，花球弧面光滑，平均单球重1.3kg左右，既可以加工出口也可以供应鲜菜市场。

3. 栽培要点

北方地区应在试种的基础上安排春季种植，南方地区可以秋季种植或越冬栽培。花椰菜对气候非常敏感，对播期要求严格，各地应该在试种的基础上引进种植，并确定最佳播种时间，秋季栽培苗龄25～30天，栽培期间要保证水肥供应，注意防治病虫害。建议秋季亩定植2000株左右。

（十四）兴隆玉秀白菜花

1. 引种单位

兰州宝丰种苗有限责任公司。

2. 特征特性

杂交一代花椰菜，中晚熟品种，春季定植后100天左右开始采收，植株长势旺，直立性好，自覆性强。花球高圆形，球面光滑平整，花蕾细腻、洁白，花球紧实，球体美观。适应性广，抗病性强，并对部分根肿病生理小种有一定抗性。田间表现突出，是南北方加工出口和鲜食市场的品种。

3. 栽培要点

北方地区春季种植，南方地区可以秋季种植或越冬栽培。花椰菜对气候非常敏感，对播期要求严格，根肿病生理小种众多，不能保证对所有生理小种均有抗性。

（十五）台松90天

1. 引种单位

甘肃金粟农业科技有限公司。

2. 特征特性

长势强，花球雪白，松散，蕾枝浅青梗，平均单球重1～2kg，抗黑腐病和病毒病。经多点试验，平均亩产量2081.4kg。

3. 栽培要点

春播：3月底定植，6月底采收，株行距50cm×70cm。秋播：6月定植，9月采收。定苗后10～15天结合浇水亩追施尿素10～15kg。

（十六）台松 100 天

1. 引种单位

甘肃金粟农业科技有限公司。

2. 特征特性

长势强，花球雪白，松散，蕾枝浅青梗，平均单球重 1～2kg，抗黑腐病和病毒病。经多点试验中，平均亩产量 2295.3kg，比对照松花 90 增产 14.8%。

3. 栽培要点

春播：3 月底定植，6 月底采收，株行距 50cm×70cm。秋播：6 月定植，9 月采收。基肥，亩施优质腐熟农家肥 5000kg、磷酸二铵 10～15kg、尿素 20kg、硫酸钾 15～20kg。全生育期注意小菜蛾、菜青虫、蚜虫和黑腐病的防治。

（十七）庆美 100

1. 引种单位

榆中县农业生产资料公司益民农资良种服务部。

2. 特征特性

杂交一代，晚生。耐寒性强，耐湿耐温差，根系旺，生长旺盛，抗病性强，栽培容易，适应性广；株形整齐，花球松大圆整，雪白美观，蕾枝青梗，呈浅绿色，平均单球重约 2kg，产量丰高，商品性高；秋播定植后约 100 天采收，春播定植后约 70 天采收；品质优秀，甜脆味美，市场畅销，是晚生青梗松花型花菜最佳品种之一。

3. 栽培要点

参照当地栽培经验及习惯栽培管理。苗期适温 15～30℃，生长期适温 6～28℃，花球形成最佳适温 10～16℃。

第四节　甘肃花椰菜良种繁育

花椰菜繁育适应范围较窄，对外界环境要求比较严格，若花期温度较高，雌蕊呈畸形，花粉失去发芽能力，因此要严格掌握育苗期，才能获得好的花椰菜种子。第一，要掌握花椰菜营养生长和花球形成及抽薹开花所要求的气候条件；第二，要明确当地一年中气候变化的情况；第三，将花椰菜采种的关键时期安排在有利于花椰菜生长发育的时期（不注意这一点，播种迟了花器正遇高温多雨，雌蕊发育不好，授粉差，造成产籽量低或颗粒无收）。根据花椰菜的生理特性及对环境条件的要求，甘肃适宜花椰菜采种的地区主要在河西走廊和兰州地区，最适宜的地区在张掖一带。

一、常规品种繁育技术

甘肃冬季严寒，日持续时间长，春、夏、秋三季气候温和少雨的气候特点，是春播露地一年生花椰菜采种区。该采种区的优点是采种成本低，免去了越冬的繁杂管理和防寒设备的大量投资。但繁殖品种的熟性要求早熟、中早熟品种，而中晚熟品种由于在种子灌浆期早霜即来临，故当年采种很难成功。

（一）原种生产

一个优良花椰菜品种，经几年种植后因种种原因而混杂退化，需要通过选优提纯的方法生产原种。花椰菜为异花授粉作物，常用的选优提纯方法为混合选择法和母系选择法。在苗期、叶簇生长期、结球期、初花期、结荚期，根据本品种标准性状，在种子田中选择优良单株，收获时，分别编号，供株系比较之用。入选的单株种子按株系播种，每株播一区，在性状表现的典型时期，对各株系的群体表现进行观察和比较。凡符合原品种典型性，植株高度、花球成熟期一致，产量较高，品质符合原品种要求标准的株系，即可入选，留作原种圃生产。经分系比较入当选的株系混合脱粒，在原种圃作扩大繁殖产生原种。

（二）常规品种生产

1. 适时播种

适期播种是获得高产的一个关键技术。一般 12 月中下旬或次年 1 月上旬冷床或温室育苗，4 月上旬至中旬露地定植。

2. 培育壮苗

培育壮苗是花椰菜一年生制种的又一关键技术。壮苗标准为具 5～7 片真叶，节间短，茎粗 0.5～0.8cm，叶厚，叶色呈灰绿色，蜡粉中等，株形矮壮，根系发达。因此，苗床应设于肥力中等、土层较厚的温室内。干籽点播，穴距 8cm×8cm，每穴 2 粒种子，用 50%多菌灵可湿性粉剂 8g 拌细干土 5kg 均匀撒在 $1m^2$ 播后的床面上，再覆盖 0.5～0.8cm 厚的细河沙或培养土，浇透水，并在床面覆盖地膜增温保墒，出苗后立即揭膜，以免灼伤子叶。由于育苗前期正处于本地区外界气温最低阶段，应注意提高温度，促进幼苗生长。至3片真叶时，把室温控制在15～17℃，以保证分化出足够的叶片，并防止幼苗徒长。定植前一周进行低温炼苗，提高移栽成活率。

3. 适期定植，加强管理

1）整地作畦

选择土壤肥沃，排灌良好，未种植过十字花科蔬菜的地块为佳。制种田四周1500m范围内没有种植甘蓝、油菜等十字花科作物。每亩施用农家肥1000kg、过磷酸钙30kg、磷酸二铵50kg，然后深翻，作宽70m、畦间沟深30～35cm的高畦。

2）定植

花椰菜制种的适宜定植时间为4月5～10日，此时地温已稳定通过5℃，以后很少出现霜冻，一般不会对幼苗造成为害。若定植时加小拱棚，可使定植期提前到3月25日，于5月下旬花球大部分肥大，6月下旬至7月初开花，可避开干热风为害，产量可增加20%左右。制种田应基施优质农家肥75t/hm^2、复合肥450kg/hm^2、钾肥75kg/hm^2，起高垄覆膜，定植密度以33 000～36 000株/hm^{2}较为适宜。

3）水肥管理

留种花椰菜花球不宜过于肥嫩，否则延迟抽薹开花，且易引起烂球和倒伏，故在水肥管理上应与普通栽培稍有差异。氮肥不宜多施，应增施磷钾肥和有机肥。除基肥外，追肥应以复合肥和钾肥为主。现球时随水株间穴施钾肥225kg/hm^2，此期应控制灌水次数，植株不表现出缺水反应时一般不浇水。

4. 去杂去劣

在苗期、结球期、抽薹期进行田间检查，按原种的标准性状严格选择优株，拔除杂株，保证种子纯度。

5. 疏留花枝及管理

1）疏留花枝

花椰菜花球紧密而坚实，自然条件下很难抽生花枝，故应疏去大部分花枝。当花球充分肥大时，于晴天下午疏去下层花枝和顶端花原枝，只保留2～3层突出的3～4个花枝，顶径3cm左右，切口要整齐，花茎顶端呈倒锥形，以免积留雨水引起烂球。疏留花枝后喷农用链霉素杀菌。

2）管理

疏留花枝至开始散球时，要加强水肥管理，应追施复合肥300kg/hm^2。由于花椰菜对硼等微量元素十分敏感，缺硼不但会引起花轴中心空洞、易倒伏，还影响花椰菜的受精及营养向种荚运输，降低种子产量和质量，故抽薹、开花期间每星期应喷 0.2%～0.5%硼酸液一次。绿荚期结合喷药加上 0.5%左右的磷酸二氢钾和尿素，喷 2～3 次，以促使种子成熟，提高千粒重。此外，初花期应设置支架，托起花枝，既便于开花结实，又不致因枝荚过重而发生倒伏。

6. 种子收获

9 月中旬种荚开始陆续发黄，此时应采用分期采收的方法，剪下种荚变黄的花枝，置阴凉通风处后熟阴干，提高种子质量，忌采收后直接暴晒。一般应在早霜前将种株全部采收后熟，风干后置大块尼龙纱网或塑料膜上脱粒，并进行种子精选，保证种子质量。

7. 病虫害防治

主要害虫有菜青虫和蚜虫，应在花前、花后及时喷药防治，但要注意花期尽量不喷药，以防杀伤蜜蜂等传粉昆虫。

留种株主要病害有黑腐病、黑斑病和霜霉病，多由生长期带病到留种株，抽薹后病害逐渐蔓延加重。宜选留无病植株作留种株，清除留种株下部老残叶片，可减轻菌核病，及时拔除病株烧毁，并做化学防治。

二、自交不亲和系制种技术

（一）蕾期授粉生产自交不亲和系原种

花椰菜自交不亲和系的原种种子，主要用蕾期人工授粉的方法生产。为确保原种种株的纯度，一般在隔离大棚内进行，并在苗期、叶簇生长期、结球期、抽薹开花期、结荚期，根据自交不亲和系的特征特性进行严格选种，以性状典型、植株高度一致、不带病的优良种株来繁殖亲本系原种。花椰菜自交不亲和系的播种期、播种后的田间管理，均与常规品种的原种生产相同。为了提高种子产量和质量，需要注意蕾龄、花粉活力和授粉技术这三个重要因素。蕾期人工授粉的最佳蕾龄是开花前 2～3 天的花蕾，花粉选用当天刚开花的新鲜花粉，结籽最多，用本系统的混合花粉授粉。整个授粉过程要认真，不要折断花枝、花柄，碰伤柱头。

（二）自交不亲和系配制一代杂交种生产技术

1. 播种

1）播种前准备

选择地势高、地面平整、排灌方便的地块作 1m 长、25cm 高育苗床。营养土配制：用 3 年未种过十字花科蔬菜的园土与腐熟优质有机肥（最好是厩肥）按 7∶3 混匀过筛，并浇上水用薄膜闷盖备用。每平方米用 50%多菌灵可湿性粉剂或 70%代森锰锌按 8～10g 与 15～30kg 细土混合，播种时 2/3 铺入床底，1/3 盖在种子上。

2）播种时期

适期播种是自交不亲和系制种获得高产的关键。利用自交不亲和系制种，为使制种用双亲花期相遇，首先要充分了解各亲本的抽薹开花习性。通过调整播种期和控制苗龄大小使花期相遇，或缩短花期不遇的时间。如果双亲花期相差过大，要根据双亲的生育期来调整播期，以利于花期相遇，保证制种产量。一般 12 月中下旬或次年 1 月上旬冷床或温室育苗，4 月上旬至中旬定植露地。

3）播种方法

采用点播法，干籽直播，每穴 1～2 粒。播前浇透水，播后用配制好的带药培养土均匀覆盖，用木板刮平，然后铺上一层薄膜保湿。

2. 苗期管理

70%出苗时在傍晚揭去薄膜，由于育苗前期正处于本地区外界气温最低阶段，应注意提高温度，促进幼苗生长。至 3 片真叶时，把室温控制在 15～17℃，以保证分化出足够的叶片，并防止幼苗徒长。定植前一周进行低温炼苗，提高移栽成活率。

苗期主要病害是立枯病、猝倒病、霜霉病、黑根病，发病初期用 50%多菌灵 500 倍液或 36%甲基硫菌灵悬浮剂 500 倍液喷雾防治；霜霉病发病初期可选用 72.2%霜霉威 500 倍液或 70%代森锰锌可湿性粉剂 500 倍液+50%安克（烯酰吗啉）2000 倍液喷雾防治。虫害主要为小菜蛾和菜青虫，可用氯氰菊酯+甲维盐进行防治。

3. 定植

1）整地作畦

选择土壤肥沃，排灌良好，隔离条件好，未种植过十字花科蔬菜的地块为佳。每亩施用农家肥 1000kg、过磷酸钙 30kg、磷酸二铵 50kg，然后深翻，作宽 70m、畦间沟深 30～35cm 的高畦。

2）定植时期及方法

当幼苗具 6～7 片真叶时定植，最好带土坨移栽，以保证成活率。根据父本开花量和开花时间，合理安排双亲定植比例，父本、母本比例为 1∶1 或 1∶2。选择阴天或晴天下午按比例间隔定植父母本，边定植边浇水，确保成活率。

4. 花期调节

1）调整播种期

花期调节是制种技术的核心，也是决定制种产量的关键因素。如果双亲花期相差过大，对开花早的亲本适当晚播种，开花晚的亲本适当早播种。

2）水肥管理

花椰菜属于绿体春化作物，植株前期的长势弱直接影响其开花早晚，同时植株长势还影响亲本的花量和花期。研究结果显示，亲本越健壮，其花期越晚、花量越大、开花时间越长。在亲本的管理过程中，对于早熟、长势较弱的亲本，应加大水肥管理力度，使其形成硕大的营养体，以保证晚开花、花量大；对于晚熟、长势较强的亲本，应减少水肥供应，使其能早现球、早开花，从而达到调节花期的目的。

3）更新整枝

花椰菜开花属于二次分化，即首先形成明显的花原基，然后在花原基的基础上抽薹、显蕾、开花。经过多年摸索，利用花椰菜这个独有的特点，形成了花椰菜更新整枝技术，即在花椰菜现球、开始抽薹时，密切观察双亲本生长动向，把抽薹早的亲本花薹上的花蕾割掉，使其他花原基继续生长分化，从而使开花期滞后。当双亲花期不遇时间间隔为 10～15 天时，可采用此技术使花期相遇。

4）激素调节

在花椰菜现球后，可以通过施用激素促进抽薹迟缓的亲本提前开花。在割球后 10 天开始施用 10mg/L SA，隔 10 天后再施 1 次，可使花期提早 15 天左右，此项研究成果对有效调节花期相遇、提高繁种产量、降低良种生产成本具有重要作用。

5. 田间管理

1）营养生长期

根据土壤墒情，及时浇水，每次浇水量不宜过大，做到少浇、勤浇，减少病害发生。根据土壤肥力和苗情追肥 2～4 次，每次每亩施复合肥 10kg 为宜。这个时期管理需注意双亲要均衡一致，防止因一方生长过猛或过弱而出现花期不遇现象，另外及时剔除杂株。

2）现球期

现球后进行田间检查，拔除杂株，保证种子纯度。当花球长至较松散时割球。一般留 3～4 个花枝。伤口处涂抹百菌清防止病害。割球后每亩施用复合肥 20kg。

3）生殖生长期

（1）抽薹期：水肥要充足，保证蕾多粉足。及时打掉未抽薹花球，以保证有足够的营养供应已经抽薹的枝条。抽薹后期喷施 2～3 次硼肥和磷肥，以促进蕾饱满、花粉活力强。此期还要注意防虫，在开花之前把害虫消灭干净。

（2）开花授粉期：再次进行田间检查，拔除杂株。开花期是整个田间管理的关键时期，此期要求棚内温度15～28℃，湿度45%～50%，保证肥水充足。每亩施复合肥20kg、磷肥15kg，施肥次数根据实际情况而定。

（3）授粉：授粉的好坏直接影响制种产量的高低，一般采用蜜蜂授粉，开花期每亩制种田放置两箱意大利蜜蜂采花蜜授粉。

（4）结荚收获：结荚前期仍需适当浇水施肥，合理喷施叶面肥，保证种子灌浆发育。当种子灌浆完毕后，停止施肥、减少浇水，促进种子成熟。由于气温逐渐升高，田间害虫虫口密度不断加大，此期是防虫的关键时期，另外，结荚后植株还会出现返花现象，要及时剪除，防止其消耗营养。当种荚变黄、种子变褐时可陆续采收，若采收不及时，会造成种荚炸开、落地、种子不饱满等现象。将种子晒干、去除杂质后保存，保证种子的纯度和净度。

三、雄性不育制种技术

杂种一代制种主要包括不育系、保持系及父本自交系的繁殖及一代杂种制种两个方面。为确保雄性不育系的纯度，胞质雄性不育系的繁殖只需将已育成的雄性不育系与保持系按2∶1或3∶1的比例种植在隔离网棚内用蜜蜂授粉，由不育系植株收获的种子即为配制杂交种用的胞质雄性不育系。保持系、父本自交系的繁殖技术同自交系的繁殖。用雄性不育系生产花椰菜杂交种，在制种地区的选择和一般的田间管理可参考自交不亲和系制种的方法，不同的是在花期结束后，拔出父本，只从母本株（雄性不育株）收种。

第五节 甘肃花椰菜高产高效栽培技术

一、生物学特性

（一）植物学特征

花椰菜根系比较发达，主根基部肥大，着生许多侧根。主、侧根上发生须根，形成密布的网状圆锥根系，根群分布在30～40cm的土层中，以30cm以内耕作层中最为密集，横向伸展半径50cm以上，由于主根不发达，根群入土不深，抗旱能力较差，易倒伏。因此，应在比较湿润的土壤环境中栽培。根系再生能力强，断根后易生新根，适宜育苗移栽。花球采收后10～15天内，主根或侧根上会分化出根蘖并长出幼苗，幼苗移栽成活后可生长正常花球。

花椰菜营养生长期，茎为粗壮的短缩茎，其上着生叶片。短缩茎长20～25cm，下部直径2～3cm，上部4～5cm，叶芽在整个生育期一般不萌发。花球采收期过后，花球散开花茎伸长并分枝形成花序。

花椰菜叶呈长卵圆形或披针形，基部叶有叶柄，上部叶片叶柄不明显。心叶合抱或拧抱。从第 1 片真叶到花球旁的心叶止，总共可长出 30～40 片叶。植株定植后到花球出现前叶片逐个扩大叶面积。但近底层叶片易脱落，一般只能留下 20 多片叶作为花椰菜的营养叶，为花球生长制造养分。叶色分为浅绿、绿、灰绿、深绿。叶面覆盖白色蜡粉，减少水分蒸发。

花球是营养贮藏器官，着生在短缩茎顶端、心叶中间。成熟花球直径一般 20～30cm，球高 10～20cm。花球由肥嫩的主轴和 50～60 个肉质花梗及绒球状花枝花蕾组成。花球球面呈左旋辐射轮纹排列，正常花球呈半球形，表面细小致密颗粒状。气候异常或栽培管理不当，会出现“早花”“青花”“毛花”“紫花”“夹叶花”现象。

组成花球的花枝、花蕾在适合的环境条件下继续发育，花梗伸长，花球松散直至抽薹开花。花椰菜的花球是畸形发育形成的致密组织，组成花球的绒团状花枝、花蕾只有少部分可发育至正常开花。花序为复总状花序，中央主花茎上产生一级分枝，一级分枝上再产生二级及三级分枝。但分枝习性上主花茎不明显，一级和二级分枝发达。花为完全花，有花萼、花冠、雌蕊、雄蕊。花萼绿色或黄绿色，花瓣黄色、乳黄色或白色，开花时，4 个花瓣呈“十”字形排列，花瓣内侧着生 6 个雄蕊，其中 4 长 2 短，雄蕊顶端着生花药，花药成熟后散发出黄色花粉。

花椰菜为异花授粉植物，主要靠昆虫作为授粉媒介，连续自交容易发生自交衰退现象。但是，与结球甘蓝、青花菜等其他甘蓝类变种相比，花椰菜的自交率较高，采种时，在无蜜蜂等授粉昆虫的情况下，稍加人工辅助授粉就能较好地结实。因此，花椰菜的自交不亲和性不普遍存在。

雌蕊和花粉的生活力以开花当天为最高，雌蕊在开花前后 2～3 天、花粉在开花前后 2～3 天都有一定的生活力。干燥、低温条件下，花粉可保存 7 天以上。授粉最适宜温度为 15～25℃。

种果为长角果，扁圆筒形，长 7～10cm，表面光滑，成熟时细胞壁增厚、硬化，颜色由绿变黄并纵裂为两瓣。种子着生于隔膜两侧胎座上，呈念珠状，果实先端变细呈喙状。每株有效角果数的多少与植株发育状况和授粉情况有很大关系，一般情况下，每株有效角果为 1000～1200 个，主要分布在一级和二级分枝上。种子平均千粒重 3.0～3.5g。正常室温条件下凉爽、干燥的西北地区可安全保存 3～4 年，华北、东北地区可保存 2～3 年，在温度高、湿度大的南方地区只能保存 1～2 年。在干燥器或密封罐内保存 8 年的种子仍具有较好的发芽率。

（二）对环境条件的要求

1. 温度

花椰菜性喜冷凉温和的气候，属于半耐寒性蔬菜，忌炎热干旱，也不耐霜冻，对温度要求比结球甘蓝严格。气温过低时不易形成花球，且容易通过春化而发生早现球。温度过高则促使花薹伸长，花球松散，失去商品价值。其营养生长期适宜的温度为8～24℃，种子发芽适宜温度为25℃左右。苗期适应能力较强，可忍受短暂的零下低温和35℃左右的高温。花球形成期适宜温度为14～20℃，低于8℃时花球生长缓慢，0℃以下时遭受冻害，高于 24℃以上时花球松散或出现绒毛状花蕾，花球品质下降。

2. 水分

花椰菜性喜湿润，耐旱、耐涝能力都较弱，对水分要求严格。在空气相对湿度 80%～90%、土壤湿度 70%～80%的条件下生长良好。在莲座后期及花球形成期尤其需要大量水分。遇干旱缺水，叶片变小变窄、叶柄变长、节间伸长，不能形成花球或花球变小，过早抽薹开花。土壤积水时根系活动受阻，造成烂根甚至死亡。

3. 光照

花椰菜属长日照作物。但对日照的要求不严格。在花球形成期光照过强，不利于形成洁白的花球。绿菜花对光照要求也不严格，但充足的光照能提高花球的品质和产量。

4. 土壤营养

花椰菜对土壤要求严格，适宜在耕作层深厚、质地疏松、保水、排水良好、富含有机质的土壤生长。在整个生长期要有充足的氮、磷、钾供应。特别是在叶簇生长期和花球膨大期，对氮的要求非常高。磷、钾对幼苗生长、花芽分化、叶球增大都非常重要，花椰菜对硼、钼、镁等微量元素十分敏感。缺硼常造成花球中心开裂，花球变为锈褐色，味苦；缺钼造成植株矮小，褪绿或者叶片沿叶脉分开；缺镁时老叶变黄。

二、春花椰菜栽培技术

（一）育苗栽培

一般露地种植的在 3 月初育苗，塑料大棚种植的 1～2 月在保护地育苗。育苗期 50～90 天不等。塑料大棚生产的 5 月初即可采收，供应兰州市场。露地在 6 月开始采收，除供应兰州地区外，一部分运往省外周边市场。

1. 种子处理

用种子质量的 0.4%的 50% DT 可湿性粉剂拌种（防黑腐病）。

2. 苗床准备

选未种过十字花科蔬菜的保护地（温室或塑料棚）育苗。营养土配制：用 3 年未种过十字花科蔬菜的园土与腐熟优质有机肥（最好是厩肥）按 7∶3 混匀过筛，并浇上水用薄膜闷盖备用。用 50%多菌灵可湿性粉剂与 50%福美双可湿性粉剂按 1∶1 混合或用 25%甲霜灵可湿性粉剂与 70%代森锰锌按 9∶1 混合。每平方米用药 8～10g 与 15～30kg 细土混合，播种时 2/3 铺入床底，1/3 盖在种子上。

3. 播种及播后管理

在苗床底部铺上药土后，将配制好的干湿适度的营养土铺于苗床，厚 10cm 左右，然后播撒种子，上盖药土，再盖营养土，厚约 1cm，盖上地膜保温保湿。也可以在铺好营养土后，苗床浇透水，撒一层营养土播种，再撒上药土及营养土后覆盖地膜。播种后保持温度在 20～25℃。种子顶土时撤去地膜。真叶顶心时进行第一次间苗，苗距约 1cm。这时应适当降温，白天应 18～20℃，夜间 10℃、不低于 8℃。当苗长到 2～3 片叶时分苗于分苗床。分苗床土稍厚，12cm 左右。分苗间距 8cm×8cm，或分苗于 8cm×10cm 营养钵。分苗时应浇足稳苗水，5～6 天后浇透缓苗水。分苗后温度保持在 20～25℃以利缓苗。当苗开始生长降低温度在 18～20℃。当苗长到 6～7 片叶时，加大通风量。定植前一周温度降到白天 15℃，夜间 5℃，进行锻炼，以缩短定植后缓苗期。

如不进行分苗的，可进行条播，按 8cm×8cm 间距进行二次间苗定苗，一次成苗定植。定植前进行锻炼并切块囤苗，适时定植。

壮苗指标：6～7 片叶，节间短、叶片肥厚、开展度大、叶色绿、蜡粉多，根系发达，无病虫害。

4. 定植

（1）整地施基肥：采用地膜覆盖高垄栽培。每亩施优质腐熟农家肥 5000～6000kg、磷酸二铵 10～15kg、尿素 20kg、硫酸钾 15～20kg。施肥后按垄高 15cm，行距 40～50cm（单行定植），或宽行 65cm，窄行 35cm 作垄（双行定植）。作垄后立即覆地膜，保墒保温。

（2）定植：塑料大棚在 3 月上旬定植，露地在 3 月下旬至 4 月上中旬定植。定植株距 50cm。定植后浇足扎根水，5～6 天后浇透缓苗水。定植时严格剔除病、弱、杂苗，杜绝裸根定植。每亩保苗 3000 株左右。

5. 定植后的管理

（1）幼苗期：浇缓苗水后应及时中耕培土 1～2 次。发现幼苗生长过弱、土壤干燥时，根据天气情况进行浇水，并补施少量速效氮肥。

（2）莲座期：当叶簇长大封垄，进入莲座期后控水控肥、中耕培土、进行蹲苗。蹲苗期根据品种而定。一般早熟品种 6～8 天，中晚熟品种 10～15 天。蹲苗结束浇一次透水，随水追施尿素 5～10kg，并及时中耕。中耕时注意保护叶片。

（3）结球期：莲座后期，花球出现并进入花球迅速膨大阶段，对水肥需求量增加。这时应注意浇水，保持土壤湿润，结合浇水追施尿素 10～15kg、硫酸钾 10kg、磷酸二铵 10kg，并叶面喷施 0.2%硼砂溶液 1～2 次。结球后期控制灌水、追肥。

（4）束叶遮阴：为保护花球避免阳光直射，可在花球 10cm 大时，束叶遮阴，保证花球洁白。但束叶不可过早以免影响光合作用，使花球膨大缓慢。

（5）采收：花椰菜成熟后应及时采收。采收过晚，花球松散，降低商品价值。采收时还应适当留外叶保护花球。贮运应符合无公害蔬菜技术标准。

（二）直播栽培

（1）播种期：应根据栽培地区的环境条件、气象预报确定，避免幼苗期遭遇低温影响，发生早现球。兰州地区一般自 3 月下旬至 4 月上旬陆续开始。

（2）播种：采取地膜覆盖高垄栽培。最好在年前灌足冬水，未灌冬水的播种前灌足底水，5～6 天后施基肥作垄，作垄后覆盖地膜。基肥标准与作垄要求都与育苗栽培相同。播种时在垄上按 50cm 株距开穴播种，播后盖上细土。也可边作垄边播种，再覆盖地膜，有利于提高地温促进出苗。但要随时注意出苗情况，及时开口放苗，避免烧苗。

（3）苗期管理：出苗后在 2～3 片真叶时，进行第一次间苗，4～5 片叶时第二次间苗，6～7 片叶定苗，去除病、弱、杂苗。发现缺苗及时补栽。定苗后应根据苗情浇一次水，并适当追施少量速效氮肥，及时中耕培土，以促根壮秧。当叶簇长大进入莲座期后，根据天气及墒情浇一次水后蹲苗。蹲苗结束后应立即浇水追肥。莲座期及结球期管理与育苗栽培相同。操作过程中注意保护叶片。

三、夏秋花椰菜栽培技术

一般在6～7月进行育苗或直播，8月底9月初开始陆续收获，直至10月下旬，主要作为高原夏菜运往外省或冬季贮藏。

（一）播种和育苗

夏秋花椰菜是高原夏菜的主要品种。播期要根据省内外市场需求确定。一般自5月下旬至7月上旬均可播种。夏秋花椰菜也有两种栽培方式，即直播栽培和育苗栽培。两种方式大约各占一半。是根据上茬作物收获的早晚确定直播还是育苗。如榆中最迟可在麦收前后，在麦茬地点播。

（二）育苗方式

夏秋花椰菜育苗在露地进行，苗床设置与消毒、种子处理与播种、分苗，均与春花椰菜相同。只是夏秋花椰菜幼苗期正处在高温多雨、病虫害多发季节，所以要选择地势较高、空旷通风、便于排水的地块，同时注意覆盖遮阴，防治病虫害。播种后一般不覆盖地膜以免地温过高，而是覆草保湿，覆草要经常洒水保持湿润，出苗后撤去覆草。育苗可采用二级分苗。一般分在苗床而不用营养钵，以免水分不足。也可不分苗，按8cm×8cm定苗，定植时直接切块定植，也可边切块边定植，不需要经过囤苗。定植后立即灌足缓苗水。

（三）田间管理

夏秋花椰菜不论直播栽培还是育苗栽培，管理技术与春花椰菜相同。需强调的是从出苗到收获，要把病虫害防治作为重点。同时还要注意促控结合，充分满足水肥需要，避免脱水脱肥，以获得好的产量和品质。

第六节　花椰菜的生理障碍及对策

一、早期现球

花椰菜早期现球表现为叶片数不够，植株矮小，营养生长结束过早出现花球，花球长不大即开始抽花薹、花枝，开花结籽。其形成的原因如下。

（1）花椰菜通过春化要求的低温感应温度界限较宽，幼苗很容易通过春化。幼苗期长时间遭遇低温影响，花芽分化早，在植株叶簇很小时就形成小花球。在栽培中往往由于育苗过早，定植后遭遇低温而形成。

（2）苗期管理不当。春、夏育苗，育苗环境不良，管理不当，使幼苗生长不健壮，成为“小老苗”，过早由营养生长转入生殖生长，而出现早现球。

（3）栽培管理粗放。如裸根定植、缓苗期过长、栽培中期促控不当，使植株生长缓慢、早衰，而早现球。

（4）使用品种不当。使用秋季型品种其冬性弱，通过春化阶段要求温度较高，时间较短，春播时很容易满足其条件而形成小花球。

（5）使用陈种及不饱满的种子。这类种子发芽率低，幼苗生长势弱，参差不齐，管理不当也很易早现球。

对策：选用适合本地生长、冬性较强、饱满无病虫害的新鲜种子。根据栽培环境及天气预报确定合理的育苗时间。加强苗期温湿度管理，培育壮苗，适时定植，特别是杜绝裸根定植。定植后加强管理，促使尽快缓苗。前期促进营养生长，避免早现花球。

二、散花

表现为花球松散，很快抽生花薹花枝，失去商品价值。其主要原因为莲座后期至结球期遭遇高温，特别是塑料棚栽培中后期很容易出现散花；有时花球正常发育，但采收不及时致使花球继续发育抽生花薹、花枝失去商品价值。

对策：合理安排种植期，使结球期避开高温；束叶遮阴保护花球；塑料大棚栽培中后期注意控制棚温，通风降温。

三、紫花

表现为花球出现不均匀紫色。主要是由于花球发育期突然受低温影响，早春栽培容易发生；幼苗胚轴为紫色的品种容易发生；采收过晚花球低温也容易发生。

对策：结球期加强管理，降温时采用简单曲拱棚覆盖保护措施，秋季及时采收。

四、青花

表现为花球上产生绿色小苞片、萼片等不正常现象，又称“毛叶花球”，是由于在花球形成期遭受连续高温天气或小气候高温形成。

对策：注意避免在花球形成期遭受高温影响，特别是幼苗后期及栽培定植后，缓苗阶段避免温度过高。

五、毛花球

表现为花球表面呈绒毛状。原因为花球发育中遇到高温或采收过迟，一般为散花球的前期表现。

对策：适期播种和定植、适时采收。

六、缺硼病

表现为叶片失绿、萎缩、叶缘卷曲、叶柄出现裂纹、下部叶变球小而松散、出现锈褐色水浸状斑，后干腐。茎秆或花球花梗内部出现空洞，严重时花球开裂，有苦味。造成原因是花椰菜对硼比较敏感，施用大量氮、钾肥容易引起缺硼；酸性土壤硼易流失；碱性土壤硼易被吸附固定；高温干旱会增加吸收硼的困难。

对策：选择适合花椰菜生长的土壤，配方施肥；在基肥中增加硼肥；每亩施硼砂或硼酸 0.25～0.5g。生长期叶面喷洒 0.2%～0.3%硼砂溶液。

第七节　花椰菜的主要病虫害及其防治

一、病害

（一）黑腐病

1. 症状

主要为害叶片、花球。真叶染病，病菌由水孔侵入，引起叶缘发病向内扩展呈倒“V”字形病斑，后病菌沿叶脉向下扩展，形成较大坏死区或不规则黄褐色斑。病斑边缘叶组织淡黄色。花球受害，花梗灰黑色，小花球呈黑灰色干腐。

2. 侵染途径及发病条件

病菌在种子、植株残体及土壤中越冬，成为来年初侵染源。来年种子上的病菌侵染幼苗，成株病菌通过农事操作、浇水等传播侵染为害。高温、高湿、连作或偏施氮肥地块发病严重。

3. 防治方法

（1）种子消毒：温汤浸种或药剂拌种。

（2）与非十字花科作物轮作倒茬 3 年以上。

（3）加强管理：施用腐熟有机肥；配方施肥；田间作业减少伤口；发病后勿大水漫灌；收获后认真清理病残株，搞好田间卫生。

（4）化学防治：72%农用链霉素 4000 倍液、新植霉素 4000 倍液、47%加瑞农 800 倍液或 77%可杀得 600 倍液或 14%络氨铜水剂 350 倍液喷雾。

（二）霜霉病

1. 症状

霜霉病为害十字花科多种蔬菜，发病比较多而严重的病害。可为害子叶、真叶、花及种子。发病初期在植株下部出现水浸状淡黄色边缘不明显病斑，持续较长时间后病部在湿度大或有露水时长出白霉，形成多角形病斑。叶面出现淡绿色斑点，后变为褐色枯死斑，病斑受叶脉限制呈多角形或不规则形。

2. 侵染途径及发病条件

病菌在植株病残体上及土壤中越冬。种子也可带菌成为来年初侵染源，次年分生孢子随气流传播到多种寄主上进行再侵染。当平均温度 16℃左右，相对湿度高于 70%，连续阴天，该病就有可能迅速蔓延。植株在幼苗期相对较抗病，在莲座期至结球期容易发病。如果当年前期干旱发生病毒病，播种早、蹲苗时间长，植株衰弱，又遇忽晴忽雨，闷热高温天气，极易发病。

3. 防治方法

（1）选用抗病品种。

（2）适期播种。

（3）与非十字花科作物进行 2 年以上轮作。土壤深翻晒土，当年栽培结束后，认真清理病残叶，搞好田间卫生。

（4）合理密植，加强肥水管理，促使植株生长健壮；控制田间湿度。

（5）化学防治：用种子质量 0.3%的 25%甲霜灵可湿性粉剂拌种。用 40%乙磷铝锰锌可湿性粉剂 500～600 倍液，或 50%甲霜灵可湿性粉剂 800～1000 倍液，或 64%杀毒矾可湿性粉剂 1500 倍液，或 72.2%普力克水剂 600～800 倍液，或 75%百菌清可湿性粉剂 600 倍液喷雾。交替轮换使用。

（三）黑斑病

1. 症状

主要为害子叶、真叶的叶片及叶柄。叶染病初期为淡绿色近圆形褐绿斑，后边缘为淡绿色至暗绿色，逐渐扩大到 5～10mm，且有明显同心轮纹。高温高湿下病斑穿孔，发病严重的病斑汇集成大的斑块，至半叶或整叶枯死，全株叶片由外向内枯死。

2. 侵染途径及发病条件

病菌在病残体、种子及越冬贮藏菜上越冬，成为来年初侵染源。分生孢子通过气流、雨水传播到寄主上再侵染为害。多雨高湿、温度偏低则有利于发病。发病温度为 11～24℃，适宜温度为 12～19℃，相对湿度为 72%～85%。

3. 防治方法

（1）选用抗病品种。

（2）用种子质量 0.2%的扑海因拌种，或用 52℃温水浸种 15 分钟，晾干后播种。

（3）地膜覆盖高畦垄作；及时清理田间病株及病残体，搞好田间卫生。

（4）化学防治：用 2%农抗 120 水剂 200 倍液，或 10%宝利安可湿性粉剂 1000 倍液，或 70%代森锰锌可湿性粉剂 800 倍液，或 50%百菌清可湿性粉剂 500 倍液，或 69%安克锰锌可湿性粉剂 500～600 倍液喷雾，连喷 3～4 次。

（四）病毒病

1. 症状

十字花科多种蔬菜各生育期均可染病。幼苗期发病叶脉透明，叶出现斑驳或花叶、叶片扭曲。成株期病叶凹凸不平，出现花叶皱缩，叶脉和叶柄上有褐色坏死斑和条斑、植株矮化、畸形，不能结球或勉强结球也不紧实。

2. 侵染途径及发病条件

病毒可在越冬植株及杂草上越冬。来年由蚜虫传播到春夏多种蔬菜上为害。夏秋由蚜虫传播到花椰菜上为害。高温干旱对幼苗生长不利，而有利于蚜虫繁殖和传播，故发病重。花椰菜播种过早，蚜虫群集在幼苗上，再加上管理粗放、土壤干旱缺水、缺肥容易发病。病毒病与霜霉病的发病有一致性，即病毒病发病严重，霜霉病也重。反之，病毒病轻、霜霉病也轻。这两种病的发生与气候、管理水平有很大关系。

3. 防治方法

（1）选用抗病品种。

（2）适期播种：不宜过早，避开高温及蚜虫猖獗季节。适时蹲苗，蹲苗期不可过长。加强植株管理，特别是前期掌握轻、勤浇水降低地温。

（3）苗期防蚜至关重要。

（4）化学防治：发病初期喷洒 20%病毒 A 可湿性粉剂 600 倍液，或 1.5%植病灵乳剂 1000～1500 倍液，或抗毒剂 1 号水剂 250～300 倍液喷洒，连续喷 2～3 次。

二、虫害

（一）蚜虫

1. 为害特点

多以成虫、若虫群集于叶片背部，吸食植物汁液成失绿发黄，严重时叶片卷缩枯萎。更主要是传播病毒，造成多种十字花科和茄科蔬菜病毒病发生。

2. 生活习性

一般在春秋季各发生一个高峰。春季温度升高蚜量增大。入夏后气温过高抑制其繁殖，秋季气温逐渐降低，再度大量发生为害。以成虫和若虫在杂草根部越冬。部分在冬季温室蔬菜上繁殖为害。

3. 防治方法

1）物理防治：采用黄板诱杀，黄板下缘距花菜上部 0～20cm。

2）化学防治：用 50%抗蚜威可湿性粉剂 2000～3000 倍液，或 20%氰戊菊酯乳油 2000～3000 倍液，或 2.5%溴氰菊酯乳油 2000～3000 倍液，或 10%吡虫啉可湿性粉剂 1500 倍液喷洒治蚜。

（二）小菜蛾

1. 为害特点

可为害白菜、甘蓝、菜花、萝卜、油菜等十字花科菜。主要为害叶片。初龄幼虫仅取食叶肉留下叶表皮，在菜叶上形成透明的天窗。3～4 龄幼虫将菜叶取食成孔洞，严重时成为网状。

2. 生活习性

兰州地区一年发生 4 代。5～6 月和 8～9 月出现两个为害高峰期。幼虫活跃，遇惊时扭动后退，或吐丝下垂。

3. 防治方法

（1）小菜蛾有趋光性，在成虫发生期每 15 亩放置一盏频振式杀虫灯或黑光灯，用以诱杀成虫。

（2）化学防治：①卵高峰至 2 龄前用 BT 乳剂 500～1000 倍液，或卡死克乳油 1500 倍液，或苦参素杀虫剂 1000 倍液，或复合楝素杀虫剂 1000 倍液，或印楝素 800～1000 倍液喷雾。②由于小菜蛾发生严重，近年使用农药多，产生了抗药性。可用 5%锐劲特（氟虫腈）悬浮剂 2500 倍液，或 50%宝路（杀蝇隆）可湿性粉剂 800～1000 倍液，或 20%丙溴磷乳油 500 倍液等在幼虫孵化初期至 2 龄期交替使用。对磷制剂和氨基酸酯类农药产生抗药性，避免使用。

（三）菜青虫（菜粉蝶）

1. 为害特点

主要为害叶片，2 龄前幼虫啃食叶肉留下透明的表皮。3 龄后蚕食整个叶片，造成许多孔洞，严重时只剩叶脉，叶片多受损，影响植株生长发育和结球。虫粪污染叶球，降低商品价值，造成伤口还能导致软腐病发生。

2. 生活习性

兰州地区一年可发生 4 代。以蛹潜伏于树干、杂草、残株、墙壁屋檐下越冬。翌年 4 月初开始羽化，边吸食花蜜边产卵。在温度 20～25℃，空气相对湿度 76%左右条件下，又孵化出幼虫为害。其发育期要求与白菜类作物发育温湿度接近，故形成春、秋两个为害高峰。

3. 防治方法

（1）作物收获后，清理残体；搞好田间卫生，减少虫源。

（2）幼虫 2 龄前喷洒苏云金杆菌（BT 乳剂）500～1000 倍液，或蔬果净 200～800 倍液，或 25%灭幼脲 3 号悬浮剂 100 倍液，或 2.5%功夫乳油 2000 倍液，或印楝素、川楝素、苦皮藤素等生物农药喷雾。

主要参考文献

程卫东. 1998. 花椰菜单球重选择指数研究. 甘肃农业科技, (6): 29-30.
程玉萍, 李维民. 2005. 花椰菜新品种玉雪的选育. 中国蔬菜, (10/11): 27-28.
胡立敏. 2000a. 花椰菜蕾期自交亲和指数影响因素的研究. 甘肃农业科技, (10): 27-28.
胡立敏. 2000b. 极早熟花椰菜新品系 96-82 选育报告. 甘肃农业科技, (9): 28-29.
胡立敏, 陶兴林. 2008. 花椰菜新品种圣雪 2 号的选育. 中国蔬菜, (7): 34-35.
胡立敏, 陶兴林, 侯栋, 等. 2010a. 花椰菜温敏型雄性不育系的 RAPD 标记. 生物技术通报, (12): 118-121.
胡立敏, 陶兴林, 侯栋, 等. 2010b. 花椰菜温敏雄性不育系的育性表现研究. 北方园艺, (10): 5-7.

胡立敏, 陶兴林, 朱惠霞, 等. 2015a. 花椰菜新品种'圣雪 4 号'. 园艺学报, 42 (5): 1007-1008.
胡立敏, 陶兴林, 朱惠霞, 等. 2015b. 花椰菜新品种圣雪 3 号的选育. 中国蔬菜, (1): 55-56.
陶兴林, 胡立敏. 2008. 花椰菜雄性不育材料的鉴定和繁殖. 农业科技通讯, (2): 54-55.
陶兴林, 胡立敏, 侯栋, 等. 2010a. 花椰菜温敏雄性不育系 GS-19 的选育. 农业科技通讯, (11): 59-60.
陶兴林, 胡立敏, 朱慧霞, 等. 2010b. 花椰菜的 ISSR-PCR 反应体系的建立与优化. 中国农学通报, 26 (3): 27-31.
陶兴林, 谢志军, 朱惠霞, 等. 2017a. 花椰菜 2 种雄性不育系花器特征及花药发育的细胞学研究. 草业学报, 26 (5): 144-154.
陶兴林, 侯栋, 朱惠霞, 等. 2017b. 花椰菜温敏雄性不育系 GS-19 花药败育的细胞学及转录组分析. 中国农业科学, 50 (13): 2538-2552.
陶兴林, 朱惠霞, 胡立敏, 等. 2017c. 花椰菜温敏雄性不育系 GS-19 花蕾发育过程中内源激素的动态变化分析. 核农学报, 31 (8): 1626-1631.
陶兴林, 朱惠霞, 胡立敏, 等. 2015. IAA 和 GA 对花椰菜温敏雄性不育系育性转换的影响. 甘肃农业科技, (3): 13-15.
陶兴林, 朱惠霞, 胡立敏. 2013. 花椰菜花药发育的细胞学研究. 农业科技通讯, (8): 115-117.
王昭. 2016. 榆中县主要高原夏菜尾菜的产生量调查初报. 甘肃农业科技, (11): 26-28.
赵前程, 蒋蕾. 2006. 我国花椰菜的生产特点及生产品种的应用. 当代蔬菜, (6): 16-17.
朱惠霞, 胡立敏, 陶兴林. 2010. 两个花椰菜品种再生体系的研究. 北方园艺, (9): 143-145.
朱惠霞, 胡立敏, 陶兴林. 2011a. 花椰菜再生体系的优化. 甘肃农业科技, (6): 16-18.
朱惠霞, 陶兴林, 胡立敏. 2011b. 花椰菜细胞质雄性不育系的细胞学研究. 中国蔬菜, (18): 64-67.